저자 약력

김효철 원광디지털대학교

오경동 중국 요녕중의약대학교

이윤선 원광디지털대학교

메디컬에듀케이션

Medical Education

머리말

인류는 동서고금을 막론하고 아름다워지기 위해 끊임없이 노력해오고 있습니다. 아름다움에 대한 영원불변한 욕구는 21세기의 물질적 풍요 시대인 현대 사회에서는 사람들 개개인마다 자신의 몸에 대해 끊임없이 탐구하는 등, 인체의 미(美)에 대한 이해도와 관심은 옛날과 사뭇 다릅니다. 아름다움에 대한 우리의 관심은 이제 사회 전반에 걸쳐 폭넓은 문화 창조의 한 과정으로 나타나게 되었으나, 한편으로는 외모에 대한 지나친 관심이 자칫 무분별한 외모 지상주의가 팽배해지는 위험성을 가지고 있습니다.

하지만 이러한 흐름 속에서도 다행인 것은 인간에 대한 진정성 있는 성찰과 이해에 대한 욕구가 높아지면서, 질병(疾病)이 중심이 아닌 사람(人)이 중심인 한방의학에 대한 세계적인 관심 역시 높아지고 있다는 것입니다.

한방의학의 진단법인 사진(四診: 네 가지 진단방법) 중에는 "망진법(望診法)"이라는 것이 있습니다. 인체 외부에 나타난 증상들을 참고로 하여, 내부의 병증(病症)을 진단해내는 방법입니다. 즉, 피부의 상태, 대소변의 색깔과 냄새와 얼굴의 형태 등을 보고 그 사람이 지금 어디가 불편한지를 알아보는 진단법입니다.

"有諸內必形之外.(유제내필형지외: 몸 안의 사정은 반드시 밖에 드러난다)"란 말이 망진법(望診法)의 중요성을 이야기하고 있는데 외모를 중시하는 현대인들에게 건강함(健康)이야말로 아름다움(美)이라는 것을 시사해 주는 말이기도 합니다. 아름다움은 외적인 아름다움만으로 국한되어 있지 않습니다. 겉모습을 예쁘게 치장하고 가꾼다고 하여 실천되는 것도 아닙니다.

진정한 아름다움은 내면의 아름다움과 신체의 건강함까지 갖추어졌을 때, 비로소 아름답다 할 수 있는 것입니다. 그러나 아름다운 몸을 만들고 아름답게 살아가는 것 역시 많은 노력과 공부가 필요로 하는 일임에는 부정할 수 없습니다.

이 책을 통하여 자연(自然)과 인간(人)은 하나라는 천인합일(天人合一)을 바탕으로 한 동양철학의 정체관(整體觀)을 기초로 음양오행학설(陰陽五行學說), 장상학설(藏象學說), 기혈정진액학설(氣血精津液學說), 경락학설(經絡學說) 및 병인·병기학설(病因·病機學說)과 미용간의 상관관계를 통해 변증(辨證)으로 건강(健康)과 아름다움(美)의 창문(窓門)인 얼굴(面)과 몸(身體)을 진단해보았으면 합니다.

그리하여 이 책은 한방의학의 기본적인 뿌리에서 출발하여 한방 미용학을 접목한 전반적인 내용을 풍부하게 담고 있으며, 누구나 쉽고 재미있게 볼 수 있게 구성되었습니다. 또한 내 몸을 사랑하고, 더 건강하고, 더 아름답게 꾸미고 싶다면, 꼭 필독해야 하는 책들 중의 하나가 될 것입니다.

감사의 글

동양의학을 바탕으로 한 과학적이고 체계적이며, 임상적으로 효과가 뛰어난 한방 미용학을 영원한 학문적 동반자인 중국 요녕중의약대학교(遙寧中醫藥大學) 중의미용학과 오경동(吳景東) 교수님과 함께 이 책의 초판을 출판한지가 엊그제 같은데 벌써 10년이란 시간이 흘렀습니다. 10년의 시간이 흐른 지금, '한방 미용학'으로 다시 출판하게 됨을 진심으로 기쁘게 생각합니다.

우리는 이 책이 우리의 땀뿐만 아니라 많은 분들의 협조와 도움이 있었기에 가능했다고 믿습니다. 편집을 맡아주신 메디컬에듀케이션 관계자분들께 고마움을 전합니다.

이 책을 읽으시는 모든 분들에게 한방 미용학을 배움에 있어 쉽고 재밌는 지침서가 되기를 희망합니다. 또한 이 책을 통해서 많은 분들이 한방 미용학 분야에 한 발짝 더 친근하게 다가설 수 있는 계기가 된다면 저자들에게도 매우 뜻깊은 시간이 될 것 같습니다.

2022년 8월 10일

저자 일동

목차

제1장 한방 미용학(韓方美容學) 총론 ······ 1

1. 한방 미용학의 개념 ······ 3
2. 한방 미용학의 특징 ······ 6
3. 한방 미용학의 분류 ······ 7
4. 한방 미용학의 연구의의와 연구범위 ······ 9

제2장 동양 미용학의 발전과 역사 ······ 13

1. 기원기[원시(原始)시대 ~ 춘추전국(春秋戰國)시대] ······ 15
2. 맹아기[~진한삼국(秦漢三國)시대] ······ 17
3. 형성기[위진남북조(魏晋南北朝)시대 ~ 수당(隋唐)시대] ······ 21
4. 확장기[송(宋), 금(金), 원(元), 명(明), 청(淸)시대] ······ 24

제3장 음양학설(陰陽學說)과 미용 ······ 31

1. 음양학설(陰陽學說)의 기본 개념 ······ 33
   1) 음양(陰陽)의 정의 ······ 34
   2) 음양(陰陽)의 특성 ······ 34
      (1) 보편성(普遍性) ······ 34
      (2) 상대성(相對性) ······ 34
      (3) 가분성(可分性) ······ 34
   3) 사물의 음양(陰陽) 속성 분류 ······ 36
2. 음양학설(陰陽學說)의 기본 내용 ······ 37
   1) 음양(陰陽)의 대립(對立), 제약(制約) ······ 37
   2) 음양(陰陽)의 호근(互根), 호용(互用) ······ 37
   3) 음양(陰陽)의 교감(交感), 호장(互藏) ······ 38
   4) 음양(陰陽)의 소장(消長), 평형(平衡) ······ 38
   5) 음양(陰陽)의 상호(相互) 전화(轉化) ······ 39
   6) 음양(陰陽)의 자화(自和), 평형(平衡) ······ 40

3. 한방의학에서의 음양학설(陰陽學說) 응용 41
1) 신체의 조직구조 41
2) 신체의 생리기능 41
3) 신체의 병리변화 43
(1) 병인(病因)의 음양 속성 43
(2) 병리(病理)변화(變化) 43
4) 미용 방면에서의 진단과 치료 43
(1) 얼굴색(면색(面色))의 음양(陰陽) 진단 43
(2) 얼굴색(면색(面色))의 음양(陰陽) 치료 44

제4장 오행학설(五行學說)과 미용 47
1. 오행학설(五行學說)의 기본개념 49
1) 오행(五行)의 정의 49
2) 오행(五行)의 특성 50
3) 사물의 오행(五行) 속성 분류 51

2. 오행학설(五行學說)의 기본내용 52
1) 오행의 상생(相生) 52
2) 오행의 상극(相克) 52
3) 오행의 상승(相乘) 52
4) 오행의 상모(相侮) 53

3. 한방의학에서의 오행학설(五行學說) 응용 53
1) 장부의 생리기능과 상호관계 53
2) 장부 사이의 병리변화 53
(1) 상생(相生)관계의 전변(轉變) 53
(2) 상극(相克)관계의 전변(轉變) 54
3) 미용에서의 진단과 치료 54
(1) 상생(相生)관계 55
(2) 상극(相克)관계 55

제5장 장상학설(藏象學說)과 미용 59
1. 장상학설(藏象學說)의 기본 개념 61

2. 오장(五臟) 66

1) 심(心) ········ 66
(1) 해부형태 ········ 66
(2) 생리기능 ········ 66
(3) 생리특성 ········ 68
(4) 형체(形體)관규(官竅)와의 관계 ········ 68
(5) 오지(五志), 오액(五液)과의 관계 ········ 68
(6) 미용에서의 응용 ········ 69
2) 폐(肺) ········ 70
(1) 해부형태 ········ 70
(2) 생리기능 ········ 70
(3) 생리특성 ········ 72
(4) 형체(形體)관규(官竅)와의 관계 ········ 72
(5) 오지(五志), 오액(五液)과의 관계 ········ 73
(6) 미용에서의 응용 ········ 73
3) 비(脾) ········ 74
(1) 해부형태 ········ 74
(2) 생리기능 ········ 74
(3) 생리특성 ········ 75
(4) 형체(形體)관규(官竅)와의 관계 ········ 75
(5) 오지(五志), 오액(五液)과의 관계 ········ 76
(6) 미용에서의 응용 ········ 76
4) 간(肝) ········ 77
(1) 해부형태 ········ 77
(2) 생리기능 ········ 77
(3) 생리특성 ········ 78
(4) 형체(形體)관규(官竅)와의 관계 ········ 79
(5) 오지(五志), 오액(五液)과의 관계 ········ 79
(6) 미용에서의 응용 ········ 79
5) 신(腎) ········ 80
(1) 해부형태 ········ 80
(2) 생리기능 ········ 80
(3) 생리특성 ········ 81
(4) 형체(形體)관규(官竅)와의 관계 ········ 82
(5) 오지(五志), 오액(五液)과의 관계 ········ 82
(6) 미용에서의 응용 ········ 83

3. 육부(六腑) ··· 83
1) 담(膽) ··· 83
(1) 해부형태 ··· 84
(2) 생리기능 ··· 84
(3) 생리특성 ··· 84
(4) 미용에서의 응용 ··· 85
2) 위(胃) ··· 85
(1) 해부형태 ··· 85
(2) 생리기능 ··· 85
(3) 생리특성 ··· 87
(4) 미용에서의 응용 ··· 87
3) 소장(小腸) ··· 87
(1) 해부형태 ··· 88
(2) 생리기능 ··· 88
(3) 생리특성 ··· 88
(4) 미용에서의 응용 ··· 88
4) 대장(大腸) ··· 89
(1) 해부형태 ··· 89
(2) 생리기능 ··· 89
(3) 생리특성 ··· 90
(4) 미용에서의 응용 ··· 90
5) 방광(膀胱) ··· 90
(1) 해부형태 ··· 90
(2) 생리기능 ··· 90
(3) 생리특성 ··· 91
(4) 미용에서의 응용 ··· 91
6) 삼초(三焦) ··· 91
(1) 해부형태 = 孤府(고부) ··· 91
(2) 생리기능 ··· 92
(3) 생리특성 ··· 92
(4) 미용에서의 응용 ··· 92
4. 육부(六腑)간의 관계 ··· 92
5. 장(臟)과 장(臟)의 관계 ··· 94
1) 심(心)과 폐(肺)의 관계 ··· 95

2) 심(心)과 비(脾)의 관계 ···· 96
3) 심(心)과 간(肝)의 관계 ···· 97
4) 심(心)과 신(腎)의 관계 ···· 98
5) 폐(肺)와 비(脾)의 관계 ···· 100
6) 폐(肺)와 간(肝)의 관계 ···· 101
7) 폐(肺)와 신(腎)의 관계 ···· 101
8) 비(脾)와 간(肝)의 관계 ···· 103
9) 비(脾)와 신(腎)의 관계 ···· 104
10) 간(肝)과 신(腎)의 관계 ···· 105

6. 장(臟)과 부(腑)의 관계 ···· 105
1) 심(心)과 소장(小腸)의 관계 ···· 106
2) 폐(肺)와 대장(大腸)의 관계 ···· 106
3) 비(脾)와 위(胃)의 관계 ···· 107
4) 간(肝)과 담(膽)의 관계 ···· 107
5) 신(腎)과 방광(膀胱)의 관계 ···· 108

7. 기항지부(奇恒之腑) ···· 109
1) 뇌(腦) ···· 109
2) 골수(骨髓) ···· 109
3) 뼈(骨) ···· 109
4) 맥(脈) ···· 109
5) 자궁(女子胞) ···· 110

제6장 기혈정진액학설 (氣血精津液學說)과 미용 ···· 113

1. 정(精) ···· 116
1) 정(精)의 개념 ···· 116
2) 정(精)의 생성 ···· 116
3) 정(精)의 기능 ···· 116

2. 기(氣) ···· 118
1) 기(氣)의 개념[의학적] ···· 118
2) 기(氣)의 생성 ···· 118
3) 기(氣)의 기능 ···· 119
4) 기(氣)의 분류 ···· 120
5) 미용에서의 응용 ···· 122

3. 혈(血) ··· 123
1) 혈(血)의 개념 ··· 123
2) 혈(血)의 생성 (2개의 과정) ··· 123
3) 혈(血)의 기능 ··· 124
4) 혈(血)의 순행 ··· 125
5) 미용에서의 응용 ··· 125
4. 진액(津液) ··· 126
1) 진액(津液)의 개념 ··· 126
2) 진액(津液)의 대사 ··· 127
3) 진액(津液)의 기능 ··· 128
4) 미용에서의 응용 ··· 128
제7장 경락학설(經絡學說)과 미용 ··· 131
1. 경락(經絡)의 개념과 경락계통 ··· 133
1) 경락(經絡)의 개념 ··· 133
2) 경락계통(經絡系統)의 구성 ··· 134
(1) 경맥부분 ··· 134
(2) 락맥부분 ··· 135
(3) 연속부위 ··· 135
2. 십이경맥(十二經脈) ··· 135
1) 십이경맥의 명칭 ··· 135
2) 십이경맥의 운행과 교접 규율 ··· 136
3) 십이경맥의 유주(流注) 순서 ··· 137
4) 각 십이경맥의 순행과 미용방면에서의 응용 ··· 137
(1) 수태음폐경(手太陰肺經) ··· 137
(2) 수양명대장경(手陽明大腸經) ··· 138
(3) 족양명위경(足陽明胃經) ··· 139
(4) 족태음비경(足太陰脾經) ··· 140
(5) 수소음심경(手少陰心經) ··· 141
(6) 수태양소장경(手太陽少腸經) ··· 142
(7) 족태양방광경(足太陽膀胱經) ··· 143
(8) 족소음신경(足少陰腎經) ··· 144
(9) 수궐음심포경(手厥陰心包經) ··· 145
(10) 수소양삼초경(手少陽三焦經) ··· 146

(11) 족소양담경(足少陽膽經) 147
(12) 족궐음간경(足厥陰肝經) 149

3. 기경팔맥(奇經八脈) 150

1) 기경팔맥(奇經八脈)의 개념 150
2) 기경팔맥(奇經八脈)의 특징 150
3) 기경팔맥(奇經八脈)의 기능 150
4) 각 기경팔맥(奇經八脈)의 순행, 생리기능 및 미용방면에서의 응용 151
(1) 독맥(督脈) 151
(2) 임맥(任脈) 152
(3) 충맥(衝脈) 153
(4) 대맥(帶脈) 153
(5) 음교맥(陰脈) 154
(6) 양교맥(陽脈) 154
(7) 음유맥(陰維脈) 154
(8) 양유맥(陽維脈) 154

4. 경락의 작용 및 미용상에서의 응용 155

1) 경락(經絡)의 작용 155
2) 미용상에서의 응용 156

제8장 병인학설(病因學說), 병기학설(病機學說)과 미용 159

1. 병인(病因): 질병이 일어나는 원인 161

1) 육음(六淫) 161
(1) 육음(六淫)의 개념 161
(2) 육음(六淫)의 생성 161
(3) 육음(六淫)의 특징 162
(4) 육음(六淫)의 각각 특징 및 미용 방면에서의 응용 163
2) 칠정(七: 일곱 칠, 情: 감정 정) 168
(1) 칠정(七情) 의 개념 168
(2) 칠정(七情) 의 특징 168
3) 병리적 생산물(病理産物) 170
4) 기타 요인 171

2. 병기(病機) 172

1) 정기(正氣)와 사기(邪氣)의 성쇠(盛衰) 172
(1) 정기(正氣)와 사기(邪氣)의 개념 172

(2) 실(實) ········ 172
(3) 허(虛) ········ 173
2) 음양의 불균형(陰陽失調) ········ 173
(1) 음양(陰陽) 편성(偏盛) ········ 173
(2) 음양(陰陽) 편쇠(偏衰) ········ 174
(3) 음양(陰陽) 호손(互損) ········ 174
3) 기혈(氣血)의 불균형(氣血失調) ········ 174
4) 진액대사의 불균형(津液代謝失常) ········ 174

제9장 보건(保健), 양생(養生)과 미용 ········ 177

1. 다이어트: 경신(輕身), 감비(減肥) ········ 180
1) 개념 ········ 180
2) 병인(病因) 병기(病機) ········ 180
3) 보건(保健), 양생(養生) 방법 ········ 181
(1) 내복법(內服法) ········ 181
(2) 외치법(外治法) ········ 182
4) 예방 ········ 182

2. 주름살 예방, 제거 ········ 183
1) 개념 ········ 183
2) 병인(病因),병기(病機) ········ 184
3) 보건(保健),양생(養生) 방법 ········ 184
(1) 내복법(內服法) ········ 184
(2) 외치법(外治法) ········ 185
4) 예방 ········ 186

3. 가슴 확대 ········ 186
1) 개념 ········ 186
2) 병인(病因), 병기(病機) ········ 186
3) 보건(保健),양생(養生) 방법 ········ 187
(1) 내복법(內服法) ········ 187
(2) 외치법(外治法) ········ 188
4) 예방 ········ 188

제10장 한방(韓方) 미용(美容) 변증(辨證) 191

1.한방 미용“변증(辨證)” 193

1) 변증(辨: 판단, 분별 證: 증후(證候)) 193
2) 사진(四診): 네 가지 진단 방법 193
3) 증(症: 증상), 증(證: 증후(證候)), 병(病: 질병)의 비교 193

2. 장부(臟腑) 변증(辨證) 195

1) 심(心)과 소장(小腸)의 변증 196
(1) 심화항성증(心火亢盛證) 196
(2) 심음부족증(心陰不足證) 197
(3) 심양부족증(心陽不足證) 197
(4) 소장실열증(小腸實熱證) 198
2) 폐(肺)와 대장(大腸)의 변증 198
(1) 폐기허증(肺氣虛證) 200
(2) 폐음허증(肺陰虛證) 200
(3) 풍한범폐증(風寒犯肺證) 201
(4) 풍열범폐증(風熱犯肺證) 201
(5) 대장습열증(大腸濕熱證) 202
3) 비(脾)와 위(胃)의 변증 202
(1) 비기허증(脾氣虛證) 204
(2) 비양허증(脾陽虛證) 204
(3) 비불통혈증(脾不統血證) 205
(4) 한습곤비증(寒濕困脾證) 205
(5) 습열온비증(濕熱蘊脾證) 205
(6) 위열증(胃熱證) 206
(7) 위음허증(胃陰虛證) 206
4) 간(肝)과 담(膽)의 변증] 207
(1) 간기울결증(肝氣郁結證) 208
(2) 간단습열증(肝膽濕熱證) 208
(3) 간양상항증(肝陽上亢證) 209
(4) 간혈허증(肝血虛證) 209
5) 신(腎)과 방광(膀胱)의 변증 210
(1) 신음허증(腎陰虛證) 211
(2) 신양허증(腎陽虛證) 212
(3) 방광습열증(膀胱濕熱證) 212

3. 경락(經絡) 변증(辨證) 213
1) 십이경맥(十二經脈)의 변증 215
(1) 수태음폐경(手太陰肺經) 병증 216
(2) 수양명대장경(手陽明大腸經) 병증 218
(3) 족양명위경(足陽明胃經) 병증 219
(4) 족태음비경(足太陰脾經) 병증 221
(5) 수소음심경(手少陰心經) 병증 222
(6) 수태양소장경(手太陽少腸經) 병증 223
(7) 족태양방광경(足太陽膀胱經) 병증 225
(8) 족소음신경(足少陰腎經) 병증 226
(9) 수궐음심포경(手厥陰心包經) 병증 228
(10) 수소양삼초경(手少陽三焦經) 병증 229
(11) 족소양담경(足少陽膽經) 병증 231
(12) 족궐음간경(足厥陰肝經) 병증 232
2) 기경팔맥(奇經八脈)의 변증 234
(1) 독맥(督脈)의 병증 = (督: 감독, 통솔 독, 脈: 맥 맥) 234
(2) 임맥(任脈)의 병증(病證) = (任: 맡길 임, 脈: 맥 맥) 236
4. 기혈진액(氣血津液) 변증(辨證) 237
1) 기병(氣病)의 병증 237
(1) 기허증(氣虛證) 237
(2) 기함증(氣陷證) 238
(3) 기체증(氣滯證) 238
2) 혈병(血病)의 병증 238
(1) 혈허증(血虛證) 238
(2) 혈어증(血瘀證) 239
(3) 혈열증(血熱證) 239
3) 기혈동병(氣血同病)의 병증 240
(1) 기체혈어증(氣滯血瘀證) 240
(2) 기혈양허증(氣血兩虛證) 240
(3) 기불섭혈증(氣不攝血證) 240
4) 진액(津液)의 병증 241
(1) 진액(津液)부족(不足) 241
(2) 수액(水液)정취(停聚) 241
5. 피부미용(皮膚美容) 변증(辨證) 243

1) 얼굴색(面色) 변증 243
(1) 창백한 얼굴색 243
(2) 누런 얼굴색 244
(3) 어둡고 칙칙한 얼굴색 244
2) 피부(皮膚) 성질(性質) 변증 245
(1) 중성(中性) 피부(皮膚) 245
(2) 건성(乾性) 피부(皮膚) 245
(3) 지성(油性) 피부(皮膚) 246
(4) 민감성(敏感性) 피부(皮膚) 247

6. 체질(體質), 체형(體形) 변증(辨證) 248
1) 체질(體質) 변증(辨證) 248
(1) 음허(陰虛) 체질 248
(2) 양허(陽虛) 체질 249
(3) 양성(陽盛) 체질 249
(4) 기허(氣虛) 체질 250
(5) 기허(氣虛) 담습(痰濕) 체질 250
(6) 기울(氣鬱) 체질 251
(7) 습열(濕熱) 체질 251
(8) 혈허(血虛) 체질 252
(9) 혈어(血瘀) 체질 252
2) 체형(體形) 변증(辨證) 253
(1) 뚱뚱한 체형 → (건강한 체중 감소) 253
(2) 마른 체형→ (건강한 체중 증가) 254

제11장 고대 동양 미녀의 미용비법 257

1. 측천무후의 미용비법 259
1) 미용 본초(本草) 259
(1) 익모초택면방(益母草澤面方) 259
(2) 당귀(當歸)원액(原液) 261
2) 미용 식선(食膳) 261
(1) 꽃가루(花粉:화분) 261
3) 수신(修身) 양생(養生) 262

2. 양귀비의 미용비법 263
1) 미용 본초(本草) 264

(1) 홍옥고(紅玉膏) – 외용(外用) ········· 264
2) 온천목욕과 박타(拍打)법 ········· 264
3) 운동+안마+채소 ········· 265
3. 자희태후(서태후)의 미용비법 ········· 265
1) 미용 본초(本草) ········· 266
(1) 인삼(人蔘) – 내복(內服) ········· 266
(2) 진주가루(珍珠粉) – 내복(內服) ········· 266
(3) 향발산(香髮散) – 외용(外用) ········· 267
2) 미용 식선(食膳) ········· 267
(1) 모유 ········· 267
(2) 옥녀보유소(玉女補乳酥) ········· 267
3) 온습포(熱敷) ········· 268

참고문헌 ········· 271

한방미용학

한
밤
미
용
학

1

한방 미용학(韓方美容學) 총론

학습목표

1. 한방 미용학의 개념에 대하여 이해하고 설명할 수 있도록 학습한다.
2. 한방 미용학의 특징에 대하여 이해하고 설명할 수 있도록 학습한다.
3. 한방 미용학의 분류에 대하여 이해하고 설명할 수 있도록 학습한다.
4. 한방 미용학의 연구 의의와 범위에 대하여 이해하고 설명할 수 있도록 학습한다.

학습개요

1. 한방 미용학의 개념
   1) 견고한 이론 기초
   2) 다양한 방법, 안전성, 유효성
   3) 정체관념(整體觀念)과 변증론치(辨證論治)
2. 한방 미용학의 특징
3. 한방 미용학의 분류
   1) 미용성질에 따른 분류
      (1) 미용 치료(治療)
      (2) 미용 보건(保健)
   2) 수단과 방법에 따른 분류
      (1) 미용 본초(本草)
      (2) 미용 식선(食膳)
      (3) 미용 침구(鍼灸)
      (4) 미용 추나(推拿)
      (5) 미용 기공(氣功)
      (6) 미용 음악(音樂)
      (7) 미용 심리(心理)
   3) 임상학과에 따른 분류
      (1) 미용 피부과
      (2) 미용 안과
      (3) 미용 이빈후과
      (4) 미용 내과
4. 한방 미용학의 연구 의의와 연구범위
   1) 한방 미용학의 연구의의
   2) 한방 미용학의 연구범위

한
방
미
용
학

1 한방 미용학의 개념

한방 미용학은 한방의학이론과 동양 특색의 인체 미학 이론 지도하에 외모 손상성(예: 황갈반, 여드름) 질병 예방과 치료, 생리적 결함을 숨기거나 교정에 대한 연구를 통해 병을 예방하고 신체를 건강하게 하여 시간이 흘러도 얼굴이 늙지 않게 하고, 인체의 신(神: 마음)과 형(形: 몸)의 미(美)를 유지, 보호 및 창조하는 데에 주요 목적을 두는 전문적 학문 중 하나이다[그림 1-1].

- 외모 손상성 질병: 인체의 미학에 비교적 큰 영향을 주는 질병을 말한다. 예를 들어 딸기코, 여드름, 황갈반, 새치(백발), 비만, 기미 등이 있다[그림 1-2].
- 생리적 결함: 생리기능은 정상적이나 각자 외부 표면으로 드러나는 결함으로 나타나는 표증(表症)을 말한다. 사람의 시각, 청각, 촉각으로 인체의 정보를 전달해주는 역할도 한다. 예를 들어 암내, 점, 피부 건조, 쉰음성(하성), 모공 확대 등이 있다[그림 1-3].

"미용(美容)"의 개념은 협의(狹義: 좁은 의미)와 광의(廣義: 넓은 의미)로 나눌 수 있다.

1) 좁은 의미의 미용은?

얼굴 혹은 목 부위 이상의 미화(美化)와 장식을 말한다.

2) 넓은 의미의 미용은?

얼굴, 모발, 체간, 사지(四肢) 및 정신 사상 등 신체적 정신적 미화(美化)를 일컫는다.

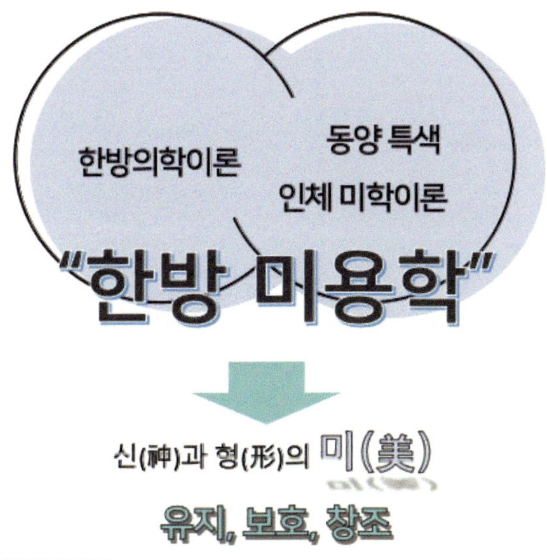

그림 1-1

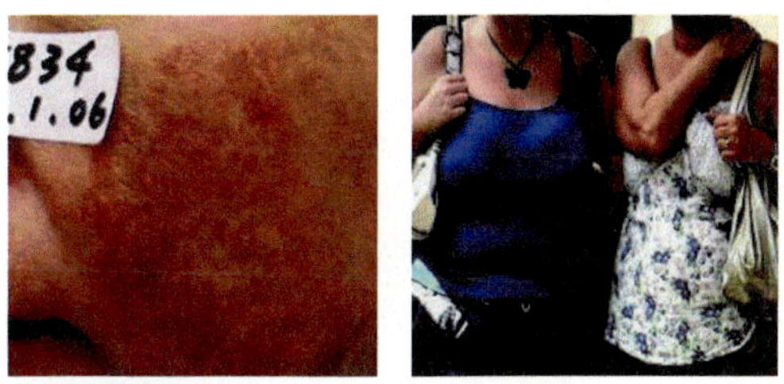

그림 1-2

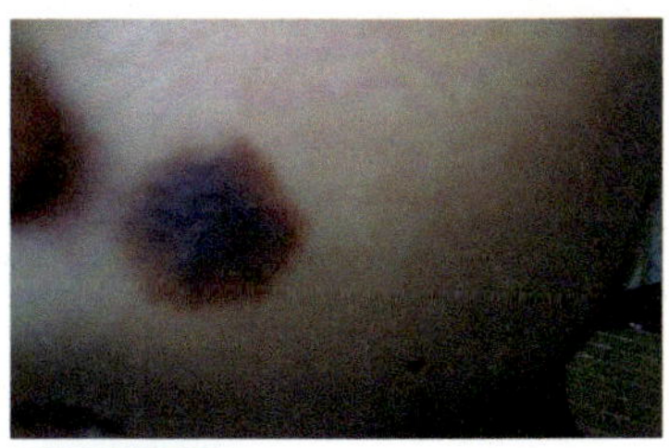

그림 1-3

한방 미용학에서 추구하는"미용(美容)"은 넓은 의미에서 건강을 기초로 한 미용으로 건강과 미용학의 표준을 근거로 인체의 외형과 내재적 정신인 기질, 풍모 등 종합적인 평가의 결과물로 진행한다[그림 1-4].

"건강"은 인류의 모든 활동이므로 경제적, 사회적 활동에서 성공하기 위한 필요, 필수 조건이다. 1978년 "International Conference Primary Health Care"에서 정의한 건강 개념에 따르면, "건강은 단지 질병과 체력저하를 소리 없이 자취를 감추게 하는 것뿐만 아니라 심신이 건강하고, 사회 행복에서의 결함 없는 완벽한 미적 상태를 말한다."[그림 1-5]

한의학은 정체관념(整體觀念)을 갖추면서부터 "천인합일(天人合一)"을 강조하였다. 사람과 자연환경의 통일을 말하며 질병을 일으키는 정지(情志: 감정)을 강조했다. 과도한 감정의 분출, 예를 들면 대노(大怒: 크게 노함), 대희(大喜: 크게 기뻐함), 비(悲)·우(憂)(悲憂: 슬퍼하고 근심함), 공구(恐懼: 겁먹고 두려워함)등을 말하는데 인체의 기기(氣機: 기의 운동)를 문란(紊亂)시켜서 질병이 발생한다. 그리하여 한방의학은 질병을 예방, 치료하는 과정에서 인간과 자연환경의 협조와 사람의 감정을 조절하여 신체의 건강을 보호 및 유지하였다[그림 1-6].

한방의학의 이런 "건강관(健康觀)"은 현대사회의 건강에 대한 인식과 일치하고 있다는 사실을 알 수 있다. 한방 미용학의 기본이론은 한방 의학의 기본 이론과 인체 미학 이론을 포함하고 있다. 한의학은 기존의 서양의학과는 다른 또 하나의 의학체계로 독자적이고 독특한 이론과 사유방법이 있다. 예를 들어 음양오행(陰陽五行), 장부(臟腑), 경락(經絡), 기혈진액(氣血津液), 병인(病因), 병기(病機: 병리변화 메커니즘), 진단방법(診法), 치료 원칙(治療原則), 약물성질(藥性), 방제의 조성 및 원칙 등을 기본 이론에 포함하고 있다[그림 1-7].

한의학은 정체관(整體觀)과 변증론치(辨證論治)의 기본 특징들을 강조하고 있다.

인체 미학(美學) 이론은 당대 미용 의학의 지도사상 중 하나로서 동양 특색을 가진 인체 미학 이론은 동양 전통 미학사상을 포함하고 있다. 동양 전통미학은 근래 수많은 발전을 통해 미학의 새로운 학문을 만들고 범위는 비교적 넓다. 한방 미용학과의 관계는 음양(陰陽), 중화(中和), 신운(神韻), 문질(文質), 심물(心物)등과 비교적 밀

그림 1-4

그림 1-5

그림 1-6

그림 1-7

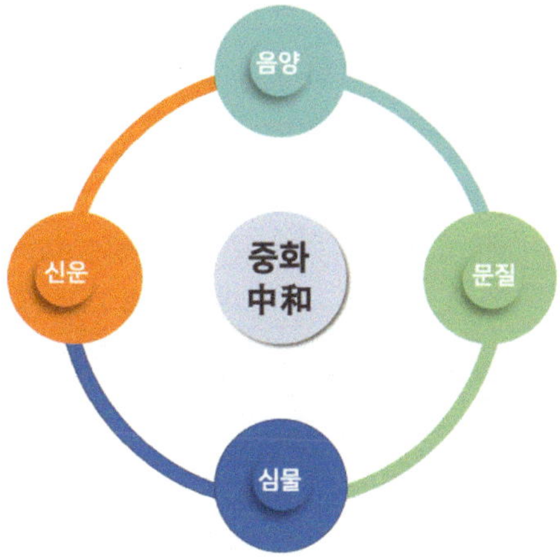

그림 1-8

접한 관계가 있다. 동양 전통 미학사상은 한방 미용학으로 하여금 인체의 자연미(自然美), 신운미(神韻美) 및 문질(文質)의 결합 등을 강조하고 독특한 심미관(審美觀)을 가지고 신(神)과 형(形)의 아름다움의 경지를 추구한다 [그림 1-8].

위에서 알 수 있듯이 한방 미용학의 연구대상은 표면적 아름다움뿐만 아니라 인체의 건강한 아름다움을 추구하고 있다. 그렇다면 인체의 건강한 아름다움을 방해하는 두 가지 요소를 살펴보도록 하겠다.

첫째, 외모 손상성 질병은 인체의 미학(美學)에 비교적 큰 영향을 주는 질병으로 예를 들어 딸기코, 여드름, 황갈반, 새치(백발), 비만, 기미 등이 있다.

둘째, 손상성 생리적 결함은 인체의 생리기능은 정상적이나 각자 자신의 외부 표면으로 드러나는 표증(表症)이 영향을 준다. 예를 들어 암내, 점, 피부건조, 쉰 목소리, 모공 확대 등 사람의 시각, 청각, 촉각으로 인체의 정보를 전달한다.

▶ **한방 미용학 연구의 기본 목적은 아래와 같다 :**

① 질병을 치료하고 질병으로 인한 외모적 결함을 보완하여 인체의 아름다움을 유지 보호하는데 있다.

② 질병을 예방하고 인체의 건강을 유지 및 보호한다.

③ 노화시기를 늦추고, 결함을 감추어, 더 아름답고, 동안의 모습을 유지하여 인체의 아름다움을 재창조한다.

④ 인체의 신체와 정신의 건강한 아름다움(神形健美)을 추구한다. 진정한 건강함이란, 정신과 신체 두 가지 면에서 모두 건강함을 말한다. 신(神)은 한의학뿐만 아니라 동양 문화의 독특한 하나의 개념으로 밖으로 분출되는 생명의 활력을 말하는데 한방 미용학에서 신(神)은 정신, 사상, 기질을 포함하고 있다.

2 한방 미용학의 특징

1) 견고한 이론 기초를 가지고 있다.

한방 미용학 이론은 한의학 이론과 동양의 전통 미학(美學) 이론에 기초를 두고 있다.

한방 미용학은 한의학의 하나의 갈래로 한의학 발전과 같이 발전하였기 때문에 한방 미용학과 한의학은 비교적 견고한 의학적 이론을 기초로 하고 있다.

『황제내경(黃帝內經)』은 한의학 이론의 원천으로 한방 미용학의 형성과 발전 이론 기초를 다졌다.

동양 전통미학은 동양 문화의 특징을 갖춘 하나의 독립적인 미학(美學) 체계로 한방 미용학 기초이론의 중요한 부분을 차지하고 있다.

미학(美學)이론의 지도아래, 인체에 치료와 보건을 실시하는 것이 한방 미용학과 한방 기타학과의 가장 중요한 구별점이다.

2) 다양한 방법, 안전성, 유효성을 가지고 있다.

한방 미용학의 역사는 약 2000년 전으로 거슬러 올라가야 한다. 장기간 미용 임상 검증과 정리를 통하여 한방 미용학은 약물, 침구, 음식치료, 추나, 기공, 심리(情志: 감정)등 다양한 종류의 유효한 미용 치료 방법을 형성하였고 각 종류의 방법은 어느 정도의 구체적 방법까지 포함하고 있다. 다수의 한방의학의 미용학 문헌 중에는 세월이 흘러 쌓여 온 정화(精華: 뛰어난 부분)들을 현대 미용학 발전을 위해 귀중한 문헌의 근거로 제공되어진다. 그 중에서 특히 천연한방 화장품을 개발 제작을 위하여 약물 미용의 내용이 풍부한 임상 경험을 토대로 제공되고 있다.

3) 정체관념(整體觀念)과 변증론치(辨證論治)를 체현하였다.

먼저 정체관념(整體觀念)의 체현(體現)이다.

정체관념(整體觀念)이란? 어떤 사물이 전체와 부분, 또는 전체 속의 어느 한 부분과 다른 부분이 서로 유기적인 밀접한 상관관계를 가지고 있어서 전체적으로 하나로 통합(統合)되어 있다고 보는 관점으로, 전일관념(全一觀念)이라고도 말한다.

한방의학은 사람을 하나의 유기적인 정체(整體)로 인식하였고 사람과 자연 사계절 기후의 변화를 연결시켜 사람과 자연을 하나로 통일하였다. 이 정체관념(整體觀念)의 지도 아래, 한방미용학은 장부(臟腑) 기능의 문란(紊亂), 기혈음양(氣血陰陽)의 불균형, 질병의 원인인 육음(六淫)의 침범, 오지(五志)·칠정(七情)의 과도한 영향으로 전체적 조절을 무너지게 하여 발생한 외모 손상성 질병과 미용 결함을 치료와 교정을 통해 미용 목적에 다다르게 한다.

그 다음으로는 변증론치(辨證論治) 사상의 체현(體現)이다.

변증론치(辨證論治)란? 사진(四診)을 통해 각종 임상현상과 체정(體征)을 수집하여 한의학의 기초이론에 근거하여 환자의 체질과 질병의 원인, 성질, 부위 및 정사(正邪: 正氣와 邪氣)의 관계 등을 분석, 종합, 개괄하여 병증(病證)을 변별하는 변증(辨證) 과정을 통해 그 결과에 근거하여 질병을 예방 및 치료를 결정한다. 한방 미용학은 외모 손상성 질병의 치료에 대한 한방임상은 각 과마다 변증론치(辨證論治)를 강조한다.

3 한방 미용학의 분류

1) 미용성질에 따른 분류

(1) 미용 치료(治療)

한방의학의 수단과 방법을 사용하여 인체의 외모 손상성 질병을 치료하고 질병으로 인한 미용 결함을 제거하여 인체의 아름다움을 유지 및 보호하는 목적이 있다.

(2) 미용 보건(保健)

한방의학의 미용학 지도하에, 의학적 혹은 비의학적인 수단과 방법을 사용하여 질병을 예방하고 건강을 증진하여 노화를 늦추고 사람의 얼굴, 형체, 피부, 모발 등 자연(自然)적인 건강한 아름다움(健美)을 보호 및 유지한다.

화장법을 통하여 사람의 생리적 결함을 덮어주고 얼굴, 오관, 모발, 손톱에 광채를 주어 외형적인 아름다움에 다다른다.

2) 수단과 방법에 따른 분류

(1) 미용 본초(本草)

본초의 내복(內服)과 외용(外用)을 통해 외모 손상성 질병을 치료하고 인체를 보호하는 미용방법을 말한다.

한방 미용 중 가장 중요하고 자주 쓰이고 있는 경험이 풍부한 방법이다.

내복법(內服法)과 외용법(外用法)으로 나눌 수 있다.

내복법은 전신의 조절을 통해 국부 치료 혹은 신체 보익(補益) 목적으로 하고 심신(心身) 건강과 국소 부위의 미(美)를 보장한다.

본(本)을 치료함은 근본적 원인을 제거하고 신체를 건강하게 하고 노화를 늦추며 얼굴을 늙지 않게 함을 말한다.

내복약(內服藥)의 약제 형태는 일반적인 내복 한약의 약제 형태와 같다.

외용법(外用法)은 약물을 응용하여 체표 국부에 직접적인 작용을 통해 치료 혹은 보건 미용의 목적에 다다른다. 이용한 약물의 성능이 직접적으로 병이 난 곳에 바르기 때문에 그 효과 역시 빠르다.

(2) 미용 식선(食膳)

한방의학 기초이론 지도하에 음식을 이용하거나 혹은 음식과 약물 두 가지 역할을 할 수 있는 천연 음식(육류, 채소류)을 주로 하는 약선(藥膳)을 말한다.

이 방법은 미용 본초(本草)와 같다.

반드시 변증(辨證) 후, 약선(藥膳)을 사용해야 좋은 미용 효과를 얻을 수 있다.

(3) 미용 침구(鍼灸)

침과 뜸의 방법을 사용하여 경락과 수혈을 자극함으로 인체의 내재 면역력을 향상하고 장부, 조직 기능을 조절하고 기혈 운행을 촉진하여 치료 혹은 보건 목적을 가진 미용 방법이다.

침구미용은 침자법(針刺法), 구법(灸法), 부황 등 매 방법마다 구체적인 많은 방법들이 있다.

(4) 미용 추나(推拿)

미용안마(美容按摩)라 부르기도 한다.

각종 추나 수법을 사용, 신체의 혈자리나 부위를 자극하여 한편으로 경락계통을 통해 신체의 내재적 요인을 조절하고 다른 한편으로는 체표 국부의 물리반응을 통하여 장부기능의 문란을 조절하여 기혈음양(氣血陰陽)을 평형시켜 치료, 또는 보건 미용 목적에 다다르는 방법이다.

(5) 미용 기공(氣功)

기공 단련의 방식을 통하여 미용 치료 혹은 보건 목적의 방법이다.

기공 중의 각종 강신회춘술(强身回春術) 모두 미용에 사용된다.

기공 기능은 사람의 심신을 전체적으로 조절하여 사람의 심층적 단계의 아름다움을 가꿔서 외형과 기질 두 가지 면에서 아름다운 경계에 다다른다.

(6) 미용 음악(音樂)

한방의학 기초이론과 전통음악이론의 지도 하에, 음악은 치료와 수련의 수단으로서 각 사람마다의 체질, 정서변화가 다르므로 구별하여 음조, 리듬, 멜로디, 강도의 악곡을 선택하여 사용한다.

감정을 흥분시키거나 정서를 수양하고 장부기능을 조절하여 질병을 예방, 치료하고 심신(心身)의 건강한 아름다움을 추구하는 목적을 가진 미용 방법이다.

(7) 미용 심리(心理)

한방의학 기초 이론과 한방의학 심리학설 지도하에, 심리 치료 혹은 조절을 통하여 정서 조절, 심리상태 개선 및 불량한 감정 상태로 인한 인체의 악영향을 감소시키거나 제거하여 질병을 예방, 치료하고 형신(形神)의 건강한 아름다움을 추구하는 목적을 가진 미용 방법이다.

3) 임상학과에 따른 분류

(1) 미용 피부과

피부과 질병의 치료와 보건을 통해서 피부의 아름다움을 목적으로 하는 과이다.

피부미용은 한방 미용학 분야 중에서 가장 중요한 요소로 대부분의 외모 손상성 질병은 피부질환이기 때문에 미용보건의 대부분의 목적은 피부를 아름답게 보호, 유지하는 것이다.

한방 미용학에서 피부 미용이 주요 부분을 차지하고 있다.

(2) 미용 안과

안과 질환의 치료와 보건은 눈의 아름다움을 목적으로 하는 과로, 시력 회복이나 눈의 생리기능 향상 등을 포함하고 있다.

(3) 미용 이빈후과

코와 인후부 질병의 치료를 통해서 코 질병이 일으키는 외모 손상 및 하성(쉰 목소리)이 인체의 전체적인 미에 영향을 주는 것을 방지한다.

(4) 미용 내과

내치법(內治法)으로 외모 손상성 질병을 치료 혹은 보건을 통하여 인체 외형의 미(美)를 추구한다.

미용내과는 미용 피부과, 안과, 이빈후과와 상호 연결되어 있다.

정체관(整體觀)의 지도 아래 한방내과의 장부, 경락 등을 통한 변증과 각 과의 국부 변증을 유기적으로 결합하고 전면적으로 분석하여 정확하고 안전하며 유효한 미용방법을 채택한다.

그리하여 비만등 체형의 미에 대한 내용은 미용 내과에 포함된다.

4 한방 미용학의 연구의의와 연구범위

1) 한방 미용학의 연구의의

(1) 의학 패러다임의 전환 활용

현대 의학은 생물 의학 패러다임에서 생물-심리-사회 의학 패러다임으로 전환의 과도기를 지나고 있다.

이전에 건강, 질병, 아건강(亞健康: 신체가 완전히 건강하지도 않고 그렇다고 병든 상태라고도 할 수 없는 중간 상태=제 3 상태)에서 벗어나 새로운 의학 패러다임의 배경하에"제 4 상태"개념이 생겨났다.

"제 4 상태"의 사람들은 자신이 아름답지 못하다고 생각하고 심리와 사회 환경 적응면에서 미(美)의"비완전한 상태"라고 생각하게 되어서 자신의 미(美)에 대한 강렬한 욕구를 가진다.

그리하여 미용의학의 책임감이 점점 강해지고 있다.

(2) 한방 미용의 자원 발굴

한방의학은 동양 철학사상의 영향을 받아, 사람의 생리와 심리, 사람과 사회 환경을 하나의 커다란 숲으로 바라보고 있다.

특히 한방의학은 환자를 볼 때 병뿐만 아니라 사람을 더 중시한다.

그리하여 한방의학은 현대 보건양생 부분에서도 사람의 형체, 정신 내외적 모든 요인들을 중시하는 학문으로 알려져서 최근 각광받고 있다[그림 1-9].

(3) 한방미용학의 학술체계

한방의학은 오래된 학문이지만 미용의학은 최근 이슈가 되고 있는 참신한 학문이다. 오래된 나무에 몽우리가 자라고 꽃이 피듯, 한방미용학은 새로운 학문으로서 시대의 흐름에 발맞춰 가고 있다.

한방 미용학은 현대 미용의학에서 중요한 구성 요소이면서 동시에 한방의학의 풍부한 학술체계를 제공하여 한방의학의 생명력을 불어넣어 미래 보건양생 분야 발전에 이바지할 것으로 전망된다[그림 1-10].

그림 1-9

그림 1-9

2) 한방 미용학의 연구범위

한방 미용학의 목적은"인체의 건강한 아름다움"이다.

"건(健)"은 신체와 정신의 건강을, "미(美)"는 형체와 정신의 아름다움을 포함하고 있다. 그리하여 한방 미용학의 연구 범위는 비교적 광범위하나 크게 8가지로 분류할 수 있다.

(1) 한방 미용 발전역사의 연구

(2) 각종 외모 손상성 질병의 기초와 임상연구

(3) 각종 미용적 결함의 기초와 임상연구

(4) 한방의학 항노화 연구

(5) 한방의학 미용방법의 연구

(6) 한방의학 보건 및 화장품 연구

(7) 한방의학과 동양 전통미학이론 및 응용 연구

(8) 한방의학과 미용심리학의 이론 및 응용 연구

학습정리

1. 한방미용학은 한방의학이론과 동양 특색의 인체 미학 이론을 기초로, 외모 손상성(예: 황갈반, 여드름) 질병의 예방과 치료, 생리적 결함을 숨기거나 그 교정에 대한 연구를 통해 병을 예방하고 신체를 건강하게 하여 시간이 흘러도 얼굴이 늙지 않게 하고, 인체의 신(神:마음)과 형(形:몸)의 미(美)를 유지, 보호 및 창조하는 데 중요한 목적을 두는 학문 중 하나이다.

2. 건강은 단지 질병과 체력 저하의 자취를 감추는 것뿐만 아니라 몸과 마음 모두 건강하게 하고, 사회적 행복에서의 결함 없는 완벽한 미적 상태를 의미한다.

3. 한방미용학 연구의 기본 목적
   ① 질병을 치료하고 질병으로 인한 외모적 결함을 보완하여 인체의 아름다움을 유지 보호하는데 있다.
   ② 질병을 예방하고 인체의 건강을 유지 및 보호한다.
   ③ 노화시기를 늦추고, 결함을 감추어, 더 아름답고, 젊은 모습을 유지하여 인체의 아름다움을 재창조한다.
   ④ 인체의 신체와 정신의 건강한 아름다움(神形健美)을 추구한다.

2

동양 미용학의 발전과 역사

학습목표

1. 동양 미용의 기원기의 특징과 미용법에 대하여 학습한다.
2. 동양 미용의 맹아기의 특징과 미용법에 대하여 학습한다.
3. 동양 미용의 형성기의 특징과 미용법에 대하여 학습한다.
4. 동양 미용의 확장기의 특징과 미용법에 대하여 학습한다.

학습개요

1. 기원기[원시(原始)시대~춘추전국(春秋戰國)시대]
   1) 심미주의적 맹아기
   2) 생활 속 미용의 관심
   3) 역사 속 인물의 미용법
2. 맹아기[~진한삼국(秦漢三國)시대]
   1) 동양 미용의 형성 초기
   2) 동양 미용의 다양화
   3) 역사 속 인물의 미용법
3. 형성기[위진남북조(魏晋南北朝)시대~수당(隋唐)시대]
   1) 위진남북조(魏晋南北朝) 시대
   2) 수당(隋唐)시대
   3) 역사 속 인물의 미용법
4. 확장기[송(宋), 금(金), 원(元), 명(明), 청(淸)시대]
   1) 양송(兩宋)시대
   2) 금원(金元)시대
   3) 명청(明淸)시대
   4) 역사 속 인물의 미용법

한 밤 미 용 학

1 기원기[원시(原始)시대 ~ 춘추전국(春秋戰國)시대] [그림 2-1]

1) 심미주의적 맹아기

한방미용과 인체의 건강한 아름다움 두 관계는 절대 둘로 나누어질 수 없으며 이미 인체 미용의식은 상고(上古)시대부터 생겨나기 시작했다. 북방에 거주했던 읍루인(挹婁人)들이 겨울에 돼지 기름을 발라서 동상 예방 등 피부의 연화(軟化)를 목적으로 사용되었고(돼지기름은 동상·해그을음·눈그을음의 예방 및 피부의 연화작용이 뛰어나 유럽에서도 크림의 원료로 오랜 기간 이용), 남방에 거주한 변한인(弁韓人)들이 새긴 문신(紋身)도 원시치장의 한 형태로 알 수 있다. 또한 선사시대의 조개더미에서 가공한 조개껍데기, 짐승의 어금니, 미석(美石) 등이 발견되었는데, 이것들도 원시장신구로써 목걸이·팔찌·가락지로 이용되었음을 알 수 있다[그림 2-1].

중국의 고대 고고학에서도 지금으로부터 5만년 전 구석기 시대에 북경 "산정동인(山頂洞人) [1933년에 지금의 베이징(北京)시 팡산(房山)현 저우커우뎬(周口店)에 있는 룽구산(龍骨山) 정상에서 발견된 약 18,000년 전의 인류 화석]"을 발견함으로써 선인들이 이미 바다조개 껍데기, 동물의 뼈, 치아 또 는 구멍 뚫린 작은 돌, 진주와 푸른 빛깔의 조약돌로 각종 예쁜 장신구들로 자신을 아름답게 꾸미기 시작했으며 이런 유물들은 고대 사람들이 일찍이 인체 장신구의 윤기 있고 색채감 있는 외형에 깊은 관심을 보이고 있었음을 보여주고 있다[그림 2-3].

또한 단군신화에도 원시화장의 흔적이 엿보이는데 인간이 되고자 하는 곰[熊族]과 호랑이[虎族]에게 쑥과 마늘을 먹게 하여 100일 동안 햇빛을 기휘(忌諱)하도록 한 것은 고대사회의 지배층이 흰 사람(백색 피부: 지금도 흰 피부인 사람을 귀하게 여기는 관습이 남아 있으며, 알타이 계통의 최초 인간은 흰 사람이라는 신화가 있음)이었으므로, 흰 피부로 변신하기 위한 주술(呪術)이라 해석되고 있다.

쑥과 마늘이 미백(美白) 효과가 우수한 미용 재료임을 감안한다면 고대의 한국인들은 겨울에 피부를 보호할 줄 알았고, 계급과 신분에 따라 치장(治粧)을 달리 하였으며, 돌 ·조개껍데기·짐승의 뼈로 장신 구를 만들어 패

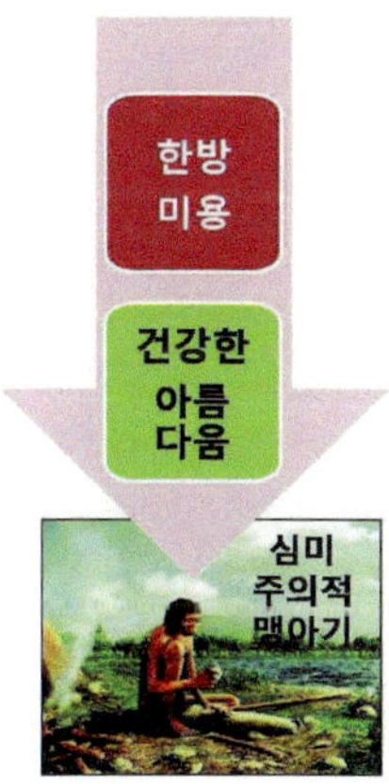

그림 2-1

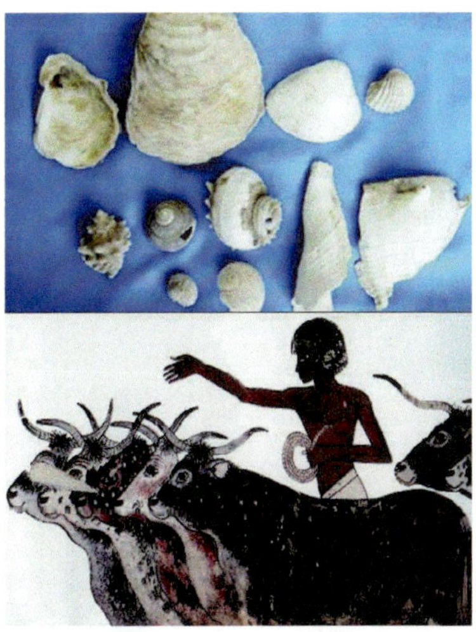

그림 2-2

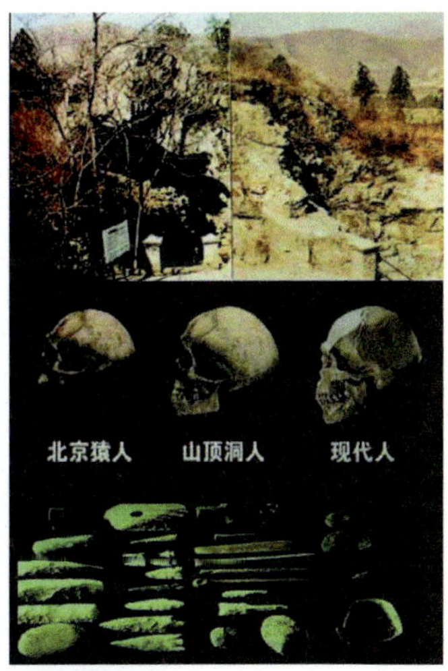

그림 2-3

그림 2-4

그림 2-5

용하면서 그 당시부터도 흰 피부로 가꾸는 등 미를 추구하는 욕구는 시대를 초월하고 있었다[그림 2-4].

2) 생활 속 미용에 대한 관심

미용은 민간인들 사이에 이미 비교적 보편화되었고 사용하는 미용 방법 역시 점차 풍부해져 갔다. 그 예로 민간인들 사이에서는 연지를 찍고 눈썹을 그리고 입술을 칠하고 머리에 기름을 바르기 시작하면서, 그로 인해 한방의학 수단들인 약물, 침구, 식이요법, 기공과 각종 양생 방법들 역시 각종 외모 손상성 질병을 치료하거나 예방에 참여하기 시작했다[그림 2-5].

또한 연지를 만드는 구체적인 방법은 홍화가 꽃이 피는 시기에 꽃잎을 따서 돌절구에 방망이로 찧어서 홍색과 황색 두 종류의 색소를 가진 꽃잎에서 황색을 걷어내고 아름다운 연지색깔을 만든다. 연지의 제조방법은 계속 발전해 와서 지금까지 사용되고 있다[그림 2-6].

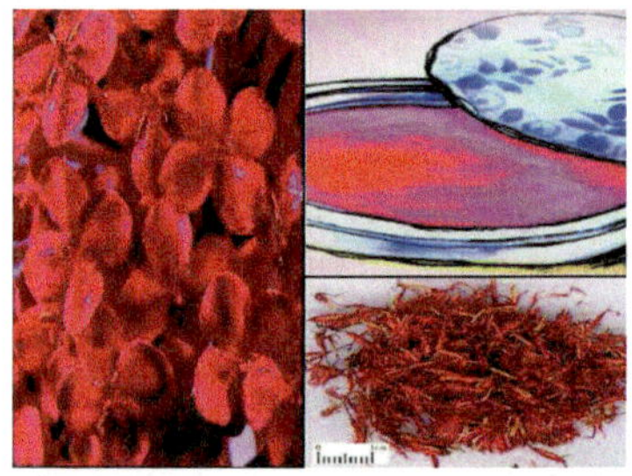

그림 2-6

3) 역사 속 인물의 미용법

(1) 서시(西施) - "침어(沈魚)"

물고기가 미모에 놀라 헤엄치는 것을 잊고 가라앉았다는 "서시"[그림 2-7]

춘추전국 시대 말, 월(越)나라 사람으로 중국 4대 미인 중 한 사람이다. 오관이 단정하고 얼굴색이 복숭아꽃을 닮을 정도로 아름다웠다고 전해진다. 어느 날, 서시가 강변에 서 있었는데 맑고 투명한 강

그림 2-7

물에 비춰진 아름다운 모습을 수중의 물고기가 보고는 헤엄치는 것을 잊고 강바닥으로 가라앉았다고 하여 그 후로 침어(沈魚)라 별명이 붙여졌다.

▶ **미용법**

① 익모초(益母草) 등 몇 가지 한약 재료들을 정제시켜 가루로 만들어서 물과 혼합하여 매일아침 얼굴에 발랐다. 한약 재료들은 피부 영양공급과 미백 효과가 뛰어나기 때문에 서시가 자주 사용하는 미용법으로 전해지고 있다.

② 저령(猪苓), 위령선(威靈仙), 곽향(藿香), 향초(香草), 연잎(荷葉)을 각각 100g씩, 감초(甘草), 백지(白芷)는 각각 250g씩 잘게 부셔서 보자기에 싸서 물에 넣고 끓인다.

③ 바람이 들지 않는 곳에서 매일 한 번씩 한 달간 목욕을 하면 피부가 향기롭고 윤기가 있게 된다.

2 맹아기[~진한삼국(秦漢三國)시대]

1) 동양 미용의 형성 초기

진한(秦漢)시대는 한방의학 기초이론의 형성 초기로 『황제내경(黃帝內經)』에서는 한방의학이론 기초 서적으로서 한방미용의 이론적 근거를 제시하였다[그림 2-8].

한(漢)시기 이전 본초 지식의 종합서적인 『신농본초경(神農本草經)』 중에서는“蜂子, 味甘平……久服令人光澤, 好顔色(꿀은 맛이 달고 성질이 평하여 얼굴색을 좋게 한다.)”, “白瓜子, 主令人悅澤, 好顔色(호박씨는 얼굴을 윤기있게 해준다.)”, “白僵蚕,　灭黑䵟,　令人面色好(백강잠은 색소침착을 제거해준다.)” 등 미용효과가 있는 약초들이 기록되어 있다[그림 2-8].

중국 첫 번째 경혈 전문서적인 『황제명당경(黃帝明堂經)』은 후세의 침구미용, 추나미용의 이론적 근거를 제시해주고 있다.

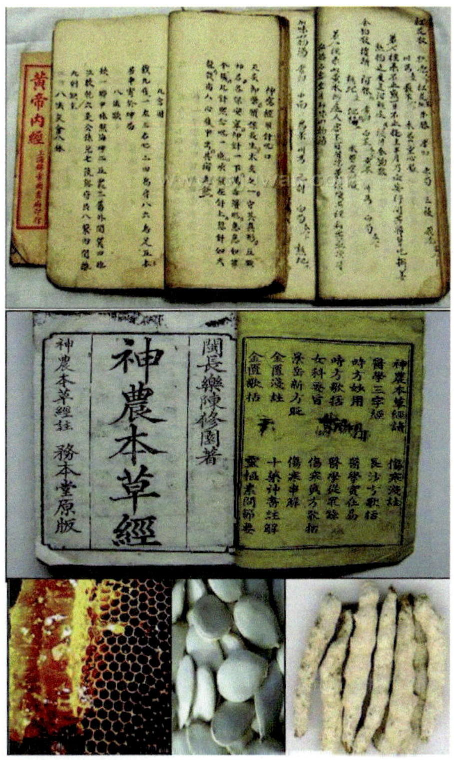

그림 2-8

동한(東漢)말 시대의 장중경(張仲景)의 『상한잡병론(傷寒雜病論)』은 변증론치(辨證論治)의 기초를 다지고 한방미용 치료에 대해서도 중요한 공헌을 하였으며, 후세 외모 손상성 질병을 치료하기 위한 방법론을 제공해주었다[그림 2-9].

그림 2-9

2) 동양 미용의 다양화

(1) 구강 미용

진한(秦漢) 시대에 이미 치실을 사용하여 치아 사이의 음식 찌꺼기를 제거하였다.

(2) 향기 보건 미용

진한(秦漢) 시대에 황제 신변에 방향성(芳香性) 약을 항상 배치하여서 보건작용을 하게 하였다.

허리나 손목에 차는 것뿐만 아니라 실내에서도 방향성 약을 태우기도 하였다.

그중 당시 가장 귀한 약재는 침향목(沈香)으로 후대에서는 단향목(檀香), 정향나무(鷄舌香), 용뇌향(龍腦香)등도 사용되었다.

(3) 피부 미용

진한(秦漢) 시대, 사람들은 이미 개인 위생의 중요성을 인식하고 있었다. 그들을 3일에 한 번은 머리를 감고, 5일에 한 번은 목욕을 하는 습관을 가지고 있었다. 관공부서에서는 일주일 중 하루는 목욕하는 날로 지정하여 휴가를 받을 수도 있었다.

(4) 양생 미용

화타(华佗)는 동한 말기의 출중한 의학가로서 또한 양생 전문가이기도 하다.

화타는 "오금희(五禽戲:다섯 가지 동물의 동작을 모방한 체조운동)"를 만들어서 중국 전통의학에서 운동 미용의 선구자가 되었다. 오금희(五禽戲)는 사슴, 곰, 호랑이, 원숭이, 새의 동작을 본뜬 운동으로 늘 연습하면 장수하고 동안을 유지하는 효과를 가져다준다고 알려져 있다[그림 2-10].

그림 2-10

3) 역사 속 인물의 미용법

(1) 여후(呂后) - "제국의 아침을 연 왕후" [그림 2-11]

우리가 잘 알고 있는 유방의 부인으로 유방이 항우를 쓰러트리고 한나라를 세우는 데 큰 공을 세운 인물이다. 또한 황제를 대신하여 내정까지도 돌볼 정도로 정치에도 관심이 많았다. 하지만 그 지나친 관심과 욕망으로 유방의 다른 부인인 척부인의 손과 발을 자르고 눈, 귀와 코를 잘라서 화장실에 가두고 "돼지 인간"이라 부르게 하기도 한 잔인함을 보이기까지 하였다.

그림 2-11

▶ **미용법**

【흰목이 버섯(銀耳)】

한고조 유방의 부인으로 여후는 흰목이 버섯을 즐겨먹었다. 유방은 천하를 통일한 이후에 진귀한 약초들을 여후에게 줬는데, 여후는 오로지 흰목이 버섯만을 매일 아침에 일어나자마자 아침 식사로 먹었다고 전해진다.

흰목이 버섯은 달고 평하며 품질이 뛰어나서 "설이(雪耳)"라고 칭하고 천연적인 콜라겐성질이 풍부하여 자음(滋陰)하는 작용이 있다. 또한 장기간 복용하면 피부가 윤택해지고 얼굴의 황갈반, 주근깨를 제거하는 효과가 있으며 섬유질이 풍부하여 위장 운동에도 도움을 주고 지방 흡수를 감소시켜 다이어트 식품으로 제격이다.

(2) 조비연(趙飛燕)

"작장중무(作掌中舞)" 가볍기 그지 없어 손바닥 위에서도 춤을 출 수 있을 정도였다[그림 2-12].

중국 한(漢)나라 황후 조비연은 동서고금을 통틀어 가장 날씬한 여인이었다. "조의주"라는 이름을 대신하여"날으는 제비"라는 뜻으로 "조비연"으로 불리었다. 뛰어난 몸매, 가무 또한 타의 추종을 불허하여 그녀는 한나라 성황제의 총애를 받아 황후의 지위까지 오르게 되는 인물이다.

조비연은 다른 미인들과 달리 중국의 4대 미인 안에는 들지 않는다. 당시 미의 기준이었던 풍만함보다는 가볍고 날씬한, 지금 현대적 미의 기준에 더 가까운 인물이었기 때문이다. 하지만 그녀는 항상 4대 미인의 한 사람인 양귀비와 더불어 "연수환비(燕瘦環肥)"라는 성어로 비교되고 있다[그림 2-13]. 그 뜻은"조비연(趙飛燕)은 마르고 양귀비[본명: 양옥환(楊玉環)]는 뚱뚱하지만 모두 미인이다."

그림 2-12

그림 2-13

라는 뜻으로 조비연은 날씬한 미인의 대명사로 임풍양류(臨風楊柳)형 미인으로 불리고, 양귀비는 풍만한 미인의 대명사인 부귀모란(富貴牡丹)형 미인으로 불리어졌다.

▶ **미용법**

① **둥굴레(玉竹)**

조비연(趙飛燕)은 입궁하기 전에 둥굴레를 자주 먹어서 제비처럼 가볍고 아름다운 몸매를 가졌다고 알려져 있다[그림 2-14].

그림 2-14

② **향기완(香肌丸)**

조비연은 피부를 보드랍고 하얗게 하기 위해서 사향과 율무쌀을 위주로 배합한 "향기완(香肌丸)"을 만들어서 배꼽에 붙여서 신체에 천천히 흡수되게끔 하였다. 그리하여 항상 희고 매끄러운 피부와 가는 허리를 유지하는 일거양득 효과를 가져왔다. 하지만 반대로 향기완(香肌丸)에 포함되어 있던 약초에 들어 있던 중금속으로 인해 월경이 적고 평생 아기를 갖지 못했다[그림 2-15].

그림 2-15

(3) 왕소군(王昭君) -" 낙안(落雁)"

기러기가 나는 것을 잊고 땅으로 떨어지게 만든 "왕소군" [그림 2-16]

중국의 4대 미인 중 1인으로 한(漢)나라 때의 사람이다. 그 당시 황제는 궁녀들의 초상화를 먼저 살펴본 다음, 아름다운 궁녀를 곁에 두고 총애하였다. 그리하여 궁녀들은 자신들을 예쁘게 그려 달라고 하기 위해 화가에게 많은 뇌물을 주었지만, 왕소군은 그리하지 않아서 실물보다 한참이나 못한 못생긴 초상화가 그려졌다. 당시 흉노왕이 궁녀를 달라고 하자 황제는 궁녀 가운데 가장 못생긴 초상화의 주인인 왕소군을 보내기로 하였다. 마지막 이별의 인사를 드릴 때가 되어서야 비로소 황제는 그녀의 미모를 알게 되었지만, 이미 정해진 약속을 깰 수 없었다. 왕소군은 흉노왕의 아내가 되어 전쟁이 끊이질 않았던 두 나라 간의 화합을 도모하는 역할을 하였다. 그래서 중국인들에게 왕소군은 고대 민족의 영웅 중 한 사람으로 지금까지 칭송받고 있다.

왕소군(王昭君)

그림 2-16

▶ 미용법

【사극(沙棘)】

왕소군(王昭君)은 사극(沙棘)의 열매즙을 매일 마시고 손이나 얼굴도 닦았다고 한다. 불로장생하고 동안의 얼굴을 유지시켜준다고 한다. 1200여 년 전부터 아랍과 몽골지역에서 음료 원료로 사랑받아온 사극(沙棘)나무 열매는 칭기즈칸이 자양강장의 비약으로도 사용했다. 비타민 C와 E, 아미노산 등 100여 종 이상의 생리활성성분을 함유하고 있어 항산화 작용과 미용효과를 지닌 사극나무 열매는 비타민 나무라고도 불린다. 주요 원산지는 중국, 몽골지역이다[그림 2-17].

그림 2-17

3 형성기[위진남북조(魏晋南北朝)시대 ~ 수당(隋唐)시대]

1) 위진남북조(魏晋南北朝)시대

동양미용 수준이 한 단계 진보되는 시기이며, 대체적으로 아래와 같은 두 가지 특징을 보인다. 첫째, 방제가 간단한 단방(單方)에서 두 가지 이상의 약을 쓰는 복방(復方)으로 변화하였고 둘째, 품종과 조제하는 약제 형태가 완비되었다.

이 시기의 대표적 서적으로 진(晋)의 갈홍(葛洪)이 저술한 『주후비급방(肘後備急方)』이 있는데, 한방의학의 저서 중 가장 먼저 미용의에 대한 전문 지식이 기록되어 있다[그림 2-18].

그림 2-18

2) 수당(隋唐) 시대 동양 미용의 새로운 특징

(1) 독립적 학과 형성의 초보단계

(2) 미용에 관한 방제와 조제 약제 형태의 개혁

(3) 미용에 관한 본초와 음식 종류의 광범위화

(4) 동양의학의 큰 발전으로 동양 미용의 발전 촉진

(5) 화장기술의 다양화, 화장 순서의 세밀화

(6) 화장품에 대한 의식의 변화

3) 역사 속 인물의 미용법

(1) 용화공주(永和公主)

용화공주(永和公主)는 당숙종의 딸로 고대의 "미용대왕(美容大王)"이라 칭했다. 그녀는 얼굴을 가꾸는 데에 모든 열정을 쏟았는데, 후세에 2가지 피부 보호 비방이 전해져 내려오고 있다. 그중 하나인 얼굴 씻는 방제에 대해 알아보겠다. 송(宋)나라 『태평성혜방(太平盛惠方)』에 수록되어 있다.

▶ 미용법

① 세면방(洗面方)

【조성】

오약(烏藥) 90g, 백지(白芷), 천궁(川芎), 과루인(瓜蔞仁: 한울타리의 씨)을 각각 150g, 쥐엄나무(皂角) 300g, 대두(大豆), 적소두(赤小豆) 각각 250g을 빻아서 가는 가루로 만든다.

【용법】

얼굴을 이 약방 가루를 사용하여 아침, 저녁으로 한 번씩 씻는다.

【효과】

쥐엄나무(皂角), 콩 가루, 과루인(瓜蔞仁)은 피부를 청결하게 해주고 각질을 벗겨준다. 천궁(川芎)과 백지(白芷)는 혈액순환을 촉진시켜서 미백 효과가 있다. 오약(烏藥)은 풍사(風邪)를 제거하고 경락(經絡)을 통하게 하여 습사(濕邪)를 제거하여 얼굴 수종을 제거한다.

② 조두방(澡豆方)

조두(澡豆)는 고대 목욕할 때 사용하는 일종의 분말 피부 보호제였다. 콩가루가 주요인데 특히 가장 좋은 것은 검은콩 분말이었다. 각종 약초 가루를 배합해서 제작한다. 피부 자윤(滋潤)과 피부병 예방 작용이 있다. 당(唐)나라 용화(永和)공주는 자주 이 방제를 사용하여 희고 보드랍고 유연하고 탄력 있는 피부를 유지했다고 전해진다[그림 2-19].

그림 2-19

【제조법】

먼저 뜨거운 밥에 차가운 물을 넣고 5~6일 정도 담가두면 위로 맑고 깨끗한 물이 위로 뜨면 부글부글 끓인 후, 녹각교(鹿角胶: 사슴뿔을 졸여 농축시켜서 끈적끈적한 상태)와 적당량의 찹쌀을 약한 불로 죽을 만든다. 죽을 나란히 펴서 햇볕에 말린다. 햇볕에 말린 죽과 도인(桃仁: 복숭아씨의 알맹이), 행인(杏仁)을 물 속에 담근 후 껍질을 벗긴다. 검은콩(黑豆), 백지(白芷), 가회톱(白蘞: 백렴), 백급(白及), 백출(白朮), 백복령(白茯苓), 침향목(沈香), 쥐엄나무(皂角) 및 약간의 사향(麝香)을 잘게 빻아서 밀봉해서 보관한다. 목욕할 때, 피부에 비벼서 씻는다.

⑵ 태평공주(太平公主)

역사상 유일한 여황제인 측천무후가 가장 총애하는 딸로 아름다운 얼굴을 가졌다.

① 도화홍부고(桃花紅膚膏)

【조성】

복숭아(桃花) 꽃잎 가루, 오골계(烏骨鷄)의 피(血)

【제조법】

매년 음력 3월 3일에 복숭아꽃을 채집하여 그늘에 말려서 빻아서 가는 가루를 만들고 음력 7월 7일에 오골계의 피와 혼합하여 팩을 만들어서 얼굴에 바른다. 두 재료를 혼합하여 크림으로 만들어서 얼굴이나 피부에 바른다.

【효과】

복숭아꽃(桃花)은 피부를 보호하고 피부의 반흔을 엷게 하고 미백효과를 가져온다. 또한 복숭아꽃은식재료로 사용할 수도 있다. 오골계(烏骨鷄)의 피(血)는 비타민 C, E가 풍부하고 항노화 효과뿐 아니라 각종 피부 문제를 개선해 주고 영양분이 일반 닭보다 풍부하다.

【주의사항】

여기서 우리는 의문이 생길 수 있다. 왜 태평공주(太平公主)의 미용방은 "음력 3월 3일에 복숭아꽃을 채집하고 음력 7월 7일에 오골계(烏骨鷄)의 피(血)를 사용" 했을까? 질문에 대한 답은, 음력 3월 3일의 복숭아꽃(桃花)이 가장 아름답고 최상의 품질이고, 음력 7월 7일의 오골계(烏骨鷄)의 피(血)가 가장 최고의 보양 효과를 얻을 수 있기 때문이다.

⑶ 당나라에는 중국 역사상 가장 유명한 두 명의 미녀가 있다.

중국 역사상 유일한 여황제 측천무후와 중국 4대 미녀 중 하나인 양귀비, 그들의 미용방법은 제11장에서 소개하도록 하겠다[그림 2-20].

그림 2-20

4 확장기[송(宋), 금(金), 원(元), 명(明), 청(淸)시대]

1) 양송(兩宋) 시대

전통적 동양 미용의 방제학(方劑學)이 초석을 다지는 시기이다. 이 시기의 한방 의학서적 대부분에서 미용에 대해서 언급하고 있다. 당시 출판된 『태평성혜방(太平盛惠方)』, 『성제총록(聖濟總錄)』, 『태평혜민화제국방(太平惠民和劑局方)』 등 송(宋)시대 이전의 미용방제에 대한 수집뿐만 아니라 많은 새로운 방제들이 보충되었다.

▶ **미용법**

미발방제(美髮方劑) - 상피백잎탕(桑皮柏葉湯)

【방원(方源)】『태평성혜방(太平盛惠方)』

【조성】 상백피(桑白皮) 300g, 측백나무잎(側柏葉) 300g

【제조법】 위 약물들을 굵은 가루로 빻아서 물 3000ml 넣고 5~6번을 끓인 후, 찌꺼기를 걷어낸다.

【용법】 머리를 씻어낸다.

【효과】 모발이 건조하고 푸석 거릴 때 사용한다.

2) 금원(金元) 시대

금원(金元)시대에는 다양한 의학 유파들이 생겨났다. 동양 미용학의 이론과 치료방법이 풍부해지고 동시에 한방 미용학의 발전이 촉진되었다. 그로 인해 유명한 의학가들과 저서들이 대량으로 배출되게 되었다. 유완소(劉完素)의 육기화화설(六氣化火說), 장원소(張元素)의 장부변증설(臟腑辨證說), 이고(李杲)의 비위론학설(脾胃論學說), 장총정(張從正)의 거사삼법(袪邪三法), 주단계(朱丹溪)의 상화론(相火論)과 양유여음부족론(陽有餘陰不足論) 모두 동양미용학의 발전에 지대한 영향을 끼쳤으며, 동양미용학의 이론과 치료방법이 풍부해진 계기가 되었다. 몇 명의 유명한 의학가들이 만들어낸 방제, 예를 들어 방풍통성산(防風通散), 황련해독탕(黃連解毒湯), 보중익기탕(補中益タ湯) 등은 지금까지도 외모 손상성 질병에 쓰이고 있다.

▶ **미용법**

【삼백탕(三白湯)】

"백작약(白芍藥), 백출(白朮), 백복령(白茯嶺) 각각 5g, 감초(甘草) 2.5g, 수전(水煎), 온복(溫服)한다."

보기익혈(补气益血)과 미백윤부(美白) 작용이 있다.

기혈(氣血) 부족으로 한사가 침범하여 피부가 거칠고 누렇게 뜨고 황갈반, 색소침착이 나타나는 증상에 활용할 수 있다.

한방의학에서는 피부는 장부기능과 밀접한 관계가 있다. 만약에 장부(脏腑)에 병변(病変)이 있을 경우, 기혈불화(气血不和)로 피부가 거칠고 면부(面部)에 반흔이 생긴다. 그리하여 방제(方劑)는 기혈이 조화롭도록 조절(调和气血)하고 오장의 기능을 조절하여 미백과 반흔 제거(美白祛斑) 효과를 나타낼 수 있다.

한방의학 이론에서 백작약(白芍藥)은 맛이 달고(甘) 시고(酸), 성질이 약간 차고(微寒) 양혈(养血)작용이 있

그림 2-21

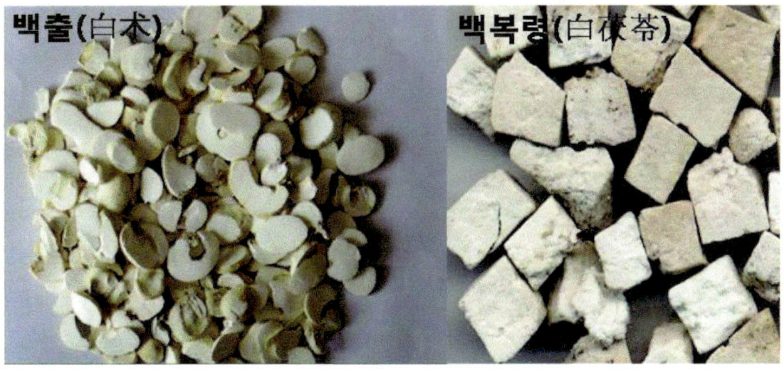

그림 2-22

기 때문에 얼굴색이 누렇고 반흔이 있고 광택이 없을 때 사용한다[그림 2-21].

백출(白术)은 성질이 따뜻하고(溫) 맛은 달고(甘) 쓰며(苦) 항노화 작용이 있다[그림 2-22].

백복령(白茯苓)은 성질이 평(平)하며 맛은 달고(甘) 싱겁고(淡) 거반증백(祛斑增白)한다[그림 2-22].

감초(甘草)는 성질이 평(平)하고 맛은 달다(甘). 피부를 매끄럽게 하고 냄새를 제거한다. 비위(脾胃) 허약으로 인한 구취와 피부가 틀 때 사용한다[그림 2-23].

그림 2-23

현대 약리 연구에서는 상술한 본초들의 미용 효과들을 증명했다.

백작약(白芍藥)은 활성 산소를 제거해주고 항산화 작용이 있다[그림 2-21].

백출(白术), 백복령(白茯嶺)은 면역기능을 향상시켜주며 혈관을 확장해 준다[그림 2-22].

감초(甘草)는 면역기능을 조절해주고 외용(外用)하면 자외선을 차단해주고 미백효과와 반흔 제거, 피부 건조증 등을 예방하는 효과가 있다. 그래서 대다수의 미백 피부 보호제품에 감초 추출액이 포함되어 있다[그림 2-23].

3) 명청(明淸)시대

(1) 명(明)시대

명(明)시대 유명한 의학가와 저서들 중 이시진(李時珍)의 『본초강목(本草綱目)』을 먼저 추천할 수 있다. 이시진(李時珍)은 저서를 쓰는데 27년이 걸렸고, 1578년 비로소 『본초강목(本草綱目)』을 완성한다. 이 책은 동서고금(東西古今)을 막론하고 동양의학의 거대한 경전으로 본초학의 보고(宝库)로 칭송받고 있다.

주님(朱楠)이 엮은 『보제방(普濟方)』은 대량의 미용 방제를 수집하여 기록하였고 "미용(美容)"이란 전문용어가 의학서적에 처음 거론되었다.

청(淸)시대에 적지 않은 의학가들이 대량으로 배출되었다. 그들의 저서는 각 방면에서 더 발전해 동양 미용학을 한층 더 풍부하게 완성한다. 예를 들어 오겸(吳謙)의 『의종금감(醫宗金鑑)』, 기곤(祁坤)이 편찬한 『외과대성(外科大成)』, 고세징(顧世澄)의 『양의대전(瘍醫大全)』, 장로옥(張路玉)의 『장씨의통(張氏醫通)』, 『천금방연의(千金方衍義)』, 조학명(趙學明)의 『본초강목습유(本草綱目拾遺)』,, 이학천(李學川)의 『침구봉원(針灸逢源)』 등에는 외모 손상성 병증과 성형수술에 대해 기록되어 있다. 동양미용의 체계가 점차 완성되고 미용 기술과 수준 역시 높아지기 시작했다.

(2) 청(淸)시대

청(淸)시대의 보건(保健) 미용(美容)은 주로 궁정에서 큰 발전을 이뤘다. 청(淸)시대의 궁정은 미용술, 미용방약(方藥)의 응용에 대해서 적극적으로 연구하였다. 건륭(乾隆)황제가 친히 미용용품에 대해 묻기도 했었다고 한다. 청조 말기에는 자희태후(서태후)는 특히 미용을 중요시하였다. 70세가 넘어서도 얼굴과 신체 피부가 보드랍고 희며 두 손 역시 보드랍고 매끄러우며 주름이 약간 있지만 머릿결은 반들반들하고 탄력이 있었다.

▶ 미용법

① 전도산(顚倒散)

【방원(方源)】『의종금감(醫宗金鑑)』제 65 권

【조성】대황(大黃) : 유황(硫黃) 1 : 1

【제조법】위 약물들을 가는 가루로 빻는다.

【용법】찬물이나 찻잎 물에 섞어서 환부에 직접 바르거나 씻어내어도 된다.

【효과】폐(肺)의 풍사(風邪)로 인한 여드름, 얼굴 및 코 종기, 발갛게 부어오르거나 통증에 효과적이다.

② 청궁고치비방(淸宮固齒祕方)

【방원(方源)】『자희광서의방선의(慈禧光緖醫方選議)』

【조성】생대황(生大黃) 30g, 숙대황(熟大黃) 30g, 생석고(生石膏) 30g, 숙석고(熟石膏)30g, 넉줄고사리(骨碎補) 30g, 두충(杜仲) 30g, 청염(靑鹽: 함수호에서 채취한 소금)30g, 식용소금(食鹽) 30g, 명반(白礬) 30g, 백반(枯礬) 30g, 당귀신(當歸身: 당귀의 대가리와 꼬리 끝) 15g

【제조법】위 약물을 가는 가루로 빻는다.

【용법】매일 아침 가루로 이를 닦고 잇몸을 비빈다.

【효과】치아를 청결하게 하고 치아질환(치석, 치주염으로 인한 이가 흔들리거나 빠지는 것)을 예방한다.

4) 역사 속 인물의 미용법

(1) 황진이(黃眞伊 (16세기 조선 중종 시기, 명나라 중기))

송도삼절(松都三絶)의 하나 [그림 2-24]

조선 중종시기황진이는 조선 중종 때 개성 명기(名妓)로 인물이 천하절색이고 문필 또한 월등하였다. 그 아름다움에 이웃집 청년이 황진이를 연모하였지만 황진사집은 개성에서 명문가 댁으로 비록 서녀라 할지라도 만나볼 기회가 주어지지 않았다. 그로 인해 이웃집 청년은 상사병으로 생을 마감하였는데 그 청년의 상여가 황진이 집 문 앞을 지나게 되었을 때, 신기하게도 그 상여를 맨 상여꾼들의 발이 땅에 붙어 떨어지지 않아서 그 자리에서 옴짝달싹을 못하게 되었다. 그러자 황진이가 그 사실을 알고 소복차림으로 뛰쳐나가 상여를 쓰다듬어 주니 상여가 움직였다고 전해 내려온다.

그림 2-24

▶ **미용법**

① 백단향(白檀香)

조선시대 궁중에서 귀하게 사용되어 온 백단향(白檀香)은 그 특유의 향이 차분한 속성을 지녀 아로마 요법으로 우울증이나 불면증 치료에 많은 도움이 됐다. 또한 에로틱한 속성을 지니고 있어서 인도 여성들은 사람을 유혹하기 위해서 이것을 사용하기도 하였다. 피부 미용에는 백단향(白檀香) 가루를 사용하여 잡티를 제거하고 자외선 차단 효과와 피부 노화 방지 및 주름살을 펴주는 효과가 있다[그림 2-25].

② 세정제로는 녹두, 콩, 팥을 갈아서 사용했다.

특히 미세한 거품을 내는 녹두의 사포닌 성분이 묵은 때와 잡티를 제거해주는 데 효과적이었다[그림 2-26].

③ 화장수는 수세미, 오이, 수박 등 수분이 많은 열매에서 채취하고, 철에 따라 향을 내는 다양한 식물을 첨가했다.

그림 2-25

그림 2-26

④ 인삼잎(人蔘葉)

고운 피부를 유지하기 위해 인삼 잎을 달인 물로 얼굴을 씻고 마시기도 하였다. 기미, 갑디 등을 예방하고 주름살을 방지하는 효과가 있으며 사포닌 특유의 성분으로 피부의 재생을 촉진시켜 상처를 빨리 아물게 하고 피부의 탄력을 증가시켜준다.

파나긴산 성분도 뛰어나 보습제로 피부에 수분이 충분히 흡수되도록 돕고 촉촉한 상태가 오래 유지되도록 피부 기능을 회복시킨다[그림 2-27].

그림 2-27

(2) 자희태후(서태후)

청대 말기의 자희태후(서태후)는 이후 마지막 장에서 소개하겠다[그림 2-28].

그림 2-28

학습정리

1. 동양 미용의 기원은 원시(原始)시대에서 춘추전국(春秋戰國)시대까지 심미주의적 맹아기로 생활 속에서 미용에 대한 관심이 생겨나기 시작하였다.

2. 동양 미용의 맹아기는 진한(秦漢)시대에 한방의학 기초이론의 형성 초기단계로 한방의학 이론의 기초 서적인 『황제내경(黃帝內經)』에서는 한방미용의 이론적 근거를 제시하여 동양 미용의 형성의 기초틀을 마련하며 단순한 화장술뿐만 아니라 구강 미용, 피부 미용, 향기보건 미용 등 범위가 다양화되었다.

3. 동양 미용의 형성기는 위진남북조(魏晋南北朝)시대에서 수당 (隋唐)시대까지 동양 미용의 수준이 한 단계 진보되었던 새로운 도약의 단계로 다양한 변화와 개혁이 진행되었다.

4. 동양 미용의 확장기는 송(宋), 금(金), 원(元), 명(明), 청(淸)시대로 전통적 동양 미용의 방제학(方劑學)이 초석을 다지는 시기로 이 시기의 한방 의학서적 대부분이 미용에 대해서 언급을 하고 있고, 다양한 의학 유파들이 생겨나고, 특히 청(淸)시대의 보건(保健) 미용(美容)은 궁정에서 미용술, 미용 방약(方藥)의 응용에 대해서 적극적으로 연구하여 큰 발전을 이뤘다.

한
밤
미
통
학

3

음양학설(陰陽學說)과 미용

학습목표

1. 음양학설의 기본개념에 대하여 이해하고 설명할 수 있도록 학습한다.
2. 음양학설의 기본내용에 대하여 이해하고 설명할 수 있도록 학습한다.
3. 한방의학에서의 음양학설 응용에 대하여 이해하고 설명할 수 있도록 학습한다.

학습개요

1. 음양학설(陰陽學說)의 기본 개념
   1) 음양(陰陽)의 정의
   2) 음양(陰陽)의 특성
      (1) 보편성(普遍性)
      (2) 상대성(相對性)
      (3) 가분성(可分性)
   3) 사물의 음양(陰陽) 속성 분류
2. 음양학설(陰陽學說)의 기본 내용
   1) 음양의 대립(對立)
   2) 음양의 호근(互根)
   3) 음양의 소장(消長)
   4) 음양의 전화(轉化)
3. 한방의학에서의 음양학설(陰陽學說) 응용
   1) 신체의 조직구조
   2) 신체의 생리기능
   3) 신체의 병리변화
      (1) 병인(病因)의 음양 속성
      (2) 병리(病理)변화(變化)
   4) 미용에서의 진단과 치료
      (1) 얼굴색(면색)의 음양(陰陽) 진단
      (2) 얼굴색(면색)의 음양(陰陽) 치료

한방미용학

1 음양학설(陰陽學說)의 기본 개념

- 한방의학 이론체계의 중요 구성 부분이다.
- 생명의 기원과 본질, 인체의 생리기능과 병리변화 및 질병의 진단, 약물 및 치료를 설명할 수 있다[그림 3-1].
- 음양학설에서 우주란 하나의 세계로 정체관(整體觀)을 바탕으로 물질을 하나의 통일체로 바라본다.
- "음양(陰陽)"은 두개의 "기(氣: 기운, 공기, 대기)"가 대립(對立)과 통일(統一)에 의하여 형성된 결과로 인식할 수 있다.
- "陰陽者, 一分爲二." 음양은 하나가 둘로 나뉘는 것이다.
- 음양은 서로 상대적으로 대립(對立), 제약(制約), 소장(消長), 전화(轉化)되는 변화를 통해서 서로 근본이 되고 도와주는 관계로서 항상 평형(平衡)상태로 유지해야 한다[그림 3-2].
- 우주를 해석함에 있어서 하늘(天)은 양(陽)에 속하고, 땅(地)은 음(陰)에 속한다.
- 봄(春), 여름(夏), 가을(秋), 겨울(冬) 사계절은 음양(陰陽)의 변화로서 우주 만물의 근본이다[그림 3-3].

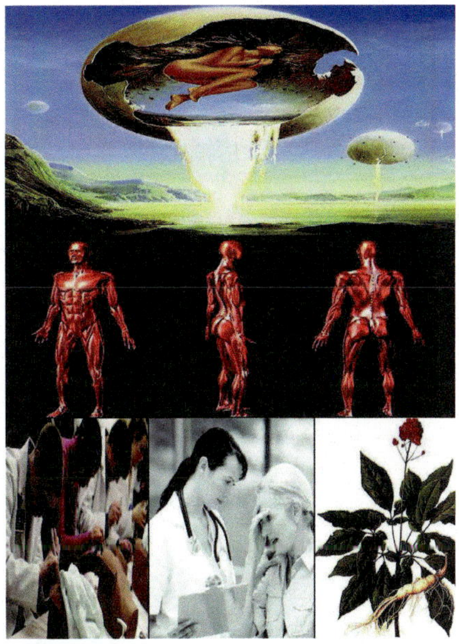

그림 3-1

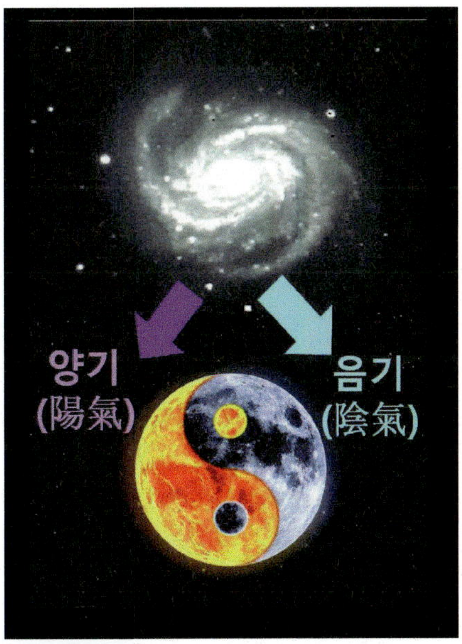

그림 3-2

그림 3-3

1) 음양(陰陽)의 정의

- 음양(陰陽)이란 자연계의 상호 관계와 상호 대립되는 모든 사물과 현상을 포함한 것이다.
- "음양(陰陽)은 명칭에 불과하며 형태가 아니다."(陰陽者, 有名而無形)
- 음양(陰陽)은 추상적인 개념으로, 구체적인 사물이 아니다.
  - 예: 수(水)와 화(火)는 서로 관련될 뿐만 아니라 대립되는 두 가지 현상이다.
    수(水)는 한(寒) 성질을 가지고 있고 아래로 흐르는 것 ⇒ 음(陰)
    화(火)는 열(熱) 성질을 가지고 있고 위로 오르는 것 ⇒ 양(陽) [그림 3-4]

2) 음양(陰陽)의 특성 [그림 3-5]

(1) 보편성(普遍性)

- 음양(陰陽)은 어느 한 특징적인 사물과 현상에 소속될 뿐만 아니라 각종 사물과 현상에서 있어서도 보편적으로 존재하는 것이다.
- 우주의 서로 연관되는 사물과 현상은 모두 음양(陰陽) 두 방면에서 상호 대립과 조화의 면이 존재하므로 음양(陰陽)을 보편적으로 가지고 있다.
  - 예: 봄 (온화) ⇒ 양(陽), 겨울 (추움) ⇒ 음(陰)
    남자 (기(氣)가 많음) ⇒ 양(陽), 여자 (혈(血)이 많음) ⇒ 음(陰) [그림 3-6]

(2) 상대성(相對性)

- 어떠한 사물이든지, 그 음양(陰陽)의 속성은 일정한 조건에서 서로 비교하여 확정된다.
- 조건이 변함에 따라 사물의 음양(陰陽)의 속성도 변한다[그림 3-7].
  - 예: 인체의 흉부(胸部)와 복부(腹部)를 비교하면
    흉부(胸部)(위쪽) ⇒ 양(陽), 복부(腹部)(아래쪽) ⇒ 음(陰)
  - 예: 인체의 배부(背部)와 흉부(胸部)를 비교하면
    흉부(胸部)(땅을 향함) ⇒ 음(陰), 배부(背部)(하늘을 향함) ⇒ 양(陽)
- 사물 음양(陰陽) 속성은 상대적인 것으로 절대적인 것은 아니다.
- 음양(陰陽)의 상대성을 상호 전화(轉化)의 시각에서 보면, 양(陽)이 음(陰)으로 변할 수 있고 음(陰)도 양(陽)으로 변할 수 있다[그림 3-8].

(3) 가분성(可分性) [그림 3-9]

- 사물에 대한 음양(陰陽)의 속성을 확정한 후에 음양(陰陽)의 각 방면에서 또 다시 음양(陰陽)을 나눌 수 있다[그림 3-10].
  - 예: 낮 ⇒ 양(陽)　밤 ⇒ 음(陰)
    낮(양) → 오전(午前)(태양이 상향하여 기온이 차츰 높아짐) ⇒ 양(陽) 중의 양(陽)
    　　　→ 오후(午後)(태양이 서쪽으로 지게 되면 기온이 차츰 낮아짐) ⇒ 양(陽) 중의 음(陰)

그림 3-4

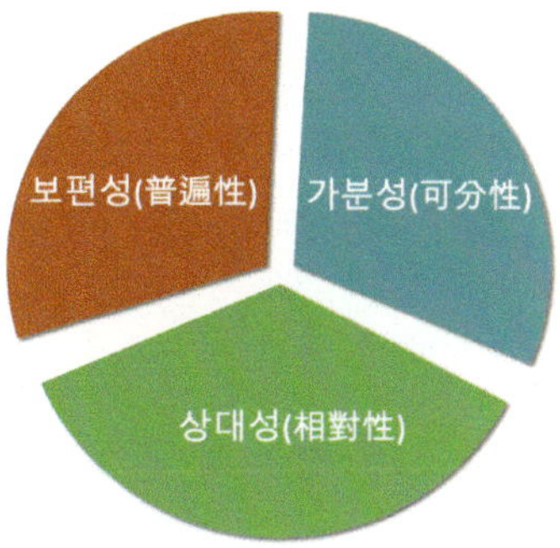

그림 3-5

그림 3-6

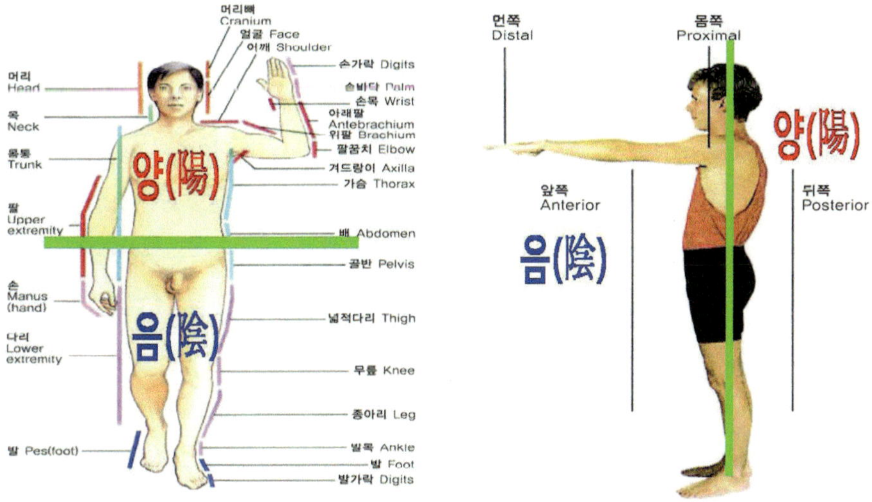

그림 3-7

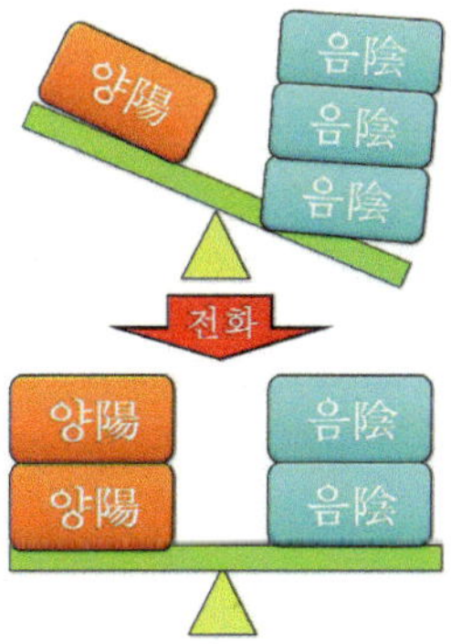

그림 3-8

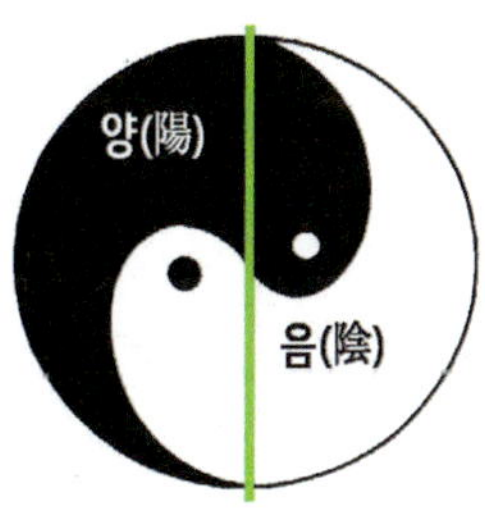

그림 3-9

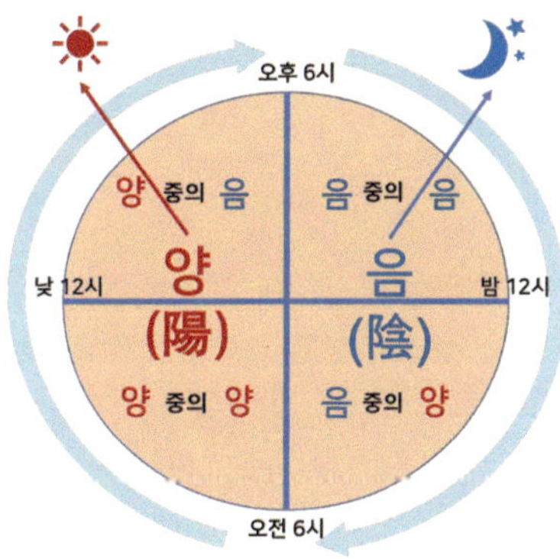

그림 3-10

밤(음) → 전반야(前半夜)(밤이 점점 깊어지고 몹시 어두워짐) ⇒ 음(陰) 중의 음(陰)

→ 후반야(後半夜)(별들이 차츰차츰 없어지고 아침 해가 떠오르기 시작함)

⇒ 음(陰) 중의 양(陽)

3) 사물의 음양(陰陽) 속성 분류

태양을 향하는 것: 양(陽:볕 양 – 明:밝을 명) **태양을 등지는 것: 음**(陰:음달 음 – 暗:어두울 암)		
양(陽)	동일한 조건	음(陰)
불(火)		물(水)
하늘(天)		땅(地)
해		달
낮		밤
기(氣)		혈(血)
남자		여자
뜨거움(溫熱)		차가움(寒凉)
움직임(動)		멈춤(靜)
올라감(상승 – 上昇)		내려감(하강 – 下降)
가벼움		무거움
위(上)		아래(下)
바깥(表)		안(里)
왼쪽		오른쪽
남향		북향
봄, 여름		가을, 겨울
건조		습윤
흥분		억제
기능 항진		기능 쇠퇴

2 음양학설(陰陽學說)의 기본 내용 [그림 3-11]

1) 음양(陰陽)의 대립(對立), 제약(制約)

- 함축적 의미

대립(對立): 음양의 특성은 상반된다.

제약(制約): 음양은 서로 억제한다.

* 대립과 제약을 통하여 동적 상태의 평형을 유지한다.

그림 3-11

- 의의

자연계: 음양의 기(氣)가 서로 억제되어
사계절(四時)의 온(溫: 따뜻함),
열(熱: 뜨거움), 한(寒: 차가움), 냉(冷: 서늘함)을 순환시킨다.

인체: 생리적으로 서로 대립 및 제약을 통하여 동적 상태의 평형을 유지하면 건강하다.

⇒ 음평양비(陰平陽祕)

병리적으로 서로 대립 및 제약의 불균형으로 인하여 질병이 발생한다.

⇒ "陰勝則陽病" 음이 이기면 양이 병이 생긴다.

"陽勝則陰病" 양이 이기면 음이 병이 생긴다.

"陽虛則陰亢" 양이 모자라면 음이 올라간다.

"陰虛則陽亢" 음이 모자라면 양이 올라간다.

2) 음양(陰陽)의 호근(互根), 호용(互用)

- 함축적 의미

호근(互根): 서로 의존하는 것이 전제 조건이다.

⇒ "無陽則陰無以生, 無陰則陽無以化."

양이 없으면 음이 생성될 수 없고, 음이 없으면 양이 변화될 수도 없다.

호용(互用): 서로가 생성 및 성장을 촉진한다.

⇒ "陰生陽長, 陽生陰長."

음이 만들어지면 양이 성장하고, 양이 만들어지면 음이 성장한다.

- 의의

생리적으로 음정(陰精)과 양기(陽氣)는 서로 근본(根本)이 되어 혈(血)과 기(氣)로 생성되어 서로 사용한다.

병리적으로 호근(互根), 호용(互用)의 불균형으로 질병이 발생한다.

⇒ "陰陽互損" 음양은 서로 손상시킨다.

"陰陽離決" 음양이 분리되어 결렬된다.

3) 음양(陰陽)의 교감(交感), 호장(互藏)

(1) 교감(交感)

- 함축적 의미

음양(陰陽)의 두 기(氣)가 운동 중에 서로 자극하고 반응하여 하나를 이루는 것이다.

- 의의

우주 만물의 생성과 변화의 근본적인 원천이자 생명의 탄생 기본 조건이다.

- 원리

음양(陰陽)의 두 기(氣)의 승강(昇降) 운동(運動)을 통하여 화합과 조화로운 상태가 된다.

음양(陰陽) 호장(互藏)이 바로 음양(陰陽) 교감(交感)의 원동력이다.

(2) 호장(互藏)

- 함축적 의미

음양(陰陽)의 두 기(氣) 모두 각각 서로의 속성을 저장하고 있는 것이다.

양(陽)은 음(陰)을 포함하고 있으며, 음(陰) 역시 양(陽)을 포함하고 있다.

- 의의

음양(陰陽) 쌍방의 교감(交感)과 화합(和合)의 원동력이다.

음양(陰陽) 호근(互根)호용(互用)의 기초이다.

음양(陰陽) 소장(消長:양적 변화)과 전화(轉化:질적 변화)의 내재적 근거이다.

(3) 교감(交感), 호장(互藏)의 관계

음양 호장 [양중의 음 → 하늘의 기 ↓ / 음중의 양 → 땅의 기 ↓] 음양 교감

4) 음양(陰陽)의 소장(消長), 평형(平衡)

- 함축적 의미

- 소장(消長)은 음양(陰陽)이 정지 불변하는 것이 아니라 항상 끊임없이 운동하고 변화하는 것이다.
  ⇒ 양(量)적인 변화과정이다.
  ⇒ 소(消: 줄어듬)와 장(長: 늘어남) 두 가지 운동 형식을 가지고 있다.
- 평형(平衡)은 음양(陰陽) 소장(消長)이 일정한 범위 내에서 화합과 조화 상태를 유지하는 관계이다.
  ⇒ 소장(消長)은 절대적이나, 평형(平衡)은 상대적이다.

- 형식

A장(長) B소(消) → 음장양소(陰長陽消), 양장음소(陽長陰消)

A소(消) B장(長) → 음소양장(陰消陽長), 양소음장(陽消陰長)

⇒ 음양(陰陽) 대립(對立), 제약(制約)이 전제조건이다.

A장(長) B장(長) → 양장음장(陽長陰長), 음장양장(陰長陽長)

A소(消) B소(消) → 양소음소(陽消陰消), 음소양소(陰消陽消)

⇒ 음양(陰陽) 호근(互根), 호용(互用)이 전제조건이다.

- **의의**

생리적으로 음양(陰陽) 소장(消長)의 평형 유지 → 정상적 생리의 필수 조건

병리적으로 음양(陰陽) 소장(消長)의 불균형으로 질병이 발생한다.

5) 음양(陰陽)의 상호(相互) 전화(轉化)

- **함축적 의미**

사물 및 현상의 음양(陰陽) 특성은 일정한 단계까지 발전하면, 반대 방향으로 전환된다.

사물 및 현상 운동(運動)의 질(質:성질, 본질)적 변화 과정이다.

- **조건**

• 외적인 요소: 음양(陰陽) 소장(消長) 중에서 "극(極:다하다,이르다), 중(重:무겁다)"의 단계

• 내적인 요소: 음양(陰陽) 호장(互藏)

- **표현**

• 양(陽)에서 음(陰)으로 전화(轉化) →

열극생한(熱極生寒): 열(뜨거움)이 극에 다르면 한(차가움)이 생긴다.

중양필음(重陽必陰): 양이 무거우면 기어코 음으로 전화된다.

• 음(陰)에서 양(陽)으로 전화(轉化) →

한극생열(寒極生熱): 한(차가움)이 극에 다르면 열(뜨거움)이 생긴다.

중음필양(重陰必陽): 음이 무거우면 기어코 양으로 전화된다.

- **형식**

• 점진적 변화:

음양(陰陽) 소장(消長)의 과정

[음(陰)-------음 ↓, 양 ↑ -----► 양(陽)
  양(陽)-------양 ↓, 음 ↑ -----► 음(陰)

• 급진적 변화:

음양(陰陽)이 빠르게 반대 방향으로 전화(轉化)된다.

- **의의**

생리적으로 인체의 물질과 물질, 기능과 기능, 물질과 기능 사이를 전환한다.

병리적으로 질병 과정 중, 증후(證候)의 음양(陰陽) 특성의 전화(轉化)가 나타난다.

(예로 감기가 걸리면 양(陽)의 특성인 고열 증후가 발생하면서 음(陰)의 특성인 오한(惡寒) 증후가 발생한다)

- **소장(消長)과 전화(轉化)의 관계**
  - 소장(消長) = 음양(陰陽) 운동(運動)의 양(量)적 변화 과정이자 전화(轉化)의 전제조건이다.
  - 전화(轉化) = 음양(陰陽) 운동(運動)의 양(量)적 변화 기초 상에서 발생하는 질(質)적 변화이며, 소장(消長)의 결과이다.

6) 음양(陰陽)의 자화(自和), 평형(平衡)

(1) 자화(自和)

- **함축적 의미**

  음양(陰陽) 이 자동적으로 조화와 평형 상태를 유지하고 회복하는 능력과 추세를 말한다.

  생명체 안에서 이루어지는 음양(陰陽)의 기(氣) 능력이다. 생리적 상태에서는 자가 조절을 하고, 병리적 상태에서는 자가 회복을 한다.

- **의의**

  인체 내 음양(陰陽)의 기(氣)는 자가 조절의 능력이 있음을 설명한다.

  인체 질병의 자아 치유의 내재적 원리를 제시한다.

(2) 평형(平衡)

- **함축적 의미**

  음양(陰陽) 쌍방은 상호 갈등 및 작용을 통해 조화와 상대적으로 안정된 상태에 이른다.

- **의의**

  자연계: 사계절(四時)의 기후를 정상적으로 순환시킨다.

  인체: 생명 활동의 안정적이고 규칙을 지키고 질서 있는 조화와 균형 상태를 유지한다[그림 3-12] .

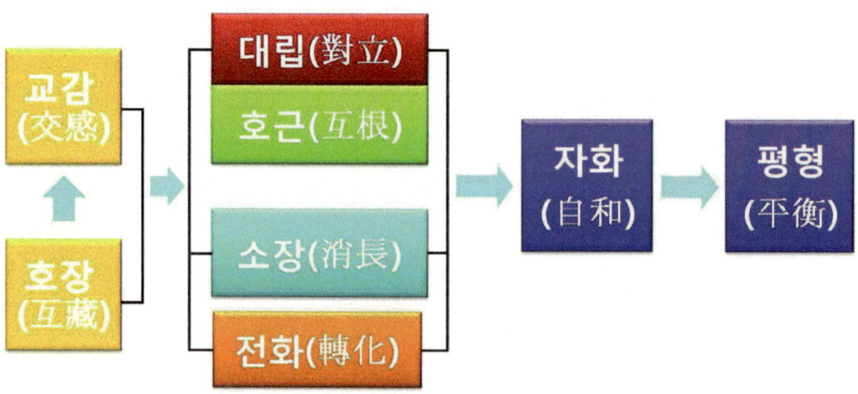

그림 3-12

3 한방의학에서의 음양학설(陰陽學說) 응용

1) 신체의 조직구조 [그림 3-13]

신체 부위와 생리적 특성에 따라 분류		
양(陽)	동일한 조건	음(陰)
체표(體表)		체내(體內)
신체의 상부		신체의 하부
신체의 왼쪽		신체의 오른쪽
신체의 외측(外側)		신체의 내측(內側)
허리와 등 부위		가슴과 배 부위
등 부위		허리 부위
가슴 부위		배 부위
육부(六腑): 소장(小腸), 대장(大腸), 담(膽), 위(胃), 방광(膀胱)		오장(五臟): 심(心), 폐(肺), 간(肝), 비(脾), 신(腎)
심(心), 폐(肺)		간(肝), 비(脾), 신(腎)
수족(手足) 삼양경(三陽經)		수족(手足) 삼음경(三陰經)

오장(五臟): 가분성(可分性)의 특성에 근거하여 분류할 수 있다.

양(陽) → 심(心) ⇒ 양(陽) 중의 양(陽)

→ 폐(肺) ⇒ 양(陽) 중의 음(陰)

음(陰) → 간(肝) ⇒ 음(陰) 중의 양(陽)

→ 비(脾) ⇒ 음(陰) 중의 지(至)음(陰)

→ 신(腎) ⇒ 음(陰) 중의 음(陰)

2) 신체의 생리기능

- 기본물질

음(陰) → 정(精): 장부에서 저장되어 안에서 지켜준다.

양(陽) → 기(氣): 정(精)에서 변화되어 전신을 운행한다.

- 생명활력

음(陰) → 음기(陰氣)

양(陽) → 양기(陽氣)

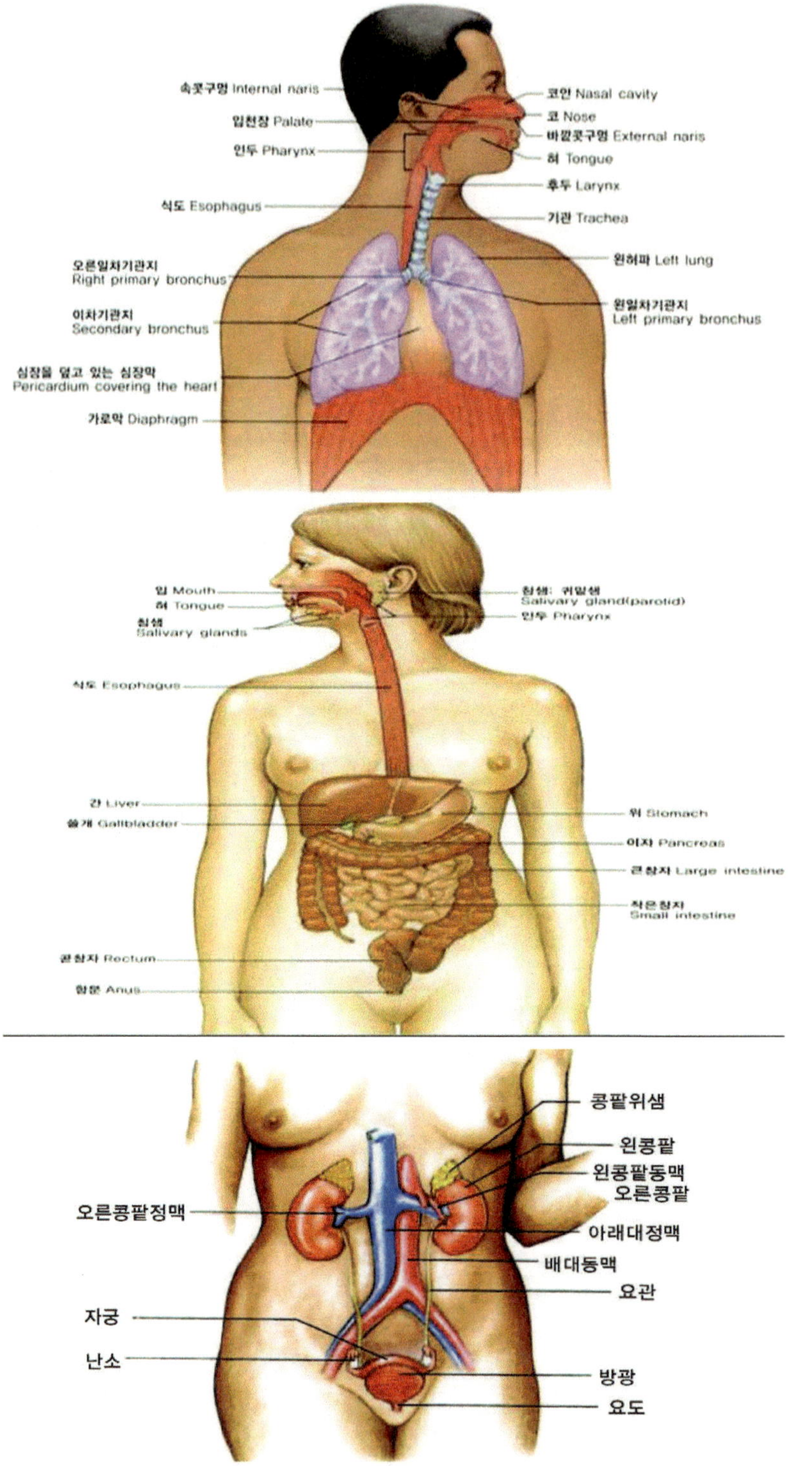
속콧구멍 Internal naris
입천장 Palate
인두 Pharynx
식도 Esophagus
오른일차기관지
Right primary bronchus
이차기관지
Secondary bronchus
심장을 덮고 있는 심장막
Pericardium covering the heart
가로막 Diaphragm
코안 Nasal cavity
코 Nose
바깥콧구멍 External naris
혀 Tongue
후두 Larynx
기관 Trachea
왼허파 Left lung
왼일차기관지
Left primary bronchus
입 Mouth
혀 Tongue
침샘
Salivary glands
침샘: 귀밑샘
Salivary gland(parotid)
인두 Pharynx
식도 Esophagus
간 Liver
쓸개 Gallbladder
위 Stomach
이자 Pancreas
큰창자 Large intestine
작은창자
Small intestine
곧창자 Rectum
항문 Anus
콩팥위샘
왼콩팥
왼콩팥동맥
오른콩팥
오른콩팥정맥
아래대정맥
배대동맥
요관
자궁
난소
방광
요도

그림 3-13

- 기본형식

음(陰) → 강(降: 내림), 입(入: 들어감)

양(陽) → 승(昇: 오름), 출(出: 나감)

3) 신체의 병리변화

(1) 병인(病因)의 음양 속성

- **사기(邪氣)**: 인체에 침범하여 질병을 발생시킨다.

음(陰) → 음사(陰邪) ⇒ 내생(內生): 내부로부터 발생한다.

양(陽) → 양사(陽邪) ⇒ 외감(外感): 외부로부터 발생한다.

외감육음(外感六淫): 외부에서 인체에 침범하는 질병을 일으키는 6가지 원인

음(陰) → 음사(陰邪): 한(寒: 차가움), 습(濕: 습기), 조(燥: 건조)

양(陽) → 양사(陽邪): 풍(風: 바람), 서(暑: 더움), 화(火: 불), 조(燥: 건조)

- **정기(正氣)**: 인체를 보호해주고, 건강을 유지해준다.

음(陰) → 음기(陰氣)

양(陽) → 양기(陽氣)

(2) 병리(病理)변화(變化)

음양(陰陽) 실조(失調)

① 음양(陰陽) 편성(偏盛) -양(陽)이 성(盛)하면 열(熱) - 실열증(實熱證)
-음(陰)이 성(盛)하면 한(寒) - 실한증(實寒證)
⇒ 음(陰) 혹은 양(陽)이 정상 수준보다 높다.

② 음양(陰陽) 편쇠(偏衰) -양(陽)이 허(虛)하면 한(寒) - 허한증(虛寒證)
-음(陰)이 허(虛)하면 열(熱) - 허열증(虛熱證)
⇒ 음(陰) 혹은 양(陽)이 정상 수준보다 낮다.

③ 음양(陰陽) 호손(互損) -음(陰)이 허(虛)하면 양(陽)도 생성되지 못한다. - 양허(陽虛)
-양(陽)이 허(虛)하면 음(陰)도 생성되지 못한다. - 음허(陰虛)
⇒ 음양양허(陰陽兩虛)

4) 미용 방면에서의 진단과 치료

(1) 얼굴색(면색(面色))의 음양(陰陽) 진단

① 얼굴색이 어둡고 푸르거나 검은 빛을 띤다. ⇒ 음기(陰氣) 편성(偏盛)으로 인한 음한(陰寒) 내성(內盛)

② 얼굴색이 새빨갛다(진홍빛을 띤다). ⇒ 양기(陽氣) 편성(偏盛)으로 인한 양열(陽熱) 항성(亢盛)

③ 얼굴색이 새하얗다. ⇒ 양기(陽氣) 부족으로 인한 양허(陽虛) 한성(寒盛)

④ 얼굴색이 약간 하얗고 광택이 없다. ⇒ 음혈(陰血) 부족으로 인한 혈허(血虛)

⑤ 얼굴색이 귤처럼 황색이 선명하다. ⇒ 황달 중의 양황(陽黃)

⑥ 얼굴색이 연기에 그을린 것처럼 누렇다. ⇒ 황달 중의 음황(陰黃)

(2) 얼굴색(면색(面色))의 음양(陰陽) 치료

음양 조절, 조화, 균형 유지

① 음양(陰陽) 편성(偏盛) - 손기유여(損其有餘): 남은 부분을 감소시킨다.

⇒ 한자열지(寒者熱之): 음(陰)이 편성(偏盛)한 자는 따뜻한 약을 사용한다.

⇒ 열자한지(熱者寒之): 양(陽)이 편성(偏盛)한 자는 차가운 약을 사용한다.

② 음양(陰陽) 편쇠(偏衰) - 보기부족(補其不足): 부족한 부분을 보충해준다.

⇒ 자음제양(滋陰制陽): 음액(陰液)이 부족하여 양(陽)을 억제하지 못하여 일어나 양항(陽亢)에는 음(陰)을 보충하여 양(陽)을 억제한다.

⇒ 부양억음(扶陽抑陰): 양기(陽氣)가 부족하여 음(陰)을 억제하지 못하여 일어나 음성(陰盛)에는 양기(陽氣)를 보충하여 음(陰)을 억제한다.

학습정리

1. 음양(陰陽)의 대립(對立)이란?
   자연계의 모든 사물과 현상이 상호 대립하고 투쟁하는 음양의 두 개 방면에 소속되어 있는 것이다.

2. 음양(陰陽)의 호근(互根)이란?
   상호 의존하고 상호 사용하는 것이다.

3. 음양(陰陽)의 소장(消長)이란?
   음양은 정지 불변하는 것이 아니라 항상 끊임없이 운동하고 변화하는 것으로 양(量)적인 변화과정이다. 소(消)와 장(長)은 두 가지 운동형식의 표현으로 음양(陰陽) 소장(消長)의 상대적인 평형이 유지되지 못하면 질병이 발생한다.

4. 음양(陰陽)의 전화(轉化)란?
   사물 및 현상의 음양(陰陽) 속성은 일정한 단계까지 발전하면 반대 방향으로 전환되는 것으로 질(質)적인 변화과정이다.

한
방
미
용
학

4

오행학설(五行學說)과 미용

학습목표

1. 오행학설의 기본개념에 대하여 이해하고 설명할 수 있도록 학습한다.
2. 오행학설의 기본내용에 대하여 이해하고 설명할 수 있도록 학습한다.
3. 한방의학에서의 오행학설 응용에 대하여 이해하고 설명할 수 있도록 학습한다.

학습개요

1. 오행학설(五行學說)의 기본 개념
   1) 오행(五行)의 정의
   2) 오행(五行)의 특성
   3) 사물의 오행(五行) 속성 분류
2. 오행학설(五行學說)의 기본 내용
   1) 오행의 상생(相生)
   2) 오행의 상극(相克)
   3) 오행의 상승(相乘)
   4) 오행의 상모(相侮)
3. 한방의학에서의 오행학설(五行學說) 응용
   1) 장부의 생리기능과 상호관계
   2) 장부 사이의 병리변화
      (1) 상생(相生)관계의 전변(轉變)
      (2) 상극(相克)관계의 전변(轉變)
   3) 미용에서의 진단과 치료
      (1) 얼굴색(면색)의 오행(五行) 진단
      (2) 얼굴색(면색)의 오행(五行) 치료

1 오행학설(五行學說)의 기본개념

오행학설(五行學說)은 음양학설(陰陽學說)과 같이 한방의학의 독특한 이론체계의 조성 부분이다. 고대 사람들은 생활 및 생산 활동에서 나무(木), 불(火), 흙(土), 쇠(金), 물(水) 다섯 가지를 없어서는 안 될 가장 기본적인 물질로 인식하여서 처음에는 오촌(五村)이라 불리었다[그림 4-1].

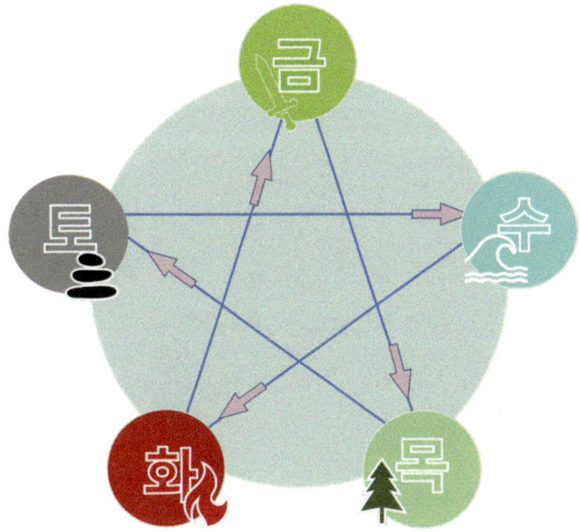

그림 4-1

1) 오행(五行)의 정의

① 오행(五行)이란 목(木), 화(火), 토(土), 금(金), 수(水)의 다섯 가지 물질의 운동을 가리키는 것이다.

② 다섯 가지의 기본 물질은 고립, 정지되는 것이 아니라 부단히 상생(相生), 상극(相克)의 운동에 의하여 협조 및 평형상태를 유지한다.

③ 오행은 추상적 개념일 뿐 구체적 사물이 아니다.

④ 목(木), 화(火), 토(土), 금(金), 수(水) 다섯 종류의 특성(성질)을 가진 사물과 현상의 운동 변화에 대한 표현으로 사물과 현상의 "특성"과 "상호 관계"를 해석하기 위한 모형(모식)도로 설명할 수 있다[그림 4-2].

그림 4-2

2) 오행(五行)의 특성

① 목(木:나무 목)

곡직(曲: 부러질 곡, 直: 곧을 지) → 나무의 성장 형태를 가리킨다[그림 4-3].

▸ 특성

- 생장(生: 태어날 생, 長: 자랄 장)
- 승발(昇: 오를 승, 發: 일어날 발)
- 조달(調: 알맞을 조, 達: 통하게 할 달)
- 서창(舒: 펴고 흩어질 서, 暢: 통할 창) ⇒ 부드럽고 따뜻한 기운, 상승하는 기운

그림 4-3

② 화(火: 불 화)

염상(炎: 불꽃 염, 上: 위 상) → 위를 향하는 불꽃 형태를 가리킨다[그림 4-4].

▸ 특성

- 온열(溫: 따뜻할 온, 熱: 뜨거울 열)
- 승등(昇: 오를 승, 騰: 오를 등) ⇒ 폭발적으로 확산하는 열기의 기운

그림 4-4

③ 토(土: 흙 토)

가색(稼: 심을 가, 穡: 거둘 색) → 땅에 농작물을 심어서 거둔 형태를 가리킨다[그림 4-5].

▸ 특성

- 생화(生: 날 생, 化: 될 화)
- 승재(承: 이을 승, 載: 실을 재)
- 수납(受: 받을 수, 納: 들일 납) ⇒ 미지근함, 점착력, 결합력, 응집력

그림 4-5

④ 금(金: 쇠 금)

종혁(從: 따를 종, 革: 개혁 혁) → 개혁, 개척을 따르는 형태를 가리킨다[그림 4-6].

▸ 특성

- 청결(淸: 맑을 청, 潔: 깨끗할 결)
- 숙강(肅: 맑을 숙, 降: 내릴 강)
- 수렴(收: 거둘 수, 斂: 거둘 렴) ⇒ 순간적인 긴장, 결정력

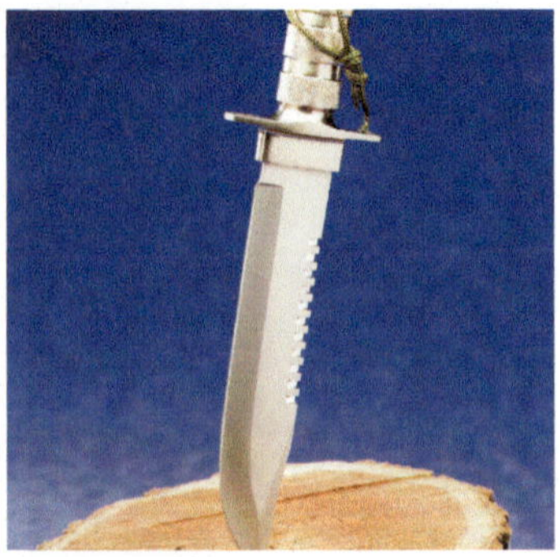

그림 4-6

⑤ 수(水: 물 수)

윤하(潤: 윤택 윤, 下: 아래 하) → 윤택하게 하고, 아래를 향함을 가리킨다[그림 4-7].

▸ 특성

- 한량(寒: 차가울 한, 凉: 서늘할 량)
- 자윤(滋: 번성할 자, 潤: 윤택 윤)
- 향하(向: 향할 향, 下: 아래 하) ⇒ 차고 미끄러우며 연한 기운

그림 4-7

3) 사물의 오행(五行) 속성 분류

	목(木)	화(火)	토(土)	금(金)	수(水)
자연계					
오미(五味)	신맛(酸)	쓴맛(苦)	단맛(甘)	매운맛(辛)	짠맛(咸)
오색(五色)	청색(靑)	적색(赤)	황색(黃)	백색(白)	흑색(黑)
오기(五氣)	바람(風)	더위(暑)	습기(濕)	건조(燥)	차가움(寒)
오향(五方)	동쪽(東)	남쪽(南)	중앙(中)	서쪽(西)	북쪽(北)
오계(五季)	봄(春)	여름(夏)	장마철(長夏)	가을(秋)	겨울(冬)
인체					
오장(五臟)	간(肝)	심(心)	비(脾)	폐(肺)	신(腎)
오부(五腑)	담(膽)	소장(小腸)	위(胃)	대장(大腸)	방광(膀胱)
오관(五官)	눈(目)	혀(舌)	입(口)	코(鼻)	귀(耳)
형체(形體)	힘줄(筋)	혈맥(脈)	근육(肉)	피부(皮)	뼈(骨)
오화(五華)	손톱 및 발톱(爪)	얼굴(面)	입술(脣)	털(毛)	머리털(發)
오정(五情)	분노(怒)	즐거움(喜)	생각(思)	슬픔(悲) 또는 근심(憂)	놀람(恐)
오액(五液)	눈물(淚)	땀(汗)	군침(涎)	콧물(涕)	침(唾)

2 오행학설(五行學說)의 기본내용 [그림 4-8]

1) 오행의 상생(相生)

- 모(母)와 자(子) 관계라고 한다.
- 오행(五行) 중 하나가 다른 하나를 도와주고 생성을 촉진하는 정상적인 관계이다.
- '나를 낳는다(생아生我)'와 '내가 낳는다(아생我生)' 두 가지 관계가 있다.
- 순서: 목생화(木生火), 화생토(火生土), 토생금(土生金), 금생수(金生水), 수생목(水生木)

2) 오행의 상극(相克)

- 오행(五行) 중 하나가 다른 하나의 기능을 억제, 제약하는 정상적인 관계이다.
- '나를 억제한다(극아克我)'와 '내가 억제한다(아극我克)' 두 가지 관계가 있다.
- 순서: 목극토(木克土), 토극수(土克水), 수극화(水克火), 화극금(火克金), 금극목(金克木) [그림 4-9]

3) 오행의 상승(相乘)

- 상극(相克)이 비정상적으로 지나쳐서 발생하는 현상이다.
- 정상적인 제약의 범위를 초과하여 제약하고 억제하는 관계이다.
- 순서: 목승토(木乘土), 토승수(土乘水), 수승화(水乘火), 화승금(火乘金), 금승목(金乘木) (=상극과 같은 순서)

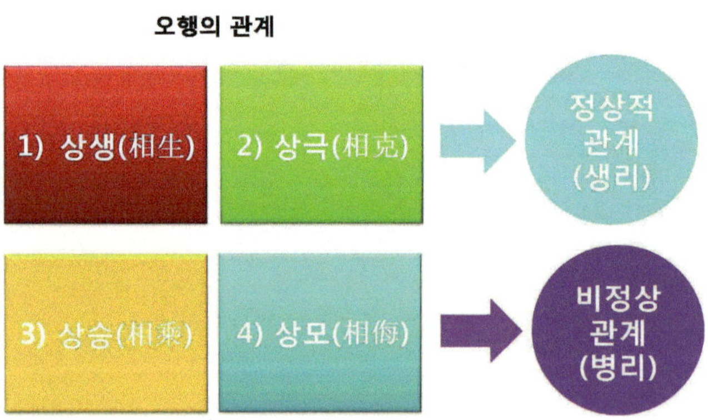

그림 4-8

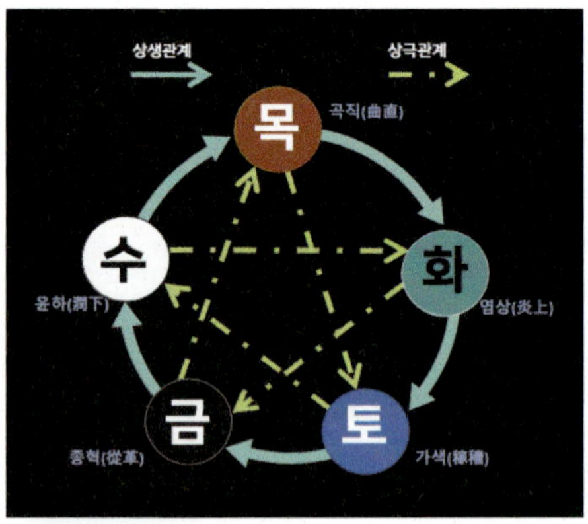

그림 4-9

4) 오행의 상모(相侮)

- 오행(五行) 중 하나가 지나치게 강할 경우 그 하나를 억제하는 또 다른 하나를 오히려 역으로 억제하는 비정상적인 관계이다.
- 순서: 목모금(木侮金), 금모화(金侮火), 화모수(火侮水), 수모토(水侮土), 토모목(土侮木) (=상승의 반대 순서) [그림 4-10]

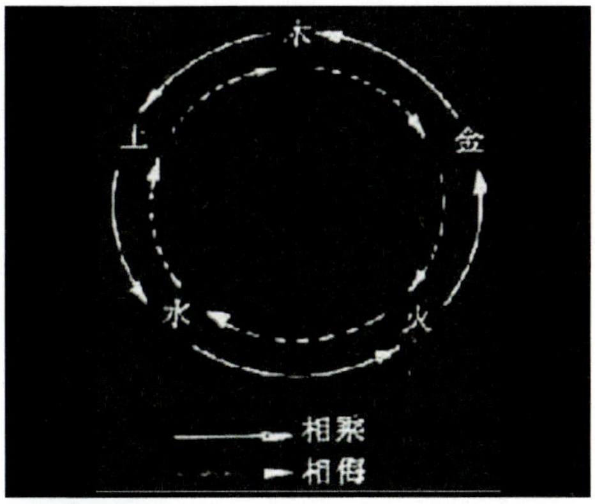

그림 4-10

3 한방의학에서의 오행학설(五行學說) 응용

1) 장부의 생리기능과 상호관계

오행학설(五行學說)은 인체의 내장(內臟) 기관을 각각 오행(五行)에 소속시키고 오행(五行)의 특성으로 오장(五臟)의 생리활동의 특징을 설명한다[그림 4-11].

① 목(木): 간(肝), 담(膽)
② 화(火): 심(心), 소장(小腸)
③ 토(土): 비(脾). 위(胃)
④ 금(金): 폐(肺), 대장(大腸)
⑤ 수(水): 신(腎), 방광(膀胱)

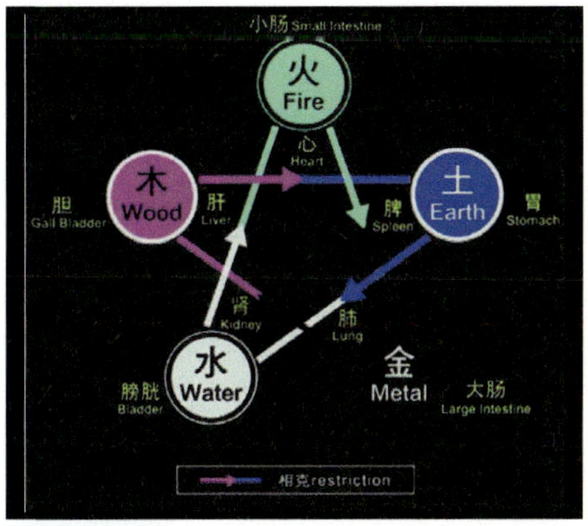

그림 4-11

2) 장부 사이의 병리변화

(1) 상생(相生)관계의 전변(轉變)

① 모병급자(母: 어미 모, 病: 질병 병, 及: 미칠 급, 子: 자식 자): 어머니의 병이 자식에게까지 영향을 미친다. 병사(病邪:질병을 일으키는 사기)가 어머니에 소속되는 장(藏)으로부터 자식에 소속되는 장(藏)에 침입되는 것으로 모장(母藏)의 증상이 먼저 나타나고 자장(子藏)의 증상이 후에 나타난다 [그림 4-12].

예) 수생목(水生木) → 신생간(腎生肝)

신음(腎陰)이 부족하면 간음(肝陰)을 자양(滋養) 못한다. → 간양상항(肝陽上亢) 증상이 발생하여 자수함목(滋水涵木) 치료법을 사용한다.

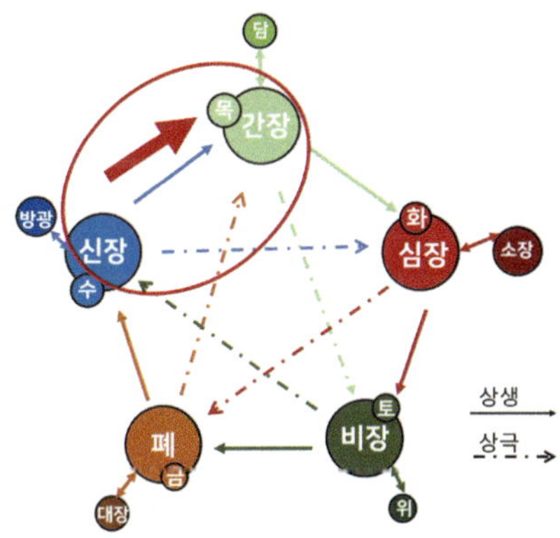

그림 4-12

② 자병범모(子: 자식 자, 病: 질병 병, 犯: 범할 범, 母: 어미 모): 자식의 병이 어머니에까지 영향을 미친다. 병사(病邪)가 자식에 소속되는 장(藏)으로부터 어머니에 소속되는 장(藏)에 침입되는 것으로 자장(子藏)의 증상이 먼저 나타나고 모장(母藏)의 증상이 후에 나타난다 [그림 4-13].

예) 목생화(木生火) → 간생심(肝生心)

심혈(心血)이 부족하면 간혈(肝血) 역시 부족하게 된다. → 심간혈허(心肝血虛)

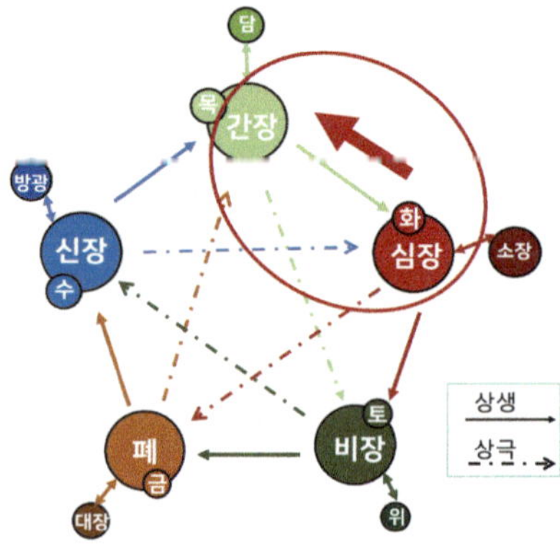

그림 4-13

(2) 상극(相克)관계의 전변(轉變) [그림 4-14]

① 상승(相乘)에 의하여 생기는 병

목승토(木乘土) → 간승비(肝乘脾)

토승수(土乘水) → 비승신(脾乘腎)

수승화(水乘火) → 신승심(腎乘心)

화승금(火乘金) → 심승폐(心乘肺)

금승목(金乘木) → 폐승간(肺乘肝)

② 상모(相侮)에 의하여 생기는 병

목모금(木侮金) → 간모폐(肝侮肺)

금모화(金侮火) → 폐모심(肺侮心)

화모수(火侮水) → 심모신(心侮腎)

수모토(水侮土) → 신모비(腎侮脾)

토모목(土侮木) → 비모간(脾侮肝)

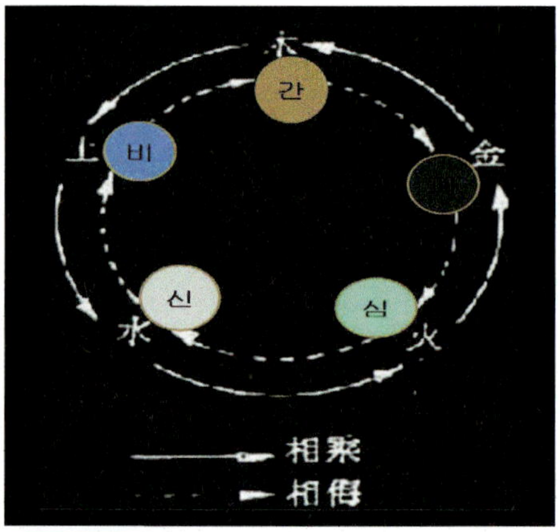

그림 4-14

3) 미용에서의 진단과 치료

▸ 얼굴색(면색)의 오행(五行) 진단 [그림 4-15]

① 목형(木型)의 사람의 얼굴색은 청(青)색으로 간(肝) 질환에 속한다.

② 화형(火型)의 사람의 얼굴색은 적(赤)색으로 심(心) 질환에 속한다.

③ 토형(土型)의 사람의 얼굴색은 황(黃)색으로 비(脾) 질환에 속한다.

④ 금형(金型)의 사람의 얼굴색은 백(白)색으로 폐(肺) 질

그림 4-15

환에 속한다.

⑤ 수형(水型)의 사람의 얼굴색은 흑(黑)색으로 신(腎) 질환에 속한다.

▶ **얼굴색(면색)의 오행(五行) 치료:** 오행의 관계 조절, 조화, 균형 유지

(1) 상생(相生)관계

- **치료원칙**

⇒ 보모(補母: 어미를 보한다) 사자(瀉子: 자식을 사한다)

① **허즉(虛則) 보기모(補其母):** 장부의 허증(虛症)은 모장(母臟)을 보충한다.

② **실즉(實則) 사기자(瀉其子):** 장부의 실증(實證)은 자장(子臟)을 제거한다.

- **치료방법**

① **자수함목법(滋: 붇다 자, 水: 물 수, 涵: 적시다 함, 木: 나무 목, 法: 법칙 법)**

: 신음(腎陰)을 보충하고 간음(肝陰)을 자양(滋養)한다.

→ 간양상항(肝陽上亢), 간신음허(肝腎陰虛)일 때 사용한다.

② **익화보토법(益: 더하다 익, 火: 불 화, 補: 돕다 보, 土: 흙 토, 法: 법칙 법)**

: [화(火): 명문(命門)의 화(火)로 신양(腎陽)을 의미]

신양(腎陽)을 따뜻하게 하여, 비양(脾陽)을 보충한다.

→ 비신양허(脾腎陽虛)일 때 사용한다.

③ **배토생금법(培: 북돋을 배, 土: 흙 토, 生: 날 생, 金: 쇠 금, 法: 법칙 법)**

: 비(脾)를 건강하게 하여 폐(肺)를 보충한다.

→ 비폐기허 (脾肺氣虛), 폐기허(肺氣虛)일 때 사용한다.

④ **금수상생법(金:쇠 금, 水: 물 수, 相: 서로 상, 生: 날 생, 法: 법칙 법)**

: 폐음(肺陰)을 보충하고 신음(腎陰)을 자양(滋養)한다.

→ 폐신음허(肺腎陰虛)일 때, 사용한다.

(2) 상극(相克)관계

- **치료원칙 ⇒ 억강(抑强)부약(扶弱)**

① **억강(抑强):** 강한 자를 억제한다.

② **부약(扶弱):** 약한 자를 도와준다.

- **치료방법**

① **억목부토법(抑: 누를 억, 木: 나무 목, 扶: 도울 부, 土: 흙 토, 法: 법칙 법)**

: 소간건비(疏肝健脾)- 간(肝)을 소통시켜서 비(脾)를 건강하게 한다.

평간화위(平肝和胃)- 간(肝)의 균형을 맞추어 주어 위(胃)를 조화롭게 한다.

→ 간기(肝氣)가 왕성하고 비위(脾胃)가 허약할 때 사용한다.

② 배토제수법(培: 북돋을 배, 土: 흙 토, 制: 마를 제, 水: 물 수, 法: 법칙 법)

: 건비리수(健脾利水)- 비(脾)를 건강하게 하여 신(腎)을 이롭게 한다.

→ 비허(脾虛)로 인해 수곡(水穀) 운화(運化) 기능 장애로 수종이 생길 때 사용한다.

③ 좌금평목법(佐: 도울 좌, 金: 쇠 금, 平: 평평할 평, 木: 나무 목, 法: 법칙 법)

: 폐기(肺氣)를 맑게 하여 간(肝)을 억제한다. 청숙폐기(淸肅肺氣) → 억제간목(抑制肝木)

→ 간화(肝火)가 편성(偏盛)하여 폐금(肺金)의 청숙(淸肅) 기능에 영향을 줄 때 사용한다.

④ 사남보북법(瀉: 사할 사, 南: 남녘 남, 補: 돕다 보, 北: 북녘 북, 法: 법칙 법)

[남(南)은 심(心)의 화(火)를 의미, 북(北)은 신(腎)의 수(水)를 의미]: 심(心)의 화(火)를 사하고, 신(腎)의 수(水)을 보충한다.

심화(心火)가 편성(偏盛)하고 신수(腎水)가 부족하여 심신불교(心腎不交)일 때 사용한다.

학습정리

1. 오행(五行)의 상생(相生)이란?
   모(母)와 자(子) 관계로 오행(五行) 중 하나가 다른 하나를 도와주고 생성을 촉진하는 정상적인 관계이다.
   순서: 목생화(木生火), 화생토(火生土), 토생금(土生金), 금생수(金生水), 수생목(水生木)

2. 오행(五行)의 상극(相克)이란?
   오행(五行) 중 하나가 다른 하나의 기능을 억제, 제약하는 정상적인 관계이다.
   순서: 목극토(木克土), 토극수(土克水), 수극화(水克火), 화극금(火克金), 금극목(金克木)

3. 오행(五行)의 상승(相乘)이란?
   상극(相克)이 비정상적으로 지나쳐서 발생하는 현상으로 정상적인 제약의 범위를 초과하여 제약하고 억제하는 관계이다.
   순서: 목승토(木乘土), 토승수(土乘水), 수승화(水乘火), 화승금(火乘金), 금승목(金乘木)

한
방
제
용
학

5

장상학설(藏象學說)과 미용

학습목표

1. 장상의 정의와 특징에 대하여 이해하고 설명할 수 있도록 학습한다.
2. 오장, 육부, 기항지부에 대하여 이해하고 설명할 수 있도록 학습한다.
3. 오장육부의 해부형태, 생리기능과 특성 및 미용에서의 응용에 대하여 이해하고 설명할 수 있도록 학습한다.
4. 오장의 형체관규, 오지 및 오액과의 관계에 대하여 이해하고 설명할 수 있도록 학습한다.
5. 육부간의 관계에 대하여 이해하고 설명할 수 있도록 학습한다.
6. 장과 장의 관계에 대하여 이해하고 설명할 수 있도록 학습한다.
7. 장과 부의 관계에 대하여 이해하고 설명할 수 있도록 학습한다.
8. 기항지부의 뇌, 골수, 뼈, 맥, 자궁의 생리기능을 이해하고 설명할 수 있도록 학습한다.

학습개요

1. 장상학설(藏象學說)의 기본 개념

2. 오장(五藏)

1) 심(心)
(1) 해부형태
(2) 생리기능
(3) 생리특성
(4) 형체(形體), 관규(官竅)와의 관계
(5) 오지(五志), 오액(五液)과의 관계
(6) 미용에서의 응용
[부] 심포락(心包絡)

2) 폐(肺)
(1) 해부형태
(2) 생리기능

(3) 생리특성
(4) 형체(形體), 관규(官竅)와의 관계
(5) 오지(五志), 오액(五液)과의 관계
(6) 미용에서의 응용

3) 비(脾)
(1) 해부형태
(2) 생리기능
(3) 생리특성
(4) 형체(形體), 관규(官竅)와의 관계
(5) 오지(五志), 오액(五液)과의 관계
(6) 미용에서의 응용

4) 간(肝)
(1) 해부형태
(2) 생리기능
(3) 생리특성
(4) 형체(形體), 관규(官竅)와의 관계
(5) 오지(五志), 오액(五液)과의 관계
(6) 미용에서의 응용

5) 신(腎)
(1) 해부형태
(2) 생리기능
(3) 생리특성
(4) 형체(形體), 관규(官竅)와의 관계
(5) 오지(五志), 오액(五液)과의 관계
(6) 미용에서의 응용

3. 육부(六腑)

1) 담(膽)
(1) 해부형태
(2) 생리기능
(3) 생리특성
(4) 미용에서의 응용

2) 위(胃)
(1) 해부형태
(2) 생리기능
(3) 생리특성
(4) 미용에서의 응용

3) 소장(小腸)
(1) 해부형태
(2) 생리기능
(3) 생리특성
(4) 미용에서의 응용

4) 대장(大腸)
(1) 해부형태
(2) 생리기능
(3) 생리특성
(4) 미용에서의 응용

5) 방광(膀胱)
(1) 해부형태
(2) 생리기능
(3) 생리특성
(4) 미용에서의 응용

6) 삼초(三焦)
(1) 해부형태
(2) 생리기능
(3) 생리특성
(4) 미용에서의 응용

4. 육부(六腑)간의 관계

5. 장(臟)과 장(臟)의 관계

1) 심(心)과 폐(肺)의 관계
2) 심(心)과 비(脾)의 관계
3) 심(心)과 간(肝)의 관계
4) 심(心)과 신(腎)의 관계
5) 폐(肺)와 비(脾)의 관계
6) 폐(肺)와 간(肝)의 관계
7) 폐(肺)와 신(腎)의 관계
8) 비(脾)와 간(肝)의 관계
9) 비(脾)와 신(腎)의 관계
10) 간(肝)과 신(腎)의 관계

6. 장(臟)과 부(腑)의 관계

1) 심(心)과 소장(小腸)의 관계
2) 폐(肺)와 대장(大腸)의 관계
3) 비(脾)와 위(胃)의 관계
4) 간(肝)과 담(膽)의 관계
5) 신(腎)과 방광(膀胱)의 관계

7. 기항지부(奇恒之腑)

1) 뇌(腦)
2) 골수(骨髓)
3) 뼈(骨)
4) 맥(脈)
5) 자궁(女子胞)

1 장상학설(藏象學說)의 기본 개념

1) 오행학설(五行學說), 음양학설(陰陽學說)과 함께 한방의학 이론체계의 중요 조성 부분으로 한방 미용학의 체계를 성립하였다.

① 인체의 생리, 병리현상을 설명한다.

② 인체 장부의 해부형태, 생리기능, 병리변화 및 상호관계를 연구한다[그림 5-1].

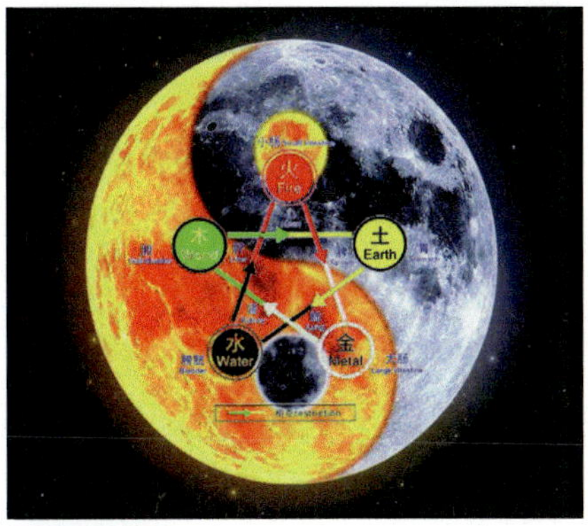

그림 5-1

2) 형성 조건

① 고대 해부학 지식이 형태학을 기초로 하여 형성되었다.

- 한방의학의 해부학 기원은 비교적 빠른 시기이다.
- 지금 찾아 볼 수 있는 고대 의학 저서로는 『황제내경(黃帝內經)』에 인체를 해부하고 인체의 형태, 구조를 연구하였던 내용이 상세히 기재되어 있다. 또한 『난경(難經)』에도 일부 장부(臟腑)의 크기, 길이, 용적과 중량 등의 구체적인 수치가 기재되어 있다.

② 인체의 생리, 병리 현상의 장기적 관찰로 형성되었다.

- 예를 들면 찬바람을 맞으면 감기에 걸려 코가 막히고 콧물이 나며 기침이 나는 등의 증상으로부터 피부, 코, 폐 사이들 간에 존재하는 밀접한 연결 관계를 인식한다.

③ 반복적인 임상실험을 통한 병리현상 및 치료 반응 분석을 통하여 형성되었다.

- 예를 들면 눈병이 걸린 환자들은 간(肝)을 먼저 치료하므로 효과가 나타났다. 그리하여 "눈(目)에 간(肝)이 반영된다."는 이론을 성립하였다. 또한 신(腎)을 보하는 약물을 처방한 후, 골격(뼈)의 성장을 촉진하는 효과가 나타났다. 그리하여"신(腎)은 뼈(骨)를 주관한다."는 이론을 성립하였다.

(1) 장상(藏象)의 정의

① 장(藏: 감추다, 품다, 저장하다)

- 인체 내부에 자리 잡고 있는 장부(臟腑) 기관(=내장(內臟))을 의미한다.
- 오장(五臟), 육부(六腑), 기항지부(奇恒之腑)를 모두 포함한다.

② 상(象: 모양, 증상)

- 내장의 해부학적 형태를 의미한다.
- 내장의 생리기능과 병리변화가 체외(體外: 체표 바깥)로 반영되는 현상을 모두 포함한다.

③ 장상(藏: 저장 장, 象: 모양 상): (=臟: 내장 장, 象: 모양 상)

- 인체의 생명 본질과 형상의 통일을 의미한다.
- 실제로 인체의 물질 대사, 형태, 구조, 생리 기능 및 병리 변화 모두 포함한다.
- 하나의 통합적인 개념이다.

* 외부로 나타나는 생리, 병리적 증상인 "상(象)"을 관찰하여 "장(藏)"의 기능 상태를 추측하는 이 방법을 "이표지리(以: ~로써 이, 表: 겉 표, 知: 분별할 지, 里: 안 리)" 혹은 "이상측장(以: ~로써 이, 象: 모양 상, 測: 알 측, 藏: 감출 장)"이라 한다.

(2) 장상(藏象)과 장기(臟器) 구별

① 장상(藏象)

"생리, 병리적 증상"을 위주로 한 개념과 "많은 장부기관의 기능"을 포함한다.

예) 비(脾): 위(胃), 소장(小腸), 이자(췌), 간(肝), 담(膽)등의 장부기관의 기능을 모두 포함한다.

심(心): 심장과 대뇌의 부분적 기능을 모두 포함한다.

② 장기(臟器)

"오직 해부학적 개념"으로 그 기능들은 많은 장부들에 흩어져 있다.

예) 대뇌의 기능: 오장(五臟)의 오신(五神), 오지(五志)에 분산되어 있다.

순환계통의 기능: 심(心)은 혈액을 운행한다.

폐(肺)는 백맥(百脈)을 모아서 심장을 도와 혈액을 운행한다.

간(肝)은 소통(疏通)과 발설(發泄)을 하고, 혈액을 저장한다.

비(脾)는 혈액을 통솔하여 조절한다.

3) 장상(藏象)의 특징

(1) 오장(五臟)을 중심으로 하는 "정체관(整體觀)"의 지도하에 하나의 통일체를 이룬다[그림 5-2].

① 정체관(整體觀)

장부(臟腑)를 음양(陰陽)으로 나눈다. 일음(一陰), 일양(一陽)으로 나눈다. 상호 표리(表: 바깥 裏: 안)관계를 가진다. 장(臟)과 부(腑)가 하나의 전체를 형성시키는 것이다.

② 경락순행을 통하여 안(裏: 리)은 장부(臟腑)와 연결되고, 바깥(表: 표)은 오체(五體), 오관(五官), 구규(九竅), 팔다리, 전신의 각각 하나의 유기체로 구성된다. 바로 정체관(整體觀)의 구체적 표현이다.

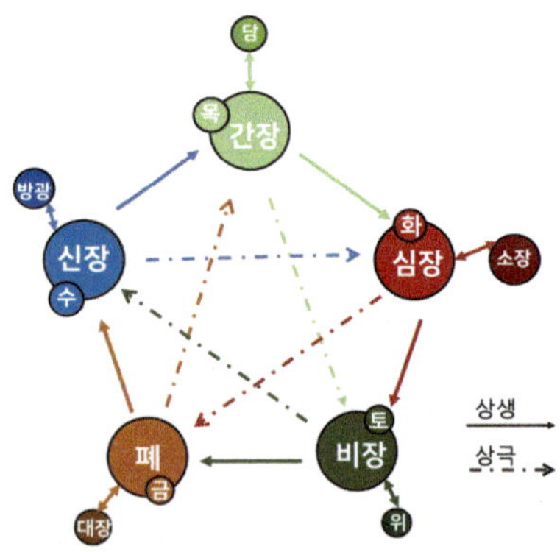

그림 5-2

③ 오장(五臟)을 중심으로 하는 "정체관(整體觀: 통일체)"은 오장(五臟)의 생리적 활동이 감정(情志: 정지)과 밀접한 관계 가지고 있다[그림 5-3].

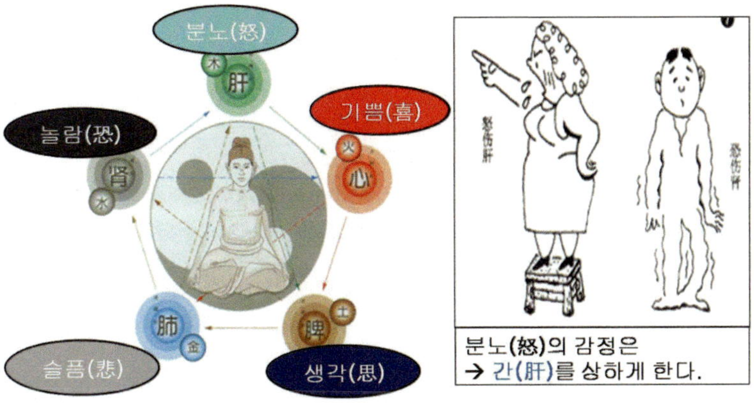

그림 5-3

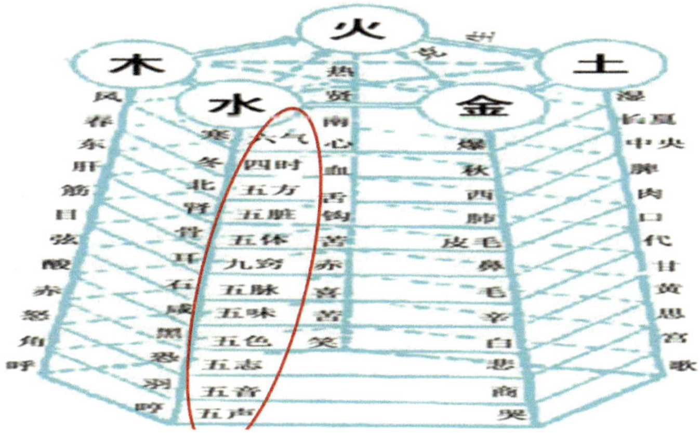

그림 5-4

(2) 오장(五臟)과 자연환경의 통일성(統一性)

오행학설(五行學說)은 자연계의 오미(五味: 맛), 오색(五色: 색), 오기(五氣: 기), 오방(五方: 방향), 오시(五時: 계절) 등 분류들이 인체의 다섯 가지 기능 계통들과 밀접하게 연결되어 인체의 내외적 환경과 상응하는 통일체를 구성한다[그림 5-4].

4) 장부(臟腑)의 구분

- 장상학설(藏象學說)은 장부(臟腑)를 기초로 한다.
- 장부(臟腑)는 한방의학에서 인체의 내장기관을 총칭하는 말이다.
- 오장(五臟), 육부(六腑), 기항지부(奇恒之腑) 세 종류로 구분된다[그림 5-5].

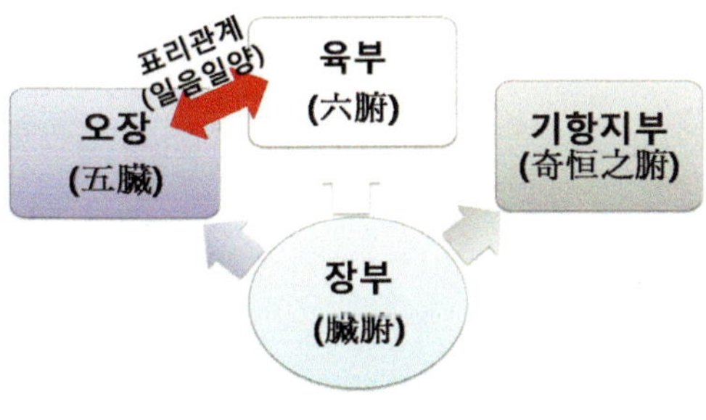

그림 5-5

① 오장(五臟) [그림 5-6]

- 종류: 심(心), 폐(肺), 비(脾), 간(肝), 신(腎) 다섯 가지가 있으나, 심포락(心包絡)을 포함하여 육장(六臟)이라고도 불릴 수 있다.
  * 심포락(心包絡)은 심포(心包)라고도 부르며 심장 바깥의 막으로 심장을 둘러싼 조직으로 기혈(氣血)을 순행시켜서 외부의 사기(邪氣) 침범에서 심장을 보호한다.
- 구조적 특성: 대다수가 실질성(實質性: 실체, 바탕) 기관으로 속이 꽉 차 있음을 의미한다.
- 생리기능: "정기(精氣)"를 생성 및 저장한다.
  "정(精: 맑을정)"+" 기(氣: 기운기)" = 정기(精氣)
  • 오장(五臟)의"정(精)"은 장정(臟精)이라 말하기도 하며 오장(五臟)에 저장되어서 오장(五臟)과 연관된 육부(六腑), 형체(形體), 관규(官竅) 등을 윤택하게 해주고 영양을 공급해 주는 정화(精華: 중심(重心)) 물질로 선천적인 정(精)(유전)과 후천적인 정(精)(음식)으로 분류된다[그림 5-7].
  • 오장(五臟)의 "기(氣)"는 장기(臟氣)라 한다: 오장(五臟)에 분포되어 있는 무형(無形)이면서 끊임없이 운동하여 장부의 생리기능을 추동(推動), 조절(調節), 억제(抑制)한다[그림 5-8].
- 생리적 특성: "만이부실(滿而不實)", "채워져 있으나 넘치지 않는다.",
  "장정기부사(藏精氣而不瀉)", "정기(精氣)를 저장하나 배설하지 않는다."
- 병리적 특성: 허증(虛證)이 많다.
- 치료적 특성: 보법(補法)을 사용해야 한다.
  "허즉보기모(虛則補其母)", "장부(臟腑)의 허증(虛證)은 그 모장(母臟)을 보충해준다."

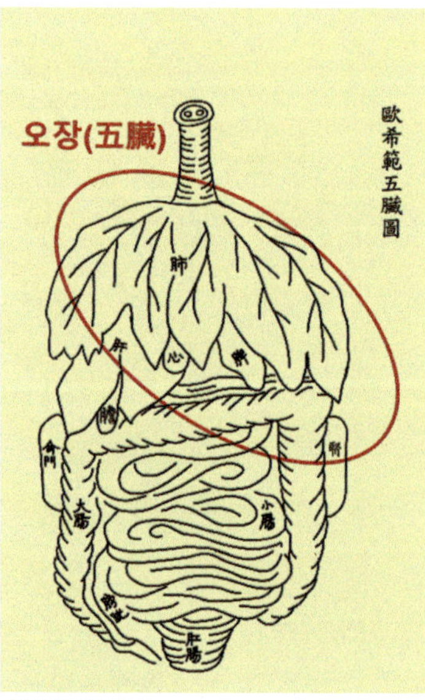

그림 5-6

그림 5-7

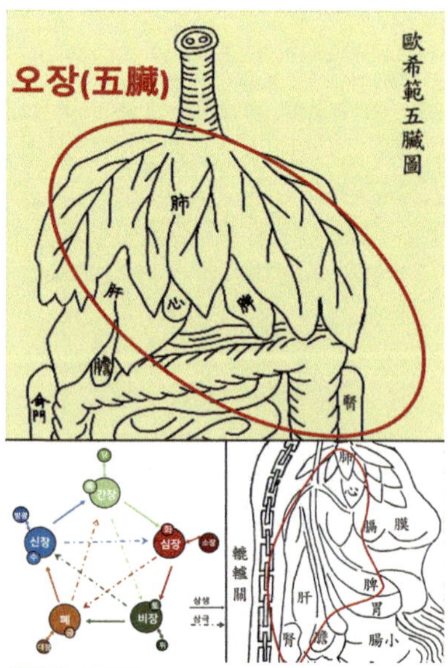

그림 5-8

② 육부(六腑) [그림 5-9]

- 종류: 소장(小腸), 대장(大腸), 위(胃), 담(膽), 방광(膀胱) 다섯 가지의 오부(五腑)와 실체적인 장기는 아니나 원기(元氣: 인체의 가장 근본적 기)와 음식물(水穀: 수곡)을 운행시키는 통로인 "삼초(三焦)"가 있다.
  - ※ 상초(上焦): 심(心), 폐(肺)
  - ※ 중초(中焦): 비(脾), 위(胃)
  - ※ 하초(下焦): 간(肝), 신(腎), 방광(膀胱), 대장(大腸), 소장(小腸)
- 구조적 특성: 대다수가 공강성(空腔性: 빈 공간) 기관으로 속이 비워 있음을 의미한다.
- 생리기능: 음식물(水穀)을 받아들여서 소화, 숙성, 흡수 및 운반한다[그림 5-10].
- 생리적 특성: " 실이부만(實而不滿)", "넘치나 채워지지는 않는다."
  "전화물이부장(傳化物而不藏)", "물질을 전화시키나 저장되어 지지는 않는다."
- 병리적 특성: 실증(實證)이 많다.
- 치료적 특성: 사법(瀉法)을 사용한다.
  "실즉사기자(實則瀉其子)", "장부의 실증(實證)은 그 자장(子臟)을 제거한다."

③ 기항지부(奇: 기이함, 다를 기, 恒: 늘, 정상 항, 之: ~의 지, 腑: 육부 부) [그림 5-11]

- 종류: 뇌(腦), 골수(骨髓), 뼈(骨), 맥(脈), 자궁(女子胞)과 육부(六腑)에 포함되어 있는 "담(膽)"이 있다.
- 구조적 특성: 대다수가 공강성(空腔性) 기관으로 육부(六腑)와 유사하다.
- 생리기능: "정기(精氣)"를 생성 및 저장하므로 오장(五臟)과 유사하다.
- 생리적 특성:" 장이부사(藏而不瀉)", "저장하나 배설하지 않는다."

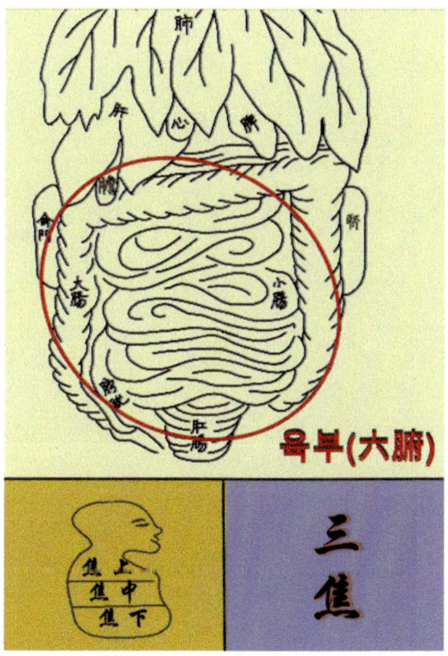

그림 5-9

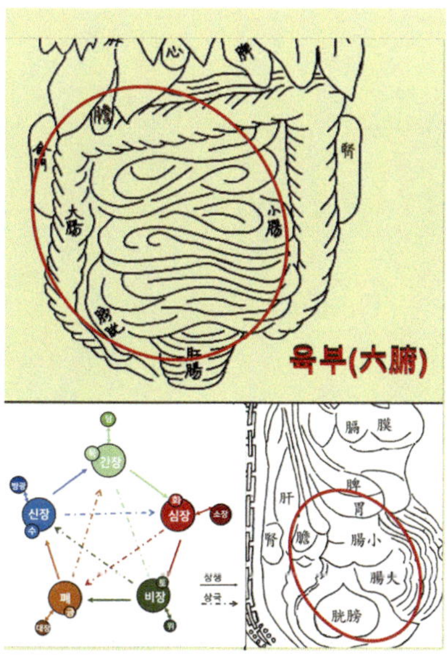

그림 5-10

그림 5-11

2 오장(五臟)

1) 심(心): 불(火: 불 화)

⇒ 양(陽) 중의 양(陽)

⇒ 상초(上焦) [그림 5-12]

(1) 해부형태

① 흉강(가슴공간) 안의 좌측에 위치하고 있다.

- 양쪽 폐(肺)의 사이
- 횡경막(가로막) 상부
- 척주 5번에 부착

② 심장의 2/3가 정중선보다 좌측에 치우쳐 있다[그림 5-13].

(2) 생리기능

① 심(心)은 혈맥(血:피혈 脈:혈관맥)을 주관한다.

- 혈(血): 피, 혈액
  - 혈액 생성 및 운행한다.
- 맥(脈): = 맥관(脈管), 경맥 혈액의 저장 창고이며 혈액이 운행하는 통로
  - 심기(心氣)의 추동(推動:추진), 심장 박동과 맥관(脈管: 혈관)의 수축과 이완을 조절한다.

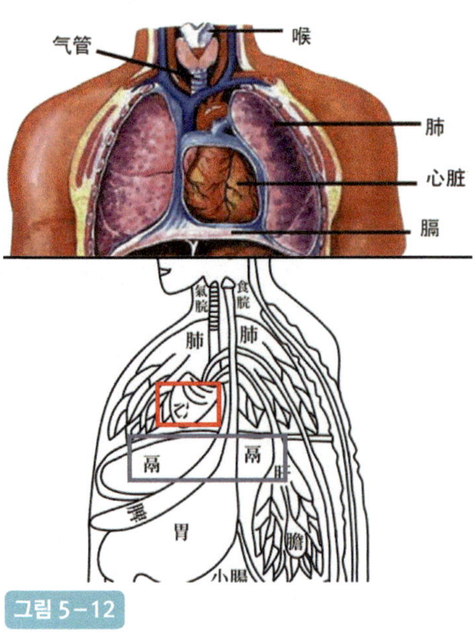

그림 5-12

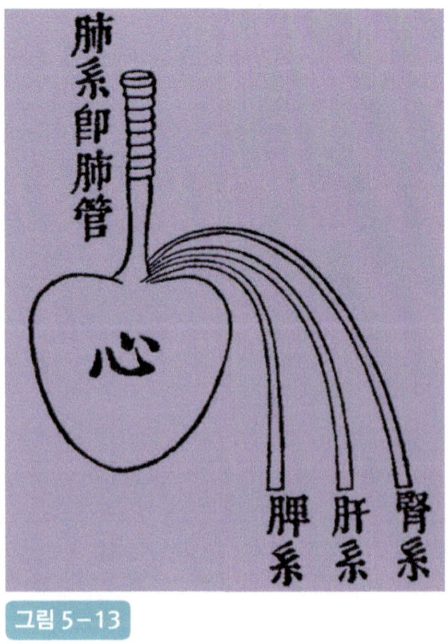

그림 5-13

※ 혈액 정상 운행의 기본 조건

- 심기(心氣) 충패(充沛): 심장의 기가 왕성하여 넘쳐 흐른다.
- 혈액(血液) 충영(充盈): 혈액이 가득 차고 충만하다.
- 맥관(脈管) 통리(通利): 혈관이 뚫리다.

⇒ 심(心), 맥(脈), 혈(血)이 혈액순환 계통 구성

→ 심장의 박동 중심으로 "심장은 신체의 혈맥을 주관한다." [그림 5-14]

② 심은 신(神: 정신)을 저장한다.

- 신(神)은 신명(神明)이라 불리기도 한다.

※ 넓은 의미: 전체적인 인체 생명활동을 주관하는 총체적인 표현이다.

※ 좁은 의미: 사람의 정신, 의식, 사유, 감정 활동 및 성격 경향 등을 의미한다.

※ 별명: 군주지관(君主之官), 생지본(生之本), 오장육부지대주(五臟六腑之大主)

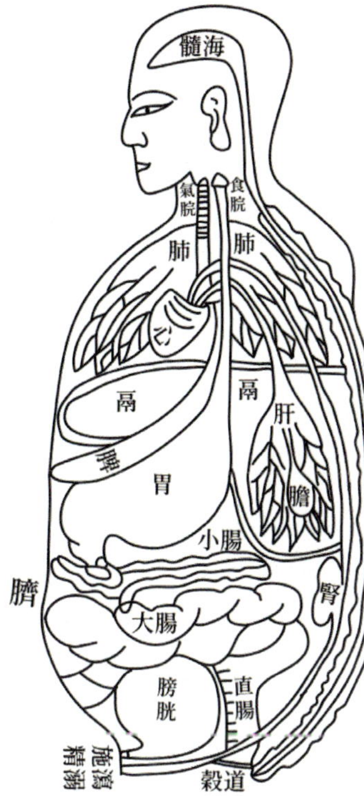

그림 5-14

【심주혈(心主血)과 심장신(心臟神)의 관계】

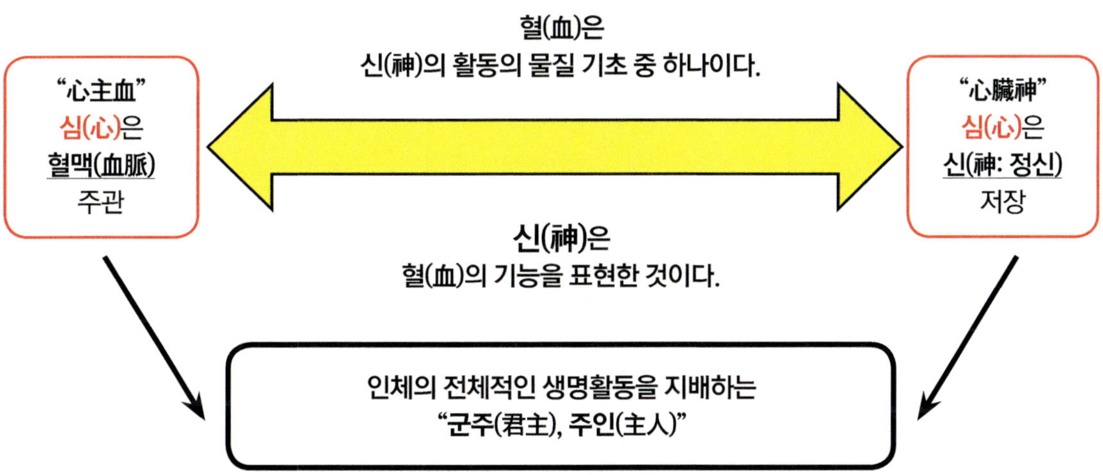

(3) 생리특성 [그림 5-15]

① 심(心)은 양장(陽臟)으로 양기(陽氣)를 주관한다.

- 심(心)은 양기(陽氣)를 사용하여 심장 박동에 추진력을 가한다.
- 전신의 혈맥(血脈) 통하게 하여 온몸을 따뜻하게 한다.
- 정신(精神)을 흥분시킨다.

※ 심장(心臟)은 가슴 상부(양(陽))에 위치 ⇒오행의 화(火)에 속하고 음양의 양(陽)에 속한다.

② 심기(心氣): 심장의 기(心氣)는 여름의 기(夏氣)와 상응한다.

그림 5-15

(4) 형체(形體)관규(官竅)와의 관계

① 오체(五體) - 맥(脈)

- 인체의 구조에서 심(心)과 맥(脈)은 서로 통하여 하나의 밀폐된 혈액 순환 계통을 형성한다.
- 심(心)이 맥(脈)과 배합되어 심(心)의 기능이 정상이면 혈액 순행은 순조롭게 된다.

② 오화(五華) - 얼굴(면面)

- 심(心)의 정기(精氣)의 기능 강약은 인체 표면으로 나타나는 것으로 화(華)로 표현된다.
- 얼굴색이 붉고 윤기가 있고 광택이 있어야 정상이다.

③ 관규(官竅) - 혀(설舌)

- 심(心)의 기혈(氣血)은 경맥(經脈)을 통하여 혀에 도달하여 혀의 정상적 색깔, 형태와 미각, 발성을 유지한다.

(5) 오지(五志), 오액(五液)과의 관계

① 오지(五志) - 기쁨(喜)

- 심(心)의 정서가 기쁨(喜)이라고 하는 것은 생리기능과 정신 활동에 관련된다.
- 외부 자극에 양성(陽性)자극으로 소속된 생리기능에 유리하다.
- 기쁨(喜)이 지나치면 심(心)의 신(神)을 손상시킨다.
- 심(心)의 신(神)을 주관하는 기능이 항진하면, 이상한 정신자극이나 다섯 가지 감정(五志)이 너무 지나쳐서 손상된다.

② 오액(五液) - 땀(汗)

- 땀(汗)은 진액(津液)의 양기(陽氣) 증발로 인해 땀구멍에서 배출되는 액체를 말한다.
- 혈한동원(血汗同源): 혈(血)과 진액(津液)은 동일한 원천에서 생긴다.

- 땀(汗)을 흘리면 심(心)의 기혈(氣血)이 손상되기도 하고, 심(心)의 기혈(氣血)이 손상되면, 땀(汗)을 많이 흘리는 증상이 나타난다. 서로 쌍방향으로 인과관계가 성립된다.

(6) 미용에서의 응용

① **심장**은 "혈맥(血脈)"을 주관하고, "오화[五華: 오장(五臟) 각각의 정기(精氣)의 강약이 외부로 나타나는 다섯 가지 표현]는 얼굴(面)"에 있다.

- 심장은 주로 얼굴의 색(面色)과 광택(光釋)에 영향을 끼쳐 미용에 직접적인 영향을 준다.
- 이는 얼굴의 혈액 순환이 양호하고 신진 대사가 왕성함을 표현한다.
- 심장 기능이 정상이면 혈류량이 많고 더불어 혈액 순환도 좋아져서 얼굴색 좋고 빛이 나며 윤택해진다.
- 심장의 기혈(氣血)이 부족하면 얼굴색이 창백하고 메마르며, 주름이 쉽게 생긴다.
- 심혈어저(心血瘀阻: 심장에 어혈이 생겨서 막힘) 시에는 혈액순환이 나빠져서 얼굴색이 어둡고 청자색을 띤다.
- 심화(心火)가 치성하면 얼굴이 붉고 쉽게 종기가 생긴다.

② **심장**은 "신(神: 생명활동, 정신)"을 주관한다.

- 이는 정신, 정서, 수면을 통하여 특히 전신의 피부 미용에 영향을 준다.
- 정신, 정서가 좋지 않거나 수면장애가 발생하면 얼굴이 초췌하고, 다크 써클, 눈가 피부의 처짐, 머리가 나빠지는 등의 미용적인 문제도 유발한다.
- 옛말에도 '미인(美人)은 잠꾸러기'라는 말이 있듯이 마음을 다스리고 수면을 조절하는 것이 "아름다운 피부를 유지"하는 미용의 기본 방법이다[그림 5-16].

[부] 심포락(心包絡)은 다른 말로 심포(心包)라고도 하며 심장 바깥을 둘러싸고 있는 막으로 별명이 "경호원"이다.

- 심장을 보호하고 외부의 사기(邪氣)의 침범으로부터 방어작용을 한다.
- 심장은 군주(君主: 나라의 왕)로써 사기(邪氣)의 침범으로부터 보호받아야 하기 때문에 외부에서 사기(邪氣)가 심장을 침범할 때, 가장 먼저 심포락(心包絡)을 공격하게 된다.
- 예) 열(熱)이 심포(心包)에 침범할 시(熱入心包), 증상은 고열이 나고, 정신이 혼미해지며, 헛소리를 하게 되는데, 이는 심(心)의 신(神)을 손상시켜서 나타나는 병리 변화이다.

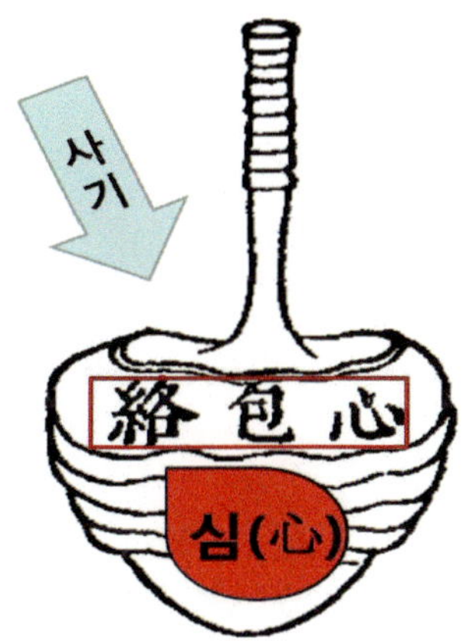

그림 5-16

2) 폐(肺): 금(金: 쇠 금)

⇒ 양(陽) 중의 음(陰)

⇒ 상초(上焦) [그림 5-17]

(1) 해부형태

① 흉강(가슴공간) 내 횡경막(가로막) 위에 위치하고 있다.

② 좌우 1 쌍이다. 좌폐: 2엽, 우폐: 3엽

③ 위로는 기관, 후두와 연결되고 코와 통한다.

(2) 생리기능

① 폐는 기(氣)를 주관한다[그림 5-18].

- 호흡의 기를 주관한다(기체 교환의 장소): 청기(淸氣: O_2) 흡수 및 탁기(濁氣: CO_2) 배출

※ 목적

- 기(氣)를 생성한다.
- 기기(氣機)를 조절한다.

기기(氣機)란? 기의 승강(昇: 오를 승, 降: 내릴 강)과 출입(出: 나갈 출, 入: 들 입) 네 가지 운동형식을 말한다.

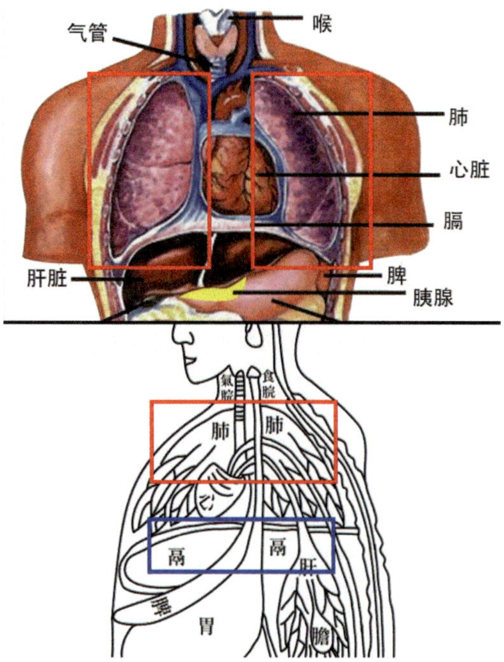

그림 5-17

그림 5-18

⇒ "인체 내의 혈액(血液), 진액(津液) 운행 및 안배와 배설은 대해 폐의 호흡 운동이 조절해준다" : 정상적인 신진대사 유지

- 인체의 기를 주관한다.

a. 종기(宗氣)의 생성에 참여한다[그림 5-19]: 종기(후천의 기) = 폐에서 흡수한 청기(淸氣) + 비에서 흡수한 수곡정기(水穀精氣) 바로 단중혈[(흉중(胸中)의 기해(氣海)]에서 생성한다.

※ 목적

- 폐의 호흡운동을 촉진한다.
- 심장의 맥(脈)과 연결하여 전신으로 혈액 운행을 추동(推動)한다.

b. 전신의 기기(氣機)를 조절한다: 호흡운동을 조절하여 기의 승강출입 운동형식을 기기(氣機)라 말한다[그림 5-20].

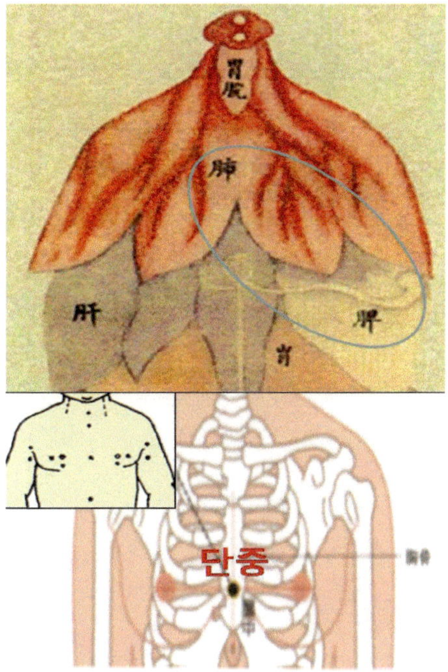

그림 5-19

② 폐는 선발(宣發)과 숙강(肅降)의 기능을 주관한다.

a. 선발(宣發): 승(昇), 출(出)

폐기가 위로, 밖으로 상승하여 펼쳐진다.

※ 구체적 표현

- 탁기(濁氣)를 배출한다.
- 수곡정미(水穀精微: 음식물이 비위를 통과한 후, 흡수할 수 있는 영양물질)와 진액(津液)을 전신의 피모(皮毛)에 분포한다.
- 피부의 개합(開闔: 열고 닫음)을 조절하여 위기(衛氣: 방어작용을 하는 기)를 선발한다.

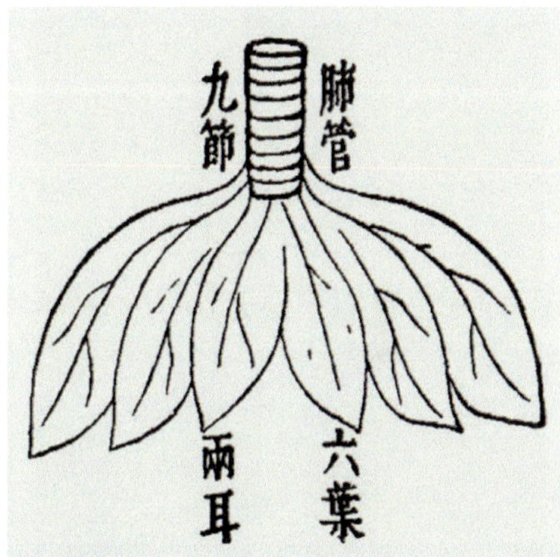

그림 5-20

b. 숙강(肅降): 강(降), 입(入)

폐기의 청숙(淸肅: 맑고 깨끗하게 하강), 아래로 내려간다.

※ 구체적 표현

- 청기(淸氣)를 흡수한다.
- 수곡정미(水谷精微: 음식물이 비위를 통과한 후, 흡수할 수 있는 영양물질)와 진액(津液)을 체내 장부조직에 분포한다.
- 이물질을 제거하여 폐와 다른 호흡기관들도 청결을 유지한다.

③ 폐는 수도(水道: 수액대사)를 소통(疏通)하고 조절(調節)한다.

- 수액의 수송 분포, 운행 및 배설 조절: 수곡정미를 전신에 분포시켜서 체내 장부 조직기관에 영양을 보충하고 쓸모 없는 수액을 땀이나 소변으로 배출하다.

④ 백맥(百脈)은 폐에 모이고 심장을 도와 혈액을 운행한다.

- 심장을 도와 혈액 순환을 주관한다.

⑤ 폐는 치절(治節: 다스리고 조절) 을 주관한다.

- 호흡을 주관한다.
- 심(心)을 도와 혈액순환을 촉진한다.
- 전신의 기기(氣機)를 조절한다.
- 수액대사를 조절한다.

(3) 생리특성 [그림 5-21]

① 폐는 화개(華蓋: 옛날 어가 위에 씌우는 양산)이다.

- 군주인 심(心)과 다른 장부들을 덮고 있어서 보호 작용을 한다.
- 폐는 외부의 사기로부터 가장 먼저 침범 당한다.

② 폐는 교장(嬌臟: 유약한 장기)이다.

- 유약한 장부로써 자연계의 기와 직접적으로 연결되어 있다.
- 가장 높은 곳에 위치하여 덮고 있다.
- 차가움(寒), 뜨거움(熱)에 약하다.

③ 폐기(肺氣): 폐의 기(肺氣)는 가을의 기(秋氣)와 상응한다.

⇒ 별명: 상부지관(相傅之官) = 재상

그림 5-21

(4) 형체(形體)관규(官竅)와의 관계

① 오체(五體) - 피부(皮)

② 오화(五華) - 털(毛)

- 피모(皮毛)는 피부, 땀샘, 땀구멍 등을 포함한 전신의 체표면을 말한다.
- 땀을 분비, 피부를 윤택하게 한다.
  호흡 조절, 외부로부터 사기를 방어하는 인체의 방어선이다.
- 폐기(肺氣)가 정상이면, 피부 조직이 치밀하고, 윤기가 흐르고 방어 작용이 강하다.

③ 관규(官竅) - 코(鼻)

- 코는 호흡할 때 출입하는 통로로 기체를 통과시키는 기능과 냄새를 맡는 후각기능을 가지고 있다.

- 폐의 외부와 연결된 구멍으로 사기가 침범하는 통로도 된다.
- 폐기(肺氣)의 이상 증상: 코막힘, 떨림

(5) 오지(五志), 오액(五液)과의 관계

① 오지(五志) - 슬픔(悲), 근심(憂)

- 슬픔과 근심은 정서적으로 조금 다르나 인체의 생리 활동에 대한 영향은 기본으로 한 가지이다.
- 걱정과 슬픔은 모두 양성자극이 아닌 정서변화이며 기(氣)를 계속 소모한다.

② 오액(五液) - 콧물(涕)

- 코에서 분비되는 점액으로 콧구멍을 습윤시키는 작용이 있다.
- 폐가 만들어내는 오액 중 하나이다.
- 폐기(肺氣)가 정상이면, 습윤시킬 뿐 흘러나오지 않는다.

(6) 미용에서의 응용

폐는 "피모(皮毛)를 주관하며 위기(衛氣)와 진액(津液)을 선발(宣發)한다.": 피모(皮毛)의 영양적 근본은 폐가 선발(宣發)한 위기(衛氣: 방어 작용을 하는 기)와 진액(津液)에 의하며, 미용에서 폐는 특히 피부와 모발로 많이 드러난다.

① 위기(衛氣)를 선발(宣發)한다.

- 위기는 비위(脾胃)를 근본으로 폐의 선발(宣發)을 통하여 피부, 모발에 운반되어 피부를 따뜻하게 하고 땀구멍을 조절하여 외부 사기(邪氣)로부터 침입을 방지한다.
- 폐기가 충족되면 위기를 선발하여 피부, 모발에 영양을 받아 윤택해진다.
- 폐기가 부족하거나 응체되면 선발이 되지 않아 위기가 허약 또는 응체되어 피부 기능이 저하된다.
- 폐위(肺衛: 폐의 위기)가 부족하면 피모에 영양을 주지 못하여 피부 저항력이 떨어져 자주 감염되거나 피부 트러블 증상이 쉽게 나타나고 땀구멍을 조절하지 못해 피부가 건조해진다.
- 폐위(肺衛: 폐의 위기)가 응체되어 부스러기, 종기, 여드름과 같은 손상성 피부질환이 생긴다.

② 진액(津液)을 선발(宣發)한다.

- 폐는 선발을 통하여 진액을 피모에 분포시켜 피부가 부드럽고 탄성이 있도록 충분한 수분을 유지해 준다.
- 만약 피부에 진액이 부족하면 피부건조, 피부노화 및 주름이 생기는 주된 원인이 된다.
- 폐음(肺陰)부족은 건성 피부에서 흔히 보이는 체질이다.

3) 비(脾): 토(土: 흙)

⇒ 음(陰)중의 지(至: 다다름)음(陰)

⇒ 중초(中焦) [그림 5-22]

(1) 해부형태

① 복강(腹腔) 상부에 위치한다.

② 횡경막(가로막) 아래에 있다.

③ 좌측 늑골 부위 심부에 위(胃)의 배측(背側) 좌상방(左上方)에 붙어 있다.

(2) 생리기능 [그림 5-23]

① 운화(運: 운반, 化: 변화)를 주관한다.

- 수곡(水穀: 각종 음식물)을 운화한다.
  - 음식물을 소화 및 수곡정미를 수송한다.
  - 수곡정미(水穀精微): 후천(後天)적인 근본(本)으로, 기혈(氣血)의 생성을 돕고, 변화(生化)의 원천(源)이다.
- 수액(水液)을 운화한다.
  - 수액(水液)을 흡수하고 수송하여 체내의 수액대사의 평형을 유지한다.

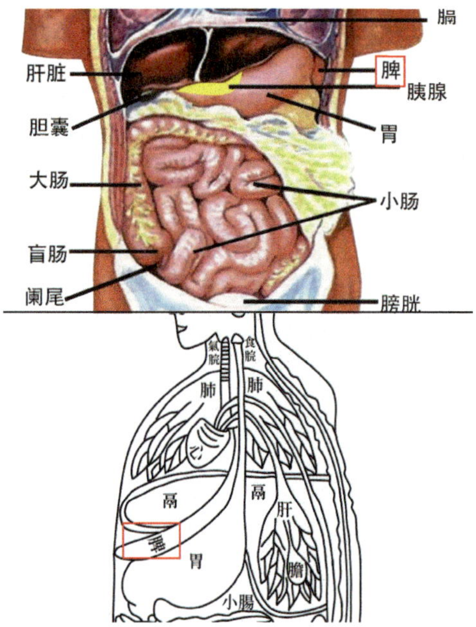

그림 5-22

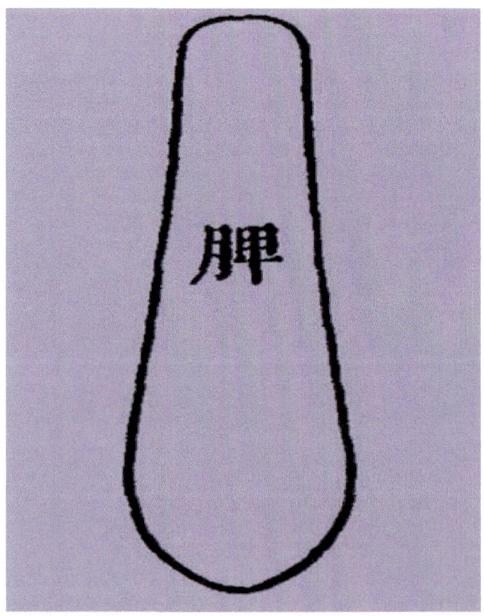

그림 5-23

② 혈(血)을 생성하고 통솔한다.

- 혈액을 생성한다.(生血)
  - 비(脾)로 운화된 수곡정미(水穀精微)는 혈액을 생성하는 주요 기초 물질이다.
- 혈액을 통솔한다.(統血)
  - 비(脾)가 혈액을 통솔하여 혈액을 경맥(經脈) 속에서 운행시키며 맥(脈) 밖으로 넘쳐 흐르지 않게 하는 기능이 있다.
  - 기(氣)가 혈액을 거느리는 사부(師父: 스승)이다.
  - 만약 비허(脾虛)로 인해 운화기능이 떨어지면 수곡정미(水穀精微)의 생성부족으로 기혈(氣血)이 허약해지고 통솔하는 능력이 떨어지게 된다.

    예) 피하출혈, 혈뇨, 월경과다, 혈변

③ 승청(昇淸)을 주관한다.

- 승(昇: 오를 승): 위로 들어 올림.
- 청(淸: 맑을 청): 가볍고 맑은 미세한 수곡정미의 영양 물질
  - 폐(肺)로 올려서 수송하며 심(心)과 폐(肺)의 생리기능에 의하여 기혈(氣血)을 생산시켜 전신에 영양을 공급해주는 것이다.
  - 정상적일 때: 수곡정미가 상승하여 각각 장부 조직 기관에 충분한 영양을 공급한다.
  - 비정상적일 때: 전신에 맥이 없고 어지러우며 배가 부르고 설사가 나는 등의 증상이 나타난다.

    예) 탈장, 위하수, 자궁하수

(3) 생리특성 [그림 5-24]

① 비(脾)는 위로 상승해야 건강하다 = 운동 특징

- 비위(脾胃)⇒" 기(氣)의 중추"
  - 비(脾): 위로 상승
  - 위(胃): 아래로 하강

② 비(脾)는 건조(燥)함을 좋아하고 습(濕)함을 싫어한다.

- 비(脾): 태음(太陰)습토(濕土)의 장(臟)
- 위(胃): 양명(陽明)조토(燥土)의 부(腑)

  예) 비(脾)허(虛)로 인해 습(濕)이 생긴다.

③ 비기(脾氣): 비의 기(脾氣)는 늦여름 기(長夏氣)와 상응한다.

그림 5-24

(4) 형체(形體)관규(官竅)와의 관계

① 오체(五體) - 근육, 지방 및 피하조직(肉)

- 비가 수곡정미를 운화(運化)하는 기능에 의하여 영양을 흡수하면 근육이 발달하고 튼튼해진다.

② 오화(五華) - 입술(脣)

- 입술의 색깔은 전신의 기혈의 충분 여부와 관련된다.
- 입술의 색깔이 붉고 윤기가 있는가는 전신의 기혈상태와 비의 운화기능의 건강상태를 확인할 수 있다.

③ 관규(官竅) - 입(口)

- 식도의 제일 윗부분으로 비가 열리는 구멍이다.
- 정상적일 때: 입맛 정상, 식욕 증가

(5) 오지(五志), 오액(五液)과의 관계

① 오지(五志) - 생각(思)

- "생각"은 비(脾)에서 시작되나 심(心)에서 결정된다.
- 정상적인 사고는 인체의 생리 기능에 영향을 주지 않으나 지나친 생각은 정상적인 생리활동에 영향을 미친다.
- 특히 기(氣)의 정상적인 운행에 영향을 주어서 기(氣)의 응체, 결합이 생기게 된다.

② 오액(五液) - 군침(涎: 연)

- 비(脾)의 정(精)으로 생성되고 두 뺨에 저장되어 입가에서 침을 흘리고 맑고 묽은 성질을 가진다.

(6) 미용에서의 응용

① 비(脾)는 후천적인 근본, 기혈의 생성과 변화의 원천이기에 "전신 건강"과"미용"에 중요한 영향을 준다.

② 비(脾)는 "형체의 비만과 마름(체형적인 미), 팔, 다리 근육의 무기력증, 피부와 모발의 건강, 얼굴색과 입술색"에도 직접적인 관련이 있다.

- 비기(脾氣)가 충족되면 기혈이 왕성하여 장부기능도 좋아져서 전신 건강과 체형적인 아름다움을 형성한다.
- 적당한 체중과 탄탄한 근육, 피부가 부드럽고 탄성이 있으며, 얼굴색이 좋고 빛이 나며 윤택해진다.
- 장기간 비(脾)의 기능이 저하되면 전신미용에 손상을 주는데, 만약 비위(脾胃)가 허약하면 기혈(氣血)이 부족하여 피부가 거칠고 건조하며 주름이 생긴다. 또한 얼굴색이 누렇고, 근육도 무기력하며 전신이 피곤한 증상을 볼 수 있다.

③ 비위(脾胃)가 음식물을 운화(運化)하지 못해 적체되면 열(熱)로 변화하여 피부가 기름지고, 비만, 변비, 구취, 여드름, 피부 알레르기 등의 증상을 유발한다.

④ 비(脾)는 수액을 운화하여 수액대사를 조절하는 기능이 있는데 순조로운 수액대사와 충분한 수분공급은 피부로 하여금 부드럽고 탄성이 있도록 만들어 준다.

- 이처럼 피부는 수분 부족과 수액의 정체에 민감하다.
- 만약 비(脾)가 수액을 운화하지 못하여 정체되면 담습(淡濕: 수액이 체내에 머물러 생김)으로 변하여 비만과 안면부종을 초래한다.

4) 간(肝): 목(木: 나무)

⇒ 음(陰) 중의 양(陽)

체음용양(體陰用陽): 근본(本)은 혈을 저장하고, 간기(肝氣)의 소설 기능을 가지고 있다.

⇒ 하초(下焦): 기능상 신(腎)과 밀접한 관계 "간신동원(肝腎同源)"

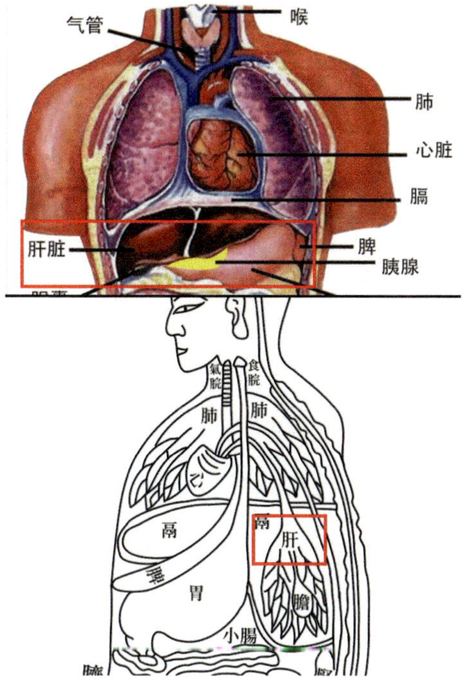

그림 5-25

(1) 해부형태

① 횡경막(가로막) 아래 복강의 우측 옆구리에 위치한다.

② 좌엽, 우엽으로 구분한다.

③ 자(紫: 자주빛)색 혹은 적(赤: 붉은색)색을 띤다[그림 5-25].

(2) 생리기능 [그림 5-26]

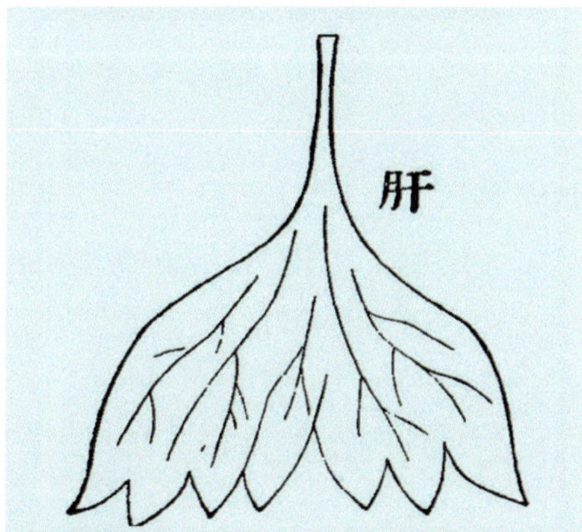

그림 5-26

① **소설(疏: 트이다, 泄: 통하다)을 주관한다.**

(5가지) ⇒ "기기(氣機) 조절"

a. 정서변화를 조절한다.

- 칠정(七情): 7가지의 감정

  희(喜: 기쁨) = 심(心)

  노(怒: 분노) = 간(肝)

  우(憂: 근심) 또는 비(悲: 슬픔) = 폐(肺)

  사(思: 생각) =비(脾)

  공(恐: 두려움) 또는 경(驚: 놀라움) = 신(腎)

- 심신(心神)의 지배하에 "간(肝)의 소설(疏泄)" 기능을 통해서 사유, 정신, 감각 등 정서 변화를 조절한다.

b. 소화, 흡수를 촉진한다.

- 비승(飛昇)위강(胃降)은 기(氣)의 중추적인 작용으로 협조, 조절해준다.
- 담즙의 형성과 배설을 정상화시켜준다.

c. 기혈(氣血)의 운행을 유지한다.

- 기(氣)를 운행시켜 혈(血) 역시 운행한다.

d. 수액대사를 조절한다.

- 폐(肺), 비(脾), 신(腎) + 삼초(三焦): 모두 수액대사를 관여하는 장부로 간(肝)은 위에서 서술한 장부

를 도와준다.

e. 생식기능을 조절한다.

- 충맥(脈), 임맥(任脈)을 조절해준다: 여성 → 간(肝)은 여성의 장(臟) (혈을 저장함)
- 정실(精室)을 조절한다: 남성 → 신(腎)은 남성의 장(臟)

② 혈액을 저장한다 = 장혈(藏血) [그림 5-27]

a. 혈액을 저장한다.

b. 출혈을 방지한다.

c. 혈류량을 조절한다.

혈액의 근본인 수곡정미(水穀精微)는 비(脾)를 통해 운화(運化)되어 간(肝)에서 저장된다.

- 간(肝)에 충분한 혈액이 저장되면 간(肝) 자체에 영양을 공급해줄 뿐 아니라 양기(陽氣)가 너무 지나치게 항진하는 것을 억제해준다.

⇒ 간(肝)의 소설(疏泄) 기능을 유지하여 출혈을 방지한다.

⇒ 간(肝)의 음양(陰陽) 평형을 조절한다.

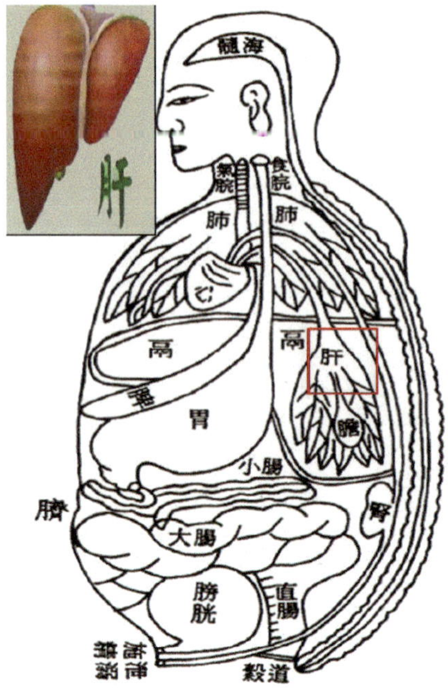

그림 5-27

(3) **생리특성** [그림 5-28]

① 뻗어나가고 통하는 것을 좋아하지만 막혀서 정체되어 있는 것을 좋아하지 않는다.

② 간(肝)은 강장(剛臟: 굳센 장기)이다.

별명 → " 장군의관(將軍之官)"

③ 체음용양(體陰用陽): 근본(本)은 혈을 저장하고, 간기(肝氣)의 소설 기능을 가지고 있다.

음(陰) → 간(肝)은 혈(血)을 저장한다.

양(陽) → 간기(肝氣)의 소설(疏泄) 기능을 가진다.

④ 간기(肝氣): 간의 기(肝氣)는 봄의 기(春氣)와 상응한다.

그림 5-28

(4) 형체(形體)관규(官竅)와의 관계

① 오체(五體) - 힘줄, 인대, 근막(筋)

- 근(筋)은 뼈와 관절에 붙어서 관절과 근육을 연결하는 조직을 말한다.
- 간(肝)은 운동(運動)을 주관한다.

② 오화(五華) - 손톱과 발톱(爪)

- 손톱과 발톱은 근(筋)을 공급하고 남은 간(肝)의 혈(血)로 공급한다.
- 간혈(肝血)이 왕성한 경우, 딴딴하고 붉고 윤기가 나며 광택이 있다.

③ 관규(官竅) - 눈(目)

- 오장육부의 정기(精氣)가 혈액을 통해서 눈에 들어간다.
- 간혈(肝血)은 눈에 영양을 공급해준다.

(5) 오지(五志), 오액(五液)과의 관계

① 오지(五志) - 분노(怒)

- 화를 내는 것은 감정이 격해져서 그로 인한 정서변화로 인체의 생리활동에 음성 자극이 된다.
- 기기(氣機)의 평형을 깨뜨림으로 인해 양기(陽氣)가 승발(承發)되어 각혈 혹은 혼미 상태가 된다.

② 오액(五液) - 눈물(淚)

- 간(肝)의 관규(官竅)는 눈에서 열리는 구멍으로 눈물은 눈에서 난다.
- 눈물은 눈을 윤택하게 하고 보호하는 기능을 가진다.
- 간혈(肝血)이 부족할 경우, 눈이 마르고 깔깔해진다.

(6) 미용에서의 응용

① 간(肝)은 소설(疏泄)을 주관하고 혈액을 저장하며, 근(筋)을 주관하고 관규(官竅)는 눈으로, 오화(五華)는 손발톱(爪)으로 나타난다.

② 간과 미용과의 관계는 주요하게 얼굴, 눈, 손톱, 발톱, 근, 월경에서 표현된다.

- 간혈(肝血)이 충족하면 얼굴에 빛이 나고 눈이 밝아지고 손발톱이 단단하며 관절의 활동 범위도 좋아지고 동작도 민첩하며 정상적인 생리 주기를 유지한다.
- 간혈(肝血)이 부족하면 얼굴이 창백해지고, 눈과 피부가 건조해지며, 손톱, 발톱도 약해져 쉽게 부러지는 등 미용에 영향을 준다.
- 간(肝)의 소설(疏泄)이 적당하면 충·임맥도 소통되어 생리가 정상적으로 활성화되지만, 반대로 간의 소설기능이 저하되면 생리불순이 시작되면서 여드름이 나거나 피부가 거칠어지고, 주름이 생기며, 피부 노화·황갈반 등 얼굴미용에 손상을 준다.

5) 신(腎): 수(水: 물)

⇒ 음(陰) 중의 음(陰)

⇒ 하초(下焦) [그림 5-29]

(1) 해부형태

① 복부의 뒷벽에 좌우 위치한다.

② 신장의 안쪽은 배꼽 위치 보다 약간 높다.

③ 허리(腰)는 신(腎)의 창고(府)로서 허리 부위에 부착되어 있고 요추 2번을 중심으로 좌우 한 개씩 있다[그림 5-30].

(2) 생리기능

① 정(精)을 저장한다. (=藏精)

※ 정(精)

▸ 넓은 의미: 인체를 구성하고 인체의 성장, 발육, 생식 및 장부기능 활동의 미세한 영양물질을 의미한다.

⇒ 선천적인 정(精): 신(腎)에 저장되고 인체의 성장 및 생식의 기본 물질이다.

후천적인 정(精): 오장육부의 정(精)으로 기(氣), 혈(血), 진액(津液)을 말한다.

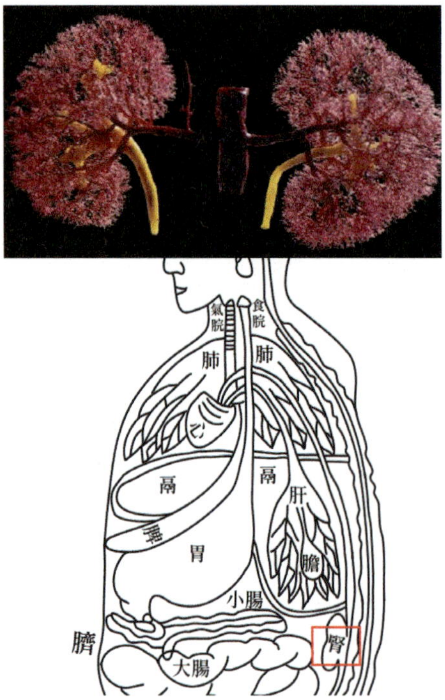

그림 5-29

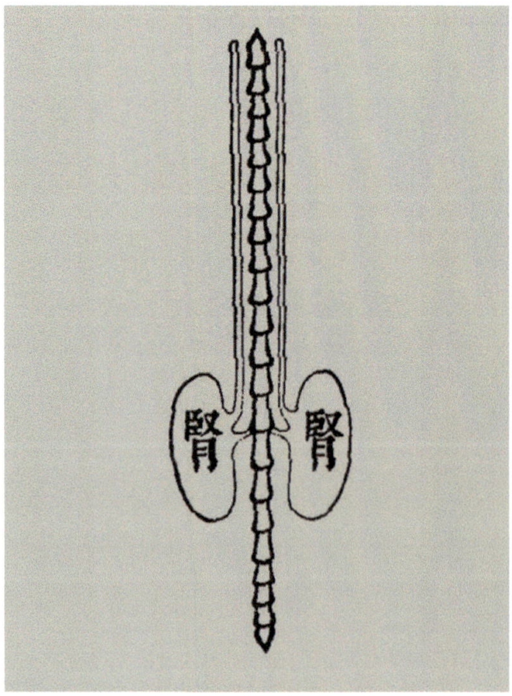

그림 5-30

▸ **좁은 의미(유전적)**

- 부모에게 물려받고 신(腎)에 저장되어 있다.
- 생식 및 번식 작용을 하는 미세한 영양 물질을 말한다.

a. 성장, 발육 기능을 촉진한다.

- 신(腎)은 오장(五臟)의 근본이다.
- 신(腎)이 저장한 정기(精氣)는 생명의 근본으로 생성되지 않고 소모될 뿐이다.

b. 생식 기능을 주관한다.

c. 혈액을 생성한다.

- 정혈(精血)동원(同源): 신정(精)은 골수를 생성하고 골수는 혈액을 생산한다.
- 간신(肝腎)동원(同源)

d. 외부의 사기(邪氣)에 대하여 방어한다.

- 정(精)은 인체의 생명 활동에 필요한 기본 물질을 말한다.
- 정기(精氣)의 일부분은 면역능력을 가진다.

② 신(腎)은 수액(水液)을 주관한다.

- 신(腎)의 정기(精氣)의 기화(氣化변화)를 통해서 체내의 진액을 수송, 분포 및 배설을 진행한다.
- 체내의 체액대사 평형을 유지한다.
- 신(腎)은 수장(水藏)으로 물(水)에 소속된다.

a. 음식물 중에서 영양 공급을 할 수 있는 진액(津液)을 흡수하여 전신에 수송 및 분포한다.

b. 각 장부 조직 기관 대사에서 사용 후, 쓸모없는 진액(津液)들을 체외로 배출한다.

- 소변의 생산과 배출은 체내의 진액대사의 균형을 유지한다.

③ 신(腎)은 기(氣)를 들이마신다.=납기(納氣)

"호흡운동은 폐(肺)가 주관하나 흡수된 기(氣)는 신(腎)에 귀속된다."

(3) 생리특성 [그림 5-31]

① 신(腎)은 폐장(閉藏)이다.

- 탄생, 성장, 발육에 대한 생명 활동의 근본인 신정(精)을 가지고 있다.

② 신(腎)은 인체의 음(陰), 양(陽)을 주관한다.

- 신(腎)은 오장(五臟) 육부(六腑)의 근본(本)이다.
- 신양(腎陽) = 양기(陽氣)의 근본 + 신음(腎陰): 음액(陰液)의 근본이다.
- "명문(命門)은생명의문(門)이다." = 생명의 원동 력, 생식기능과 관계가 깊다.

③ 신기(腎氣): 신(腎)의 기(氣)는 겨울의 기(冬氣)와 상응한다.

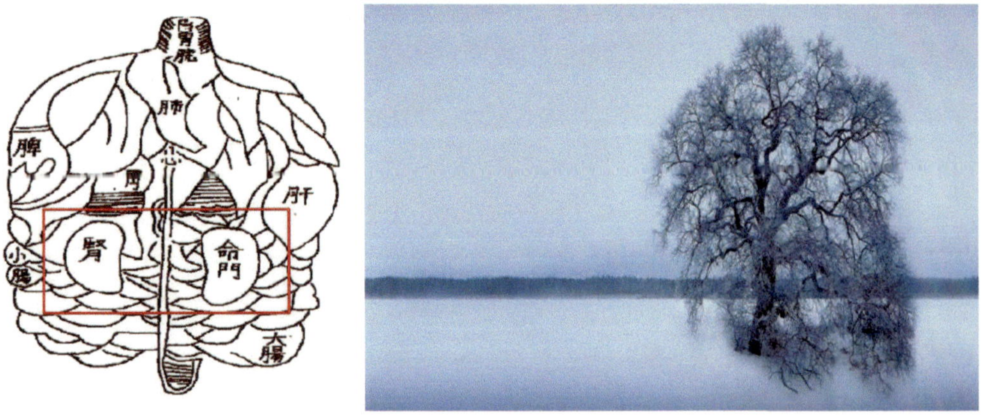

그림 5-31

(4) 형체(形體)관규(官竅)와의 관계

① 오체(五體) - 뼈(骨)

- 신정(腎精)과 관계가 밀접하다.
- 정(精)은 골수(骨髓)를 생산하고 골수는 뼈에 영양을 보충한다.
- 신정(腎精)이 허약하면 골수 역시 연약해지므로 뼈가 연약 해지고 무기력해진다.
  예) 골격발육장애

② 오화(五華) - 머리털(髮)

- 모발은 혈(血)이 영양을 보충한다.
- 혈(血)은 전신에 영양을 공급한 후, 머리털에 영양을 보충한다. 하지만 모발의 근원은 신(腎)이다.
- 신정(腎精)이 혈(血)을 생산한다. ⇒ 정혈동원(精血同源)

③ 관규(官竅) - 귀, 배뇨 및 생식기관, 대변 배설 통로 (二陰)

- 이음(二陰): 전음(前陰) + 후음(後陰)

(5) 오지(五志), 오액(五液)과의 관계

① 오지(五志) - 두려움(恐), 놀람(驚)

- 공(恐)은 사람이 어떤 것에 대하여 무서워하는 것을 말한다.
- 경(驚)은 자기도 모르게 갑자기 놀라는 것을 말한다.
- 지나치게 두려워하거나 놀라면 기기(氣機)의 불균형을 초래한다.

② 오액(五液) - 침(唾液: 타액)

- 타액: 신(腎)의 정(精)에서 생성 되어 혀 밑에 저장되어 입에서 뱉으면서 배출되고 연(涎)과 반대로 끈적끈적하고 걸쭉하다.
- 음식물을 습윤, 용해한다.
- 구강을 청결히 하고 보호한다.
- 침을 많이 뱉으면 신정(腎精)이 소모된다.

(6) 미용에서의 응용

① 신(腎)은 정(精)을 저장하고 생장, 발육 및 생식을 촉진시켜 혈액의 생성에 참여한다. 또한 인체의 면역 기능을 향상시키는 생리 기능이 있어 얼굴, 모발, 피부, 형체, 오관 등 모든 인체 자연스러운 아름다움의 근본이 된다.

② 신(腎)은 정기(精氣)를 저장하고 혈액으로 변화되어 전신의 장부 기관에 영양을 보충하고 자윤(滋潤) 하는데, 만약 신(腎)의 정기(精氣)가 부족하면 얼굴에 주름이 많고 윤기가 없고 거칠며, 머리가 일찍 하얗게 세고 쉽게 빠지며, 노인 반점 등 피부에 영향을 줄 뿐 아니라 골격의 발육도 좋지 않아 형체적 미(美)에도 영향을 준다.

③ 신(腎)은 수액대사를 주관하는데 만약 신(腎)의 기화(氣化)기능에 불균형이 나타나면 수액대사 역시 문제가 생겨서 얼굴과 팔, 다리에 부종이 생긴다.

3 육부(六腑)

1) 담(膽): 양목(陽木) ~ 표(表)

간(肝): 음목(陰木) ~ 리(裏)

육부(六腑)의 우두머리(首)이다.

- 육부(六腑)의 특성: 속이 비워 있는 주머니모양 기관이다. 기항지부(奇恒之腑)이다.
- 오장(五臟)의 기능: 담즙을 저장한다[그림 5-32].

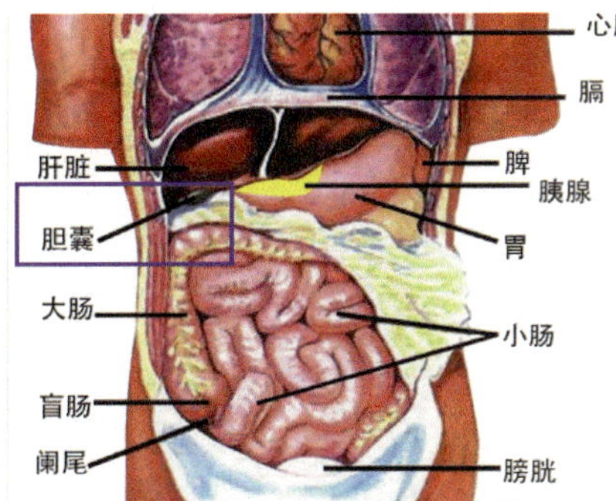

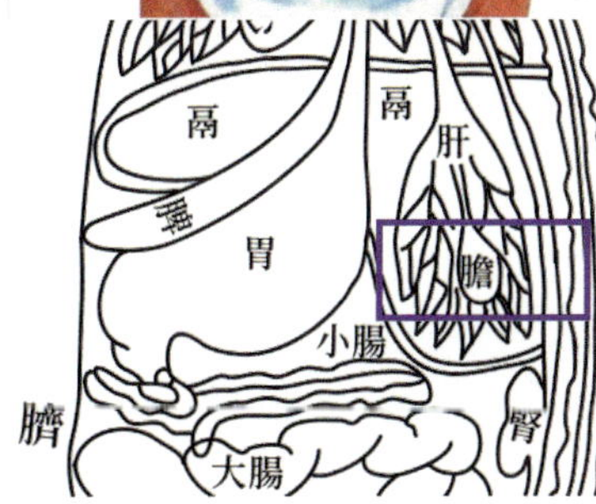

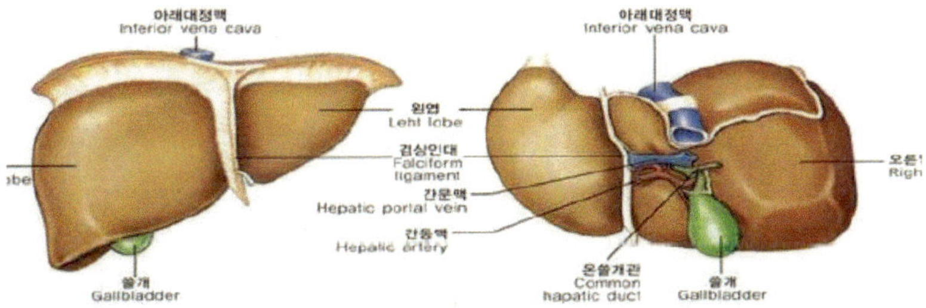

그림 5-32

(1) **해부형태**

① 간(肝)과 연결되고 간(肝)의 짧은 우엽에 붙어 있고 간(肝)과 담(膽)은 경맥에서 서로 결속된다.

② 간(肝)에서 만든 담즙(쓸개즙)을 저장, 배설하고 음식물 소화를 도와준다[그림 5-33].

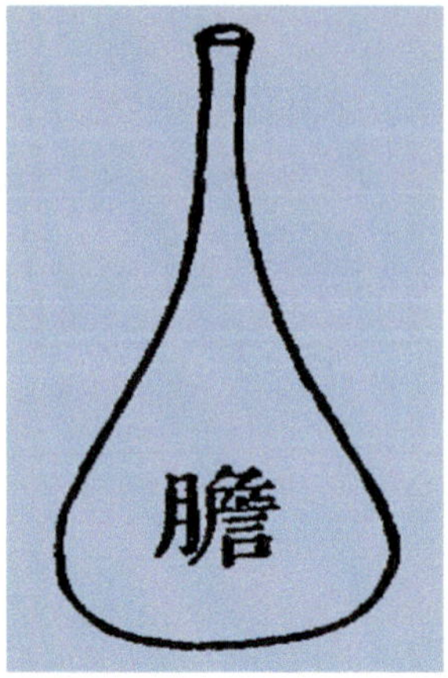

그림 5-33

(2) **생리기능**

① 담즙(膽汁)을 저장하고 배설한다.

- 간(肝)에서 분비, 배설한 담즙을 담(膽)에서 농축시켜 저장한다.
- 담(膽)에 저장되어 있던 담즙은 간(肝)의 소설(疏泄) 기능에 의하여 소장(小腸)으로 흘러 내려가 음식물에 대한 소화와 흡수를 촉진한다.

"비위(脾胃) 운화(運化)기능의 중요 조건"

- 간(肝)의 소설(疏泄) 기능이 저하되면 담즙 형성과 분비 기능 역시 저하되고 비위(脾胃) 운화(運化) 기능에 영향을 미치고 배가 더부룩하고 소화불량 및 설사 증상이 나타난다.
- 습열(濕熱)이 간담(肝膽)에 쌓이면 간(肝)의 소설(疏泄) 기능이 파괴되고 담즙이 외부로 흐르면서 피부에 침입하여 황달(黃疸: 눈, 소변, 몸 색깔이 누렇게 변함)증상이 나타난다.

* 담즙(膽汁): 일종의 순수하고 깨끗하며 맛이 쓰고 황녹색을 띈 정즙(精汁)

담(膽)의 별명 ⇒ 중정(中精)의 부(腑), 청정(淸淨)의 부(腑), 중청(中淸)의 부(腑)

② 결단(決: 결단, 결정, 斷: 끊고 단념)을 주관한다.

- 담(膽)은 정신, 의식과 같은 사유 활동 중에서도 사물을 판단하고 결정하는 기능을 가진다.
- 과도한 정신적 자극(놀람, 무서움)을 제거하고 기혈(氣血)의 정상적인 운행을 조절, 통제해주며 장부 사이의 조화를 이끌어낸다.

(3) **생리특성** [그림 5-34]

① 담(膽)의 기(氣)는 올라간다.

- 나무(木), 동쪽(東方), 봄(春)의 기운은 위(上)로 올라가는(昇) 성질을 가지고 있다.
- 간(肝)의 생리특성과 동일하다: 뻗어나가고 통하는 것을 좋아하지만 막혀서 정체되어 있는 것을 좋아하지 않는다.
  ⇒ 장부(臟腑)의 기기(氣機)를 조절해준다.

② 성격이 편안하고 조용함을 좋아한다.

녕(寧: 편안함), 밀(謐: 조용함)

- 담(膽)은 청정(淸淨)의 부(腑)로써 편안하고 조용한 것을 좋아하고 귀찮고 번잡스러운 것을 싫어한다.

그림 5-34

- 담(膽)의 기(氣)는 강하지도 약하지도 않은 중청(中淸)의 부(腑)이다.

(4) 미용에서의 응용

① 담(膽)의 기능이 정상이면 간(肝)과 표리관계로 손톱, 발톱, 피부색이 윤기가 있고 눈매가 평안해진다.

② 담(膽)은 색소에 관여하기 때문에 기미, 검버섯 등 색소 침착의 이상적 변이가 발생할 수 있다.

③ 과도한 정신적 자극을 제거하고 기혈(氣血)의 정상적인 운행을 제어 및 유지하는데, 담(膽)의 기능에 문제가 생기면 불면증, 우울증, 정서 불안 등으로 인해 피부 미용에 영향을 미친다.

④ 담(膽)과 간(肝) 기능에 이상이 생기면, 옆구리가 답답하고 옆구리 쪽이 비대해지며 근 무력으로 인해 피부 역시 탄력이 저하된다. 또한 얼굴이 붉어지면서 목 부위도 붉어지고 화농성 여드름이 나타날 수 있다.

2) 위(胃): 양명조토(陽明燥土) ~ 표(表)

비(脾): 태음습토(太陰濕土) ~ 리(裏) [그림 5-35]

(1) 해부형태

① 횡경막(가로막) 아래, 복부의 윗 부분에 자리 잡고 있다.

② 위로는 상완(上脘)으로 칭하며 분문(噴門, 들문)은 식도와 연결되고 아래로는 하완(下脘)으로 유문은 소장과 연결되는 통로이다.

③ 상완(上脘)과 하완(下脘) 사이는 중완(中脘)으로 구분된다.

④ 단백질 분해 효소와 염산이 포함된 위액을 분비한다[그림 5-36].

(2) 생리기능 ⇒ 1 차적인 소화단계

① 음식물(水穀: 수곡/물,곡식)을 받아들인다(受納: 수납).

⇒ 별명: 태창(太倉), 수곡지해(水穀之海),
수곡기혈지해(水穀氣血之海)

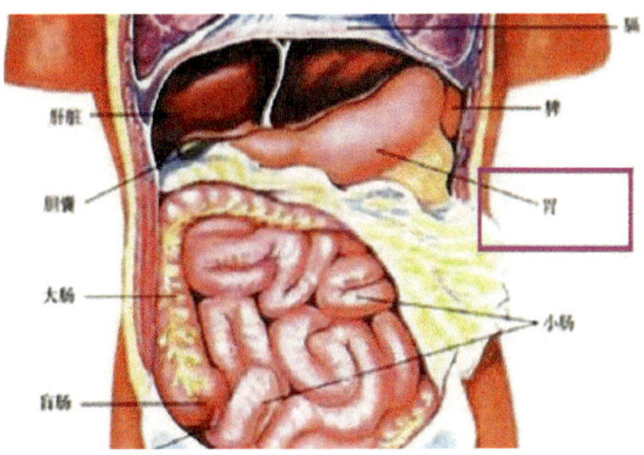

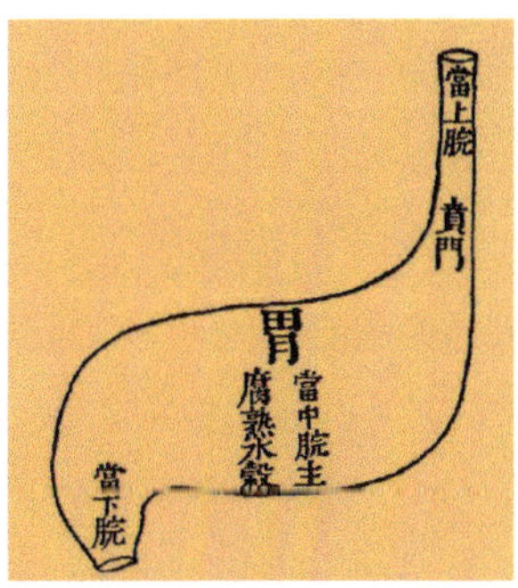

그림 5-35

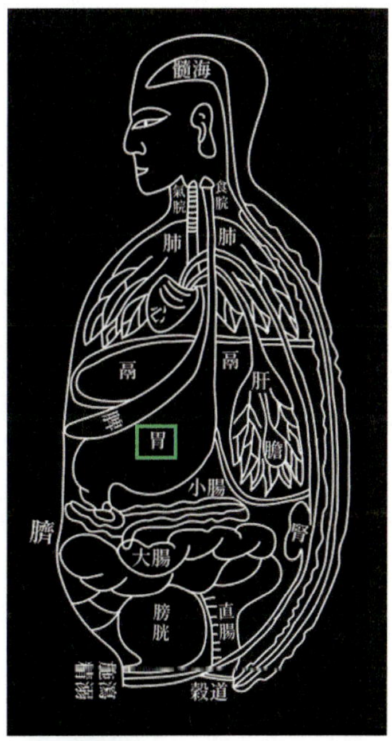

그림 5-36

▶ 태창(太倉): 큰 저장 창고

▶ 수곡지해(水穀之海), 수곡기혈지해(水穀氣血之海): 음식물의 바다

- 음식물을 입으로부터 식도를 통과하여 위(胃)에서 받아들인다.
- 인체의 생명 활동에 필요한 기(氣), 혈(血), 정(精), 진(津), 액(液)은 모두 음식물에서 변화하여 생산된다.
- 위(胃)의 수납(受納) 기능의 강약에 따라 병의 예후가 달라진다.

  예) 위의 수납(O) → 예후(O),

  위의 수납(×) → 예후(×)

② 음식물(水穀: 수곡)을 부패, 숙성 시킨다(腐熟: 부숙).

- 음식물 소화 단계의 기초인 수납(受納)한 후에, "초보적 소화단계"를 진행하여 식미(食糜: 죽)로 전환된다.
- 형성된 식미(食糜)는 비(脾)의 운화작용과 함께 소화, 흡수할 수 있는 정미(精微: 미세한 영양물질)로 변화된다.
- 비(脾), 위(胃)의 균형을 통하여 기혈정진액(氣血精津液)으로 전신에 영양을 공급해준다.
- 소화되지 않은 식미(食糜)는 소장(小腸)으로 운반된다.

  *"위의 기(胃氣)는 매우 중요시되고 있다."

  사람은 위기(胃氣)를 근본(根本)으로 사용하고 있다.

- 위기(胃氣)의 함축적 의미 :

  a. 위(胃)의 생리기능과 생리특성을 말한다.

  위(胃)는 수곡(水穀)의 바다로 수납과 부숙 기능이 있으며 순리대로 내려가고(降: 내릴강) 뚫려야(通: 뚫릴 통) 정상적으로 그 기능이 작동한다. 그리하여 위기의 강약은 소화기계통에 전체적으로 직접적인 영향을 주고, 인체 영양학의 근원과도 연관이 깊다.

  예) 위기가 손상되어 있으면 흡수가 불가능하기 때문에 어떤 약을 먹어도 치료 효과가 나타나지 않는다[그림 5-38].

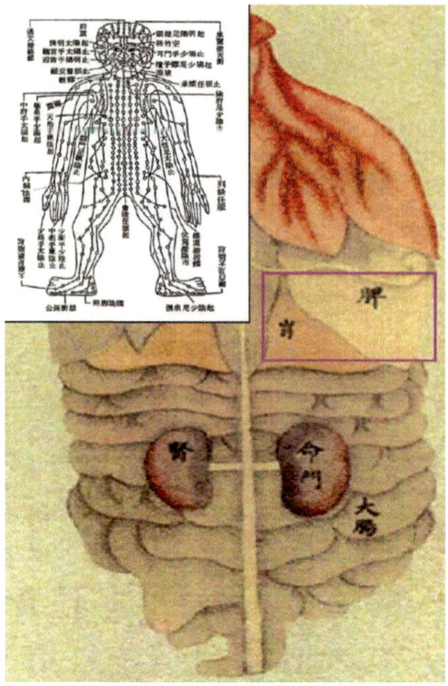

그림 5-37

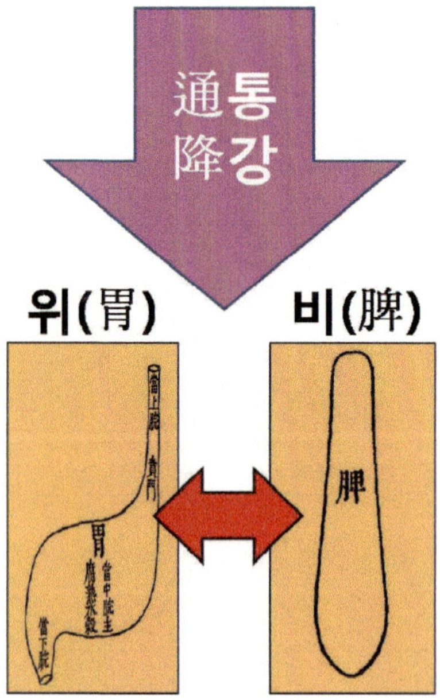

그림 5-38

b. 비위(脾胃)의 기능은 맥의 형태(脈象: 맥상)에 반영한다.

비위(脾胃)는 음식물을 소화하고 수곡(水穀)정미(精微)를 섭취하여 경맥(經脈)을 통하여 전신으로 영양을 공급한다. 위기(胃氣)의 맥(脈)은 힘이 있고 부드러우며 빠르지도 느리지도 않는 특징을 가지고 있다. 그리하여 맥상(脈象)을 근거로 병의 상황을 판단하여 예후를 예측할 수 있다.

예) "위기(胃氣)가 있으면 살고 위기(胃氣)가 없으면 죽는다."

(3) 생리특성

① 순리대로 내려가고(降: 내릴강) 뚫려야(通: 뚫릴통) 정상이다.

생리기능을 통한 "1차적 소화단계"를 끝으로 소장(小腸)으로 운반되며, 소장의 청탁(淸濁) 분별 기능을 통하여 탁한 것(노폐물)을 아래로 내리고, 대장(大腸)으로 이동되어 대변으로 배출한다.

* 위(胃) 수납(受納) 기능의 전제 조건이다.

② 위(胃)는 습(濕)함을 좋아하고 건조(燥)함을 싫어한다.

비(脾)는 건조(燥)함을 좋아하고 습(濕)함을 싫어한다.

(4) 미용에서의 응용

- 위(胃)는 비(脾)와 표리관계로써 진피와 피하조직에 영향을 주며 비위의 상태는 입술에 나타나게 된다.
- 비위(脾胃)의 상태가 정상이면 입술이 윤기 있고 붉은색을 띠며 피부가 탄력 있고 균형 잡힌 몸매를 가진다.
  ① 위(胃)의 수납, 부숙 및 통강 기능의 저하로 인해 기혈(氣血)의 정체 및 어혈이 형성된다.
  ② 셀룰라이트성 비만이 많다.
  ③ 허벅지 비대가 두드러진다. (하체 비만형)
  ④ 볼 부위에 화농성 여드름이 생기기 쉽다.
  ⑤ 얼굴의 볼 살과 입꼬리 부위가 늘어지고 턱밑 살이 많다.

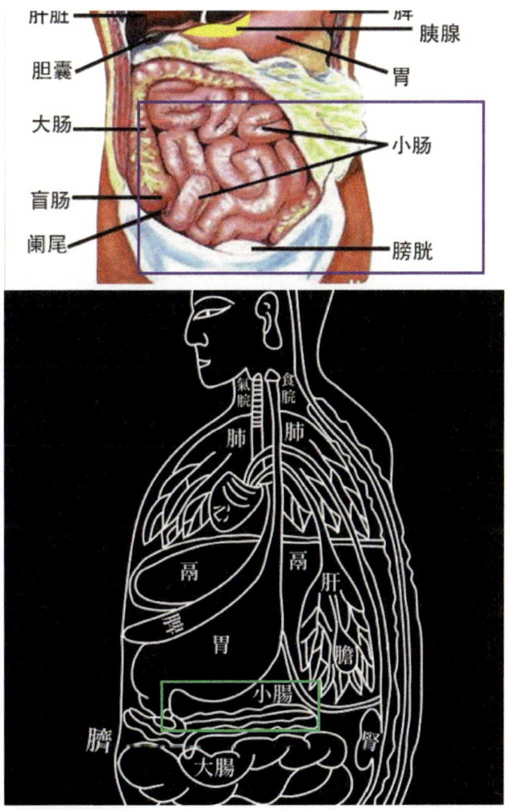

그림 5-39

3) 소장(小腸): 양화(陽火) ~ 표(表)

심(心): 음화(陰火) ~ 리(裏)

⇒ 경락에 의해 서로 연결되고 결속된다.

심경(心經)의 소충(少衝)혈 → 소장경(小腸經)의 소택(少澤)혈 [그림 5-39]

(1) **해부형태**

① 배 속에 자리 잡고 있으며 위쪽 끝은 위(胃)의 유문과 연결되어 있고 아래쪽은 대장(大腸)과 통하고 있다.

② 구불구불 돌며 서로 겹쳐진 상태의 속이 빈 관 형태의 기관이다[그림 5-40].

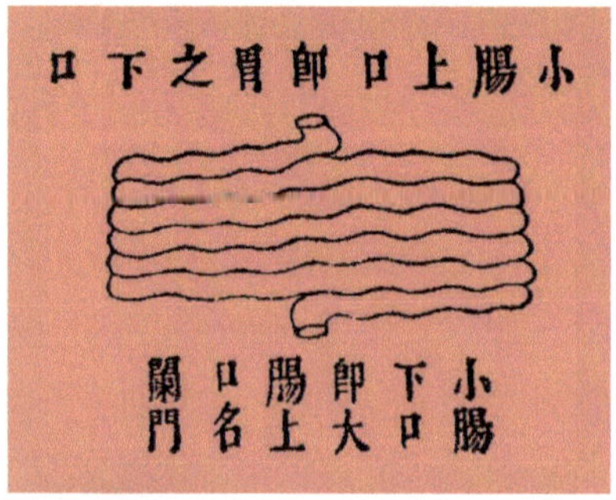

그림 5-40

(2) **생리기능**

① 식미(食糜)를 받아 담고(受: 받을 수, 盛: 그릇 성) 물질을 변화시킨다. (化物: 화물)

▸ 받아들이는(受盛: 수성) 기능의 구체적 표현이다.

- 위(胃)에서 초보적으로 소화된 음식물을 접수하는데 받아 담는 용기 그릇이다.
- 초보적으로 소화된 음식물이 소장에서 일정한 시간 동안 다시 소화하고 재흡수한다.

▸ 물질을 변화시키는(化物: 화물) 구체적 표현으로 정미(精微)와 찌꺼기(糟粕: 고체)로 변화된다.

② 청(淸:맑고 깨끗함)한 것과 탁(濁:혼탁, 더러움)한 것을 구분한다. (泌別淸濁: 비별청탁)

- 수곡(水穀: 음식물)을 청탁(淸濁)으로 구분하여 재흡수와 배설로 경로를 나누어준다.
- 청(淸)은 흡수되는 영양 물질로 수곡정미(水穀精微)의 표현이고 비(脾)의 승청(昇淸), 산정(散精) 기능을 통하여 심과 폐로 운송되어 전신으로 공급한다.
- 탁(濁)은 노폐물, 흡수 불가능한 것이다.
  • 탁(濁: 노폐물)한 것 중에서 수분(水液: 수액)은 신(腎)의 기화(氣化)작용에 의하여 소변으로 생산되어 방광(膀胱)에서 저장되고 요도를 통하여 체외로 배출된다.
  • 탁(濁: 노폐물)한 것 중에서 찌꺼기(糟粕: 조박, 고체)는 대장(大腸)으로 운반되어, 그중 진액(津液: 영양물질〈액체)은 다시 흡수되고 나머지는 대변(고형물)으로 형성되어 체외로 배출된다.

(3) **생리특성**

① 청(淸)한 것은 위로 오르고 (昇淸: 승청), 탁(濁)한 것은 아래로 내려간다.(降濁: 강탁)

- 오르고 내리는 것(昇降: 승강)을 통해서 청탁을 구분하고 수성, 화물 기능을 실현한다.
- 소장의 승강(昇降)기능이 불균형화 되어서 구토, 복부 팽창, 설사 증상이 나타난다.
- 이 생리특성으로 인해 비(脾)의 승청(昇淸)과 위(胃)의 강탁(降濁)이 구체적으로 실현된다.
  ⇒ 그리하여 치료시 비위(脾胃)를 먼저 치료한다.

(4) **미용에서의 응용**

① 안면 부위의 여드름에 관여하므로 이마, 귀밑, 턱선에 여드름이나 트러블이 많이 나타난다.

② 음식물 찌꺼기(노폐물)를 하강시켜 대장으로 내려보내는(강탁) 특성의 장애로 인해서 복부 팽만, 가스, 무기력감 등 증상이 나타난다.

4) 대장(大腸): 양금(陽金) ~ 표(表)

폐(肺): 음금(陰金) ~ 리(裏)

⇒ 경락에 의해 서로 연결되고 결속된다.

폐경(肺經)의 열결(列缺)혈 → 대장경(大腸經)의 상양(商陽)혈 [그림 5-41]

(1) 해부형태

① 복강 안에 자리잡고 그 위쪽 끝은 소장과 연결되고 아래 끝은 항문과 연결된다.

② 구부러지고 겹친 형태이다.

③ 회장, S자 결장, 직장을 대장에 포함한다[그림 5-42].

(2) 생리기능

① 찌꺼기(糟粕:고체)를 전달하고 변화시킨다(傳: 전달, 化: 변화).

- 대장은 소장에서 청탁을 구분한 후의 노폐물(糟粕)을 받고 다시 그중에 포함된 수분을 재흡수하여 대변(고형물)을 형성한다.
- 형성된 대변(고형물)은 항문에서 체외로 배출된다.
- 대장의 기능에 장애가 발생하여 대변의 질과 양의 변화, 대변횟수에 영향을 미친다.

② 진액(津液: 영양물질〈액체)을 주관한다.

- 대변(고형물)을 형성하여 체외로 배출시키기 위해 수분을 재흡수한다.
- 대장에서 흡수한 수분은 "체내의 수액대사 기능 조절"에 참여한다.

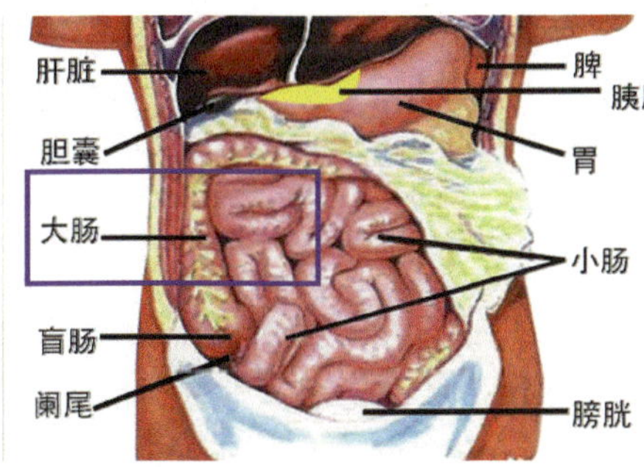

그림 5-41

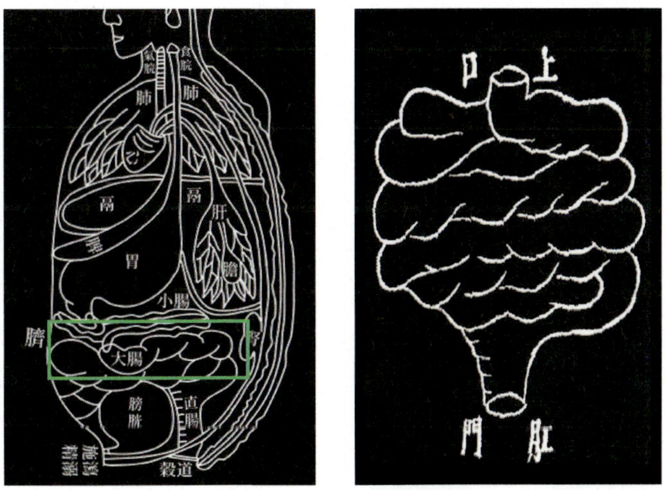

그림 5-42

(3) 생리특성

① 순리대로 내려가고(降: 내릴 강) 뚫려야(通: 뚫릴 통) 정상이다.

= 하행(下行)은 육부(六腑) 모두 해당되지만, 특히 대장(大腸)에게 요구된다.

(4) 미용에서의 응용

① 대장(大腸) 기능에 이상이 나타날 경우, S결장 부위의 강한 압통과 저항 감각 등을 느끼고 눌렀을 때 '꾸르륵'하고 밀리는 느낌을 느낄 수 있다.

② 비위(脾胃)와 같이 하복부 비대로 하체 비만이 나타난다.

③ 턱 주위의 외모 손상성 질병이 발생되는데, 주로 여드름, 색소침착 등이 많이 나타난다.

5) 방광(膀胱): 양수(陽水) ~ 표(表)

신(腎): 음수(陰水) ~ 리(裏)

⇒ 경락에 의해 서로 연결되고, 결속된다.

방광경(膀胱經)의 지음(至陰)혈 → 신경(腎經)의 용천(涌泉)혈 [그림 5-43]

(1) 해부형태

① 하복부, 신(腎) 아래, 대장 앞에 자리 잡고 있다.

② 여성은 자궁 앞에 자리 잡고 있다.

③ 위로는 수뇨관 및 신장과 통하고 아래로는 요도와 연결되어 전음(前陰)에서 열린다[그림 5-44].

(2) 생리기능

① 요액(尿液)을 저장한다.

- 인체의 수액대사 과정에서 폐(肺), 비(脾), 신(腎)의 각 기능들에 의해 전신에 분포하여 인체를 습윤시킨다.

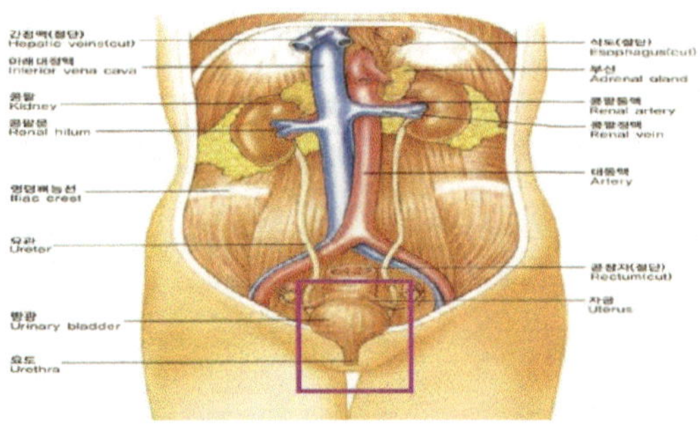

그림 5-41

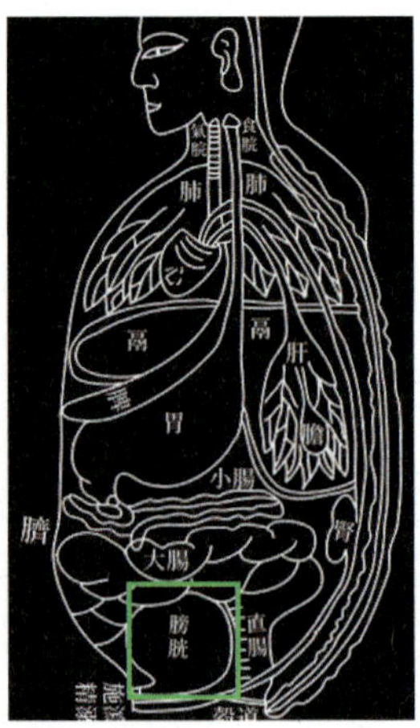

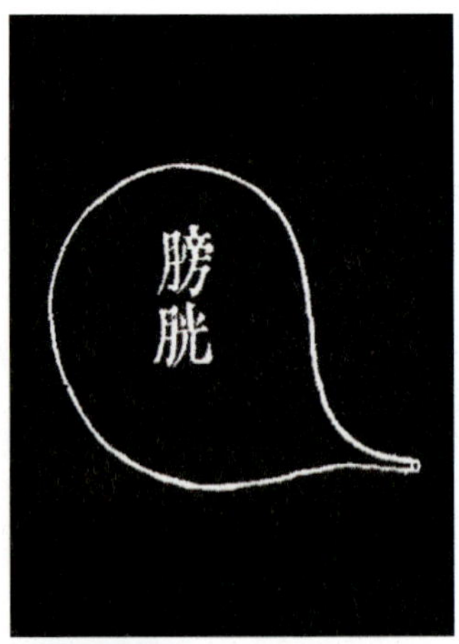

그림 5-42

- 사용된 수액은 신(腎)으로 다시 돌아와서 기화(氣化) 작용에 의하여 청(淸)한 것은 체내로, 탁(濁)한 것은 체외로 방광(膀胱)에 저장된다.

② 요액(尿液)을 배설한다.

- 일정량이 방광(膀胱)에 저장된 후, 기화(氣化) 작용에 의해 배출한다.

(3) 생리특성

① 열고 닫는 것을 조정한다(司: 맡길 사, 開: 열 개, 合: 합칠 합).

- 요액(尿液)을 저장하고 배설하는 것은 방광(膀胱)의 기능일지라도 신(腎)의 기능과 밀접한 관계를 가진다.
- 방광(膀胱)의 요액(尿液) 저장 기능과 신기(腎氣)의 고섭(固攝) 기능은 서로 연관된다.
- 요액(尿液)을 배출하는 기능과 신(腎)과 방광(膀胱)의 기화(氣化) 작용이 서로 연관된다.

(4) 미용에서의 응용

① 얼굴에 주름이 생기고 피부 탄력이 떨어진다.

② 눈 주변에 다크써클이 생긴다.

③ 머리카락이 윤기가 없고 푸석푸석해지며 가늘어지며 심해지면 탈모증상이 나타난다.

④ 손과 발, 손등, 발등에 부종이 나타난다.

6) 삼초(三焦): 양화(陽火) ~ 표(表)

심포(心包): 음화(陰火) ~ 리(裏)

⇒경락에 의해 서로 연결되고, 결속된다.

심포경(心包經)의 노궁(勞宮)혈 → 삼초경(三焦經)의 관충(關衝)혈 [그림 5-45]

(1) 해부형태 = 孤府(고부)

- 실체적인 장기의 형태는 아니지만 흉복강(胸腹腔)에 분포되어 있는 오장(五臟) 육부(六腑) 중 가장 큰 장부이다.

① 상초(上焦): 심(心), 폐(肺)

② 중초(中焦): 비(脾), 위(胃)

③ 하초(下焦): 간(肝), 신(腎), 방광(膀胱), 대장(大腸), 소장(小腸), 자궁(女子胞) 등

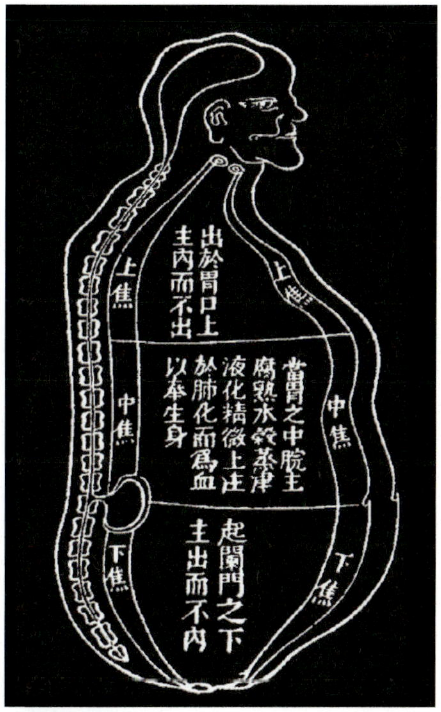

그림 5-45

(2) 생리기능

① 원기(元氣: 인체의 가장 근본적 기) 통행(通行) 시킨다.

- 원기(元氣) = 선천적 정(精)으로 변화 + 후천적 정(精)으로 영양을 공급한다: 인체 장부 음양(陰陽)의 근본이며 생명활동의 원동력이다.

  ⇒ 인체의 기기(氣機: 승강출입)를 조절한다.

② 음식물(水穀: 수곡)을 운행한다.

- 특히 수액의 소화, 흡수, 분포 및 배설 등 전체적인 과정에 참여한다.

  ⇒ 수액대사의 통로의 역할을 한다.

(3) 생리특성

① 상초(上焦)는 안개(霧: 무)와 같다: 심(心)과 폐(肺)는 위(上)에서 전신에 영양을 공급한다. 수납을 주관하는 중초의 비(脾), 위(胃)에서 수곡정미(水穀精微)를 받는다.

② 중초(中焦)는 거품(漚: 구)과 같다: 비위(脾胃)의 수납, 부숙 및 운화 기능이 변화를 주관하므로 수곡정미(水穀精微)를 기혈(氣血)로 생성한다.

③ 하초(下焦)는 저울추(瀆: 독)와 같다: 아래로 소통하고 밖으로 배설한다. 즉 내보내는 것을 주관하는데 소변과 대변 배출을 주관한다.

(4) 미용에서의 응용

① 상초(上焦: 심, 폐): 피부를 윤택하게 해준다.

② 중초(中焦: 비, 위): 근육을 풍만하게 해준다.

③ 하초(下焦: 간, 신, 방광): 피부노화를 방지한다.

4 육부(六腑)간의 관계

▶ 육부(六腑)의 생리적 기능

- 음식물(水穀: 수곡)을 받아들여서 소화, 숙성, 흡수, 운반한다.
- 육부 사이간의 관계는 주로 "음식물의 소화 및 흡수와 배설" 과정에서 서로 연결된다.

① 위(胃)에서 음식물(水穀: 수곡)을 받아들인 후(受納: 수납), 부패와 숙성 시키는(腐熟: 부숙) "초보적소화단계"를 진행하여 식미(食糜: 죽)로 전환된다.

② 전화된 식미(食糜)는 위(胃)의 통하고 하강하는(通降: 통강) 기능에 의하여 소장(小腸)으로 운반된다.

③ 담(膽)은 담즙을 배설하여 소장(小腸)에 분비하고 소장(小腸)의 소화를 도와준다.

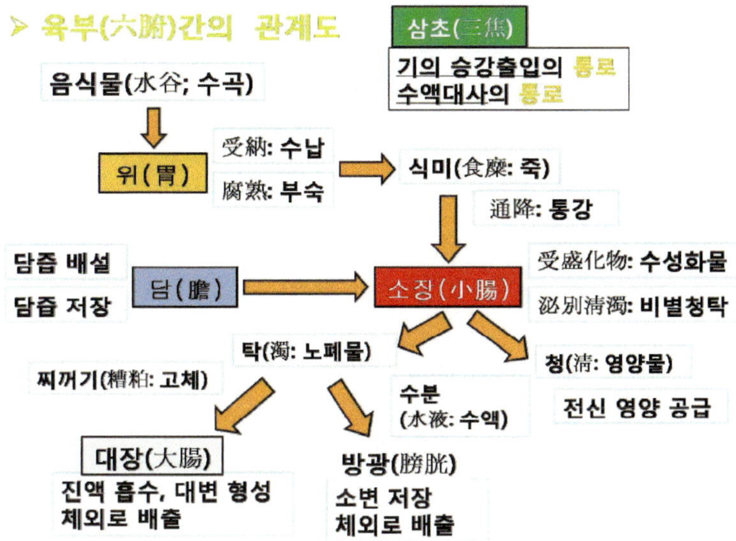

그림 5-46

④ 소장(小腸)은 식미(食糜)를 받아들여서(受盛: 수성) 청(淸: 영양물질=수곡정미(水穀精微)한 것과 탁(濁: 노폐물)한 것을 구분한다. → 비별청탁(泌別淸濁)

⑤ 소장(小腸) 에서 구분한 수곡정미(水穀精微)는 비(脾)의 운화작용을 통해서 전신으로 영양을 공급한다.

⑥ 탁(濁: 노폐물)한 것 중에서 수분(水液: 수액)과 찌꺼기(糟粕: 고체)를 구분하여 수분(水液: 영양물질〉액체)은 방광(膀胱)에 운반된다.

⑦ 신(腎)의 기화(氣化) 작용에 의하여 소변으로 생산되어 방광(膀胱)에서 저장되고 요도를 통하여 체외로 배출된다.

⑧ 탁(濁: 노폐물)한 것 중에서 찌꺼기(糟粕: 고체)는 대장(大腸)으로 운반되어 다시 진액(津液: 영양물질〈액체)을 흡수하고 대변(고형물)을 형성하여 체외로 배출한다.

⑨ 삼초(三焦)는 기(氣)의 승강출입의 통로이자 수액대사의 통로이다[그림 5-46].

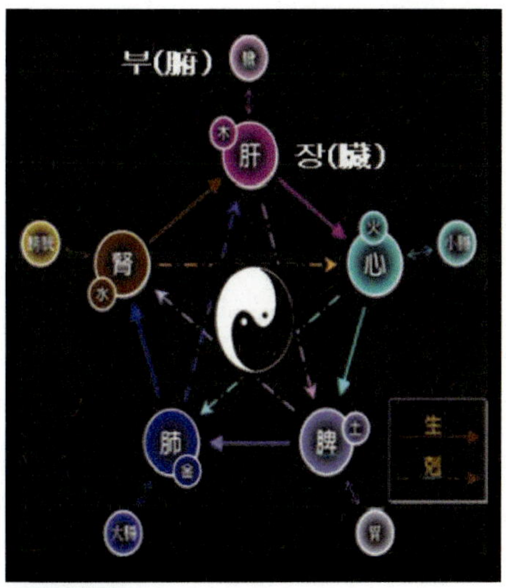

그림 5-47

▶ **장부(臟腑)들 간의 관계** [그림 5-47]

- 인체는 오장(五臟)을 중심으로 육부(六腑)들이 각 장(臟)마다 서로 표리(表裏)관계로 배합하여 물질의 기초인 "기혈진액(氣血津液)"을 경락(經絡)을 통하여 순행한다.
- 장(臟)과 장(臟), 장(臟)과 부(腑), 부(腑)와 부(腑) 사이에 밀접하게 연결되어 인체는 하나의 유기적 통일체를 구성한다. ⇒ "정체관(整體觀)"

- 장부들 간의 관계는 해부학적 구조에서 표현될 뿐만 아니라 생리 기능에서도 상호제약, 의존 및 협동 관계에서 중요하게 표현되고 있다[그림 5-48].
- 이런 관계들이 오장(五臟)의 상생(相生), 상극(相克) 관계, 오장(五臟)의 계통 분류 속성 관계, 오장(五臟)의 기혈(氣血) 음양(陰陽) 관계 등 여러면으로 표현된다.
- 주로 장(臟)과 장(臟)의 관계, 장(臟)과 부(腑)의 관계, 부(腑)와 부(腑)의 관계로 표현된다.

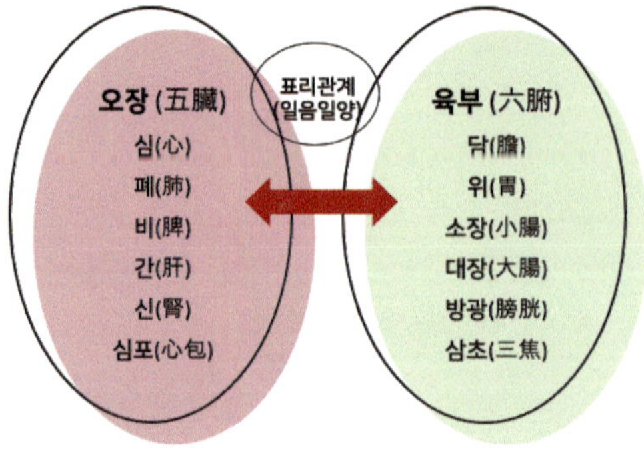

그림 5-48

5 장(臟)과 장(臟)의 관계

1	심(心)	폐(肺)	상초(上焦)에서의 기(氣)와 혈(血)
2		비(脾)	혈액의 생성 및 운행
3		간(肝)	혈액의 운행 및 저장
			정신과 감정의 조절
4		신(腎)	심신상교(心腎相交)
			정신호용(精神互用)
			군상안위(君相安位)
5	폐(肺)	비(脾)	기(氣)의 생성
			수액 대사
6		간(肝)	기기(氣機)의 조절
7		신(腎)	수액 대사
			호흡 운동
			음양호자(陰陽互資)
8	비(脾)	간(肝)	음식물 소화
			혈액의 운행
9		신(腎)	선천적, 후천적 상호(相互) 자생(資生)
			수액 대사
10	간(肝)	신(腎)	간신동원(肝腎同源)

1) 심(心)과 폐(肺)의 관계 [그림 5-49]

▶ 심(心)은 혈맥(血: 피 혈, 脈: 혈관 맥)을 주관한다.

⇒ 인체의 혈(血)을 주관한다.

심(心)혈(血)은 폐(肺)의 기(氣)를 통해서 운반된다.

▶ 폐(肺)는 기(氣)를 주관한다.

⇒ 인체의 기(氣)를 주관한다.

백맥(百脈)은 폐에 모이고 심장을 도와서 혈액을 운행한다.

- 심장을 도와 혈액 순환을 주관한다[그림 5-50].

"종기(宗氣)": 심(心)의 박동과 폐(肺) 호흡의 중심 축으로 심맥(心脈)을 관통시키고 호흡 운동을 조절하는 작용을 일으킨다.

종기(宗氣: 후천의 기) = 폐(肺)에서 흡수한 청기(淸氣) + 비(脾)에서 흡수한 수곡정기(水穀精氣)

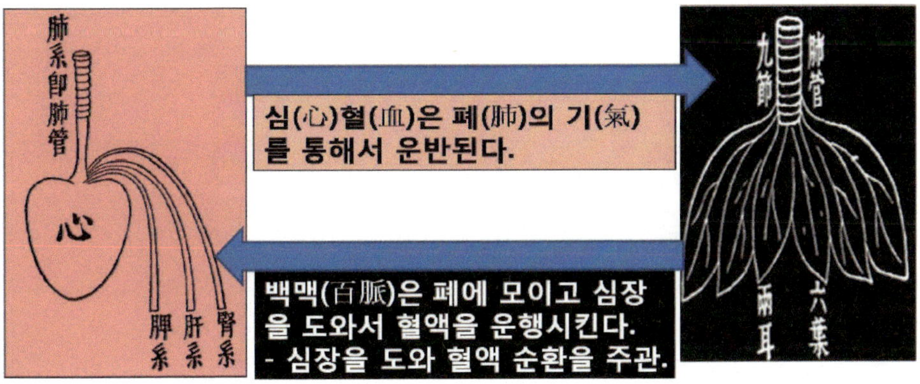

그림 5-49

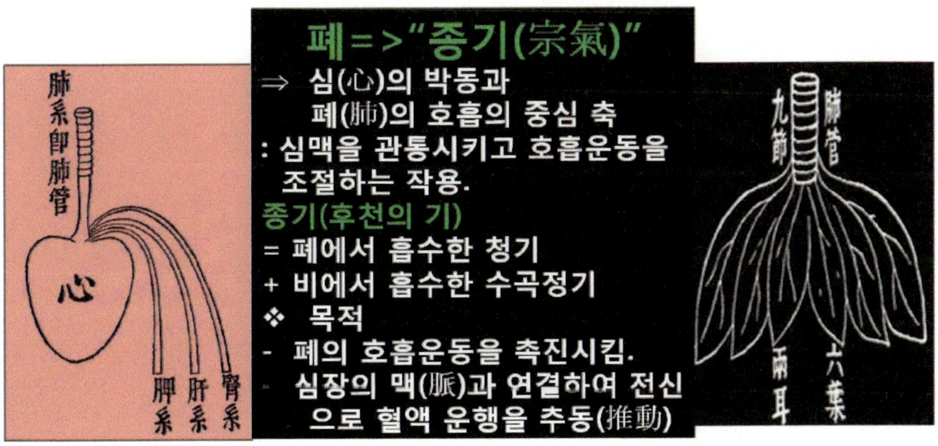

그림 5-50

* 목적

- 폐(肺)의 호흡운동을 촉진한다.
- 심장의 맥(脈)과 연결하여 전신으로 혈액 운행을 추동(推動)한다.

2) 심(心)과 비(脾)의 관계 [그림 5-51]

▶ 비(脾)는 수곡정미(水穀精微)의 운화(運: 운반, 化: 변화)를 주관한다.

승청(昇淸)을 주관한다.

미세한 수곡정미의 영양 물질을 심과 폐로 올려서 수송, 심맥(心脈)과 연결되고 적색으로 변하여 혈(血)이 생성된다.

▶ 심(心)은 혈맥(血: 피 혈, 脈: 혈관 맥)을 주관한다.

⇒ 인체의 혈(血)을 주관한다.

비(脾)의 기(氣)가 왕성 ⇒기혈(氣血)의 생성, 변화(生化)의 원천(源)

혈액을 생성한다.(生血)

▶ 심(心)의 혈액(血液) 충영(充盈): 혈액이 가득 차고 충만하다. ⇒ 혈액 정상 운행의 기본 조건

▶ 심(心)은 혈맥(血: 피 혈, 脈: 혈관 맥)을 주관한다.

- 맥(脈): 심기(心氣)의 추동(推動: 추진), 심장 박동과 맥관(脈管: 혈관)의 수축과 이완을 조절한다. ⇒ 혈류의 속도를 조절해준다. (완급 조절)

▶ 비(脾)는 혈액을 통솔한다.(統血)

- 혈액을 통솔하여 혈액을 경맥(經脈) 속에서 운행시키며 맥(脈) 밖으로 넘쳐 흐르지 않게 조절한다. ⇒ 혈류 출혈방지, 정상적인 혈액 운행을 유지한다.

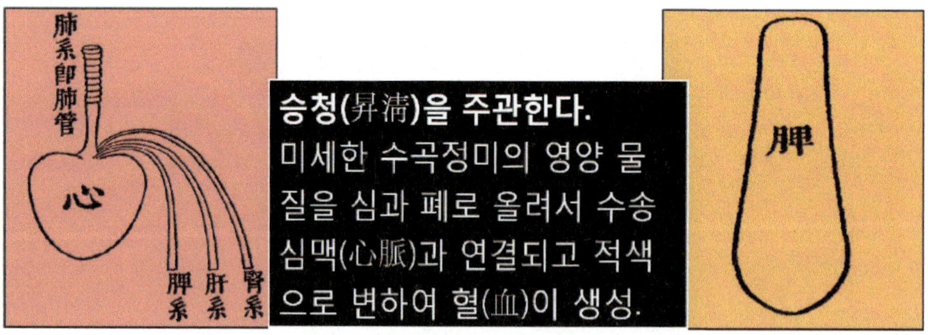

그림 5-51

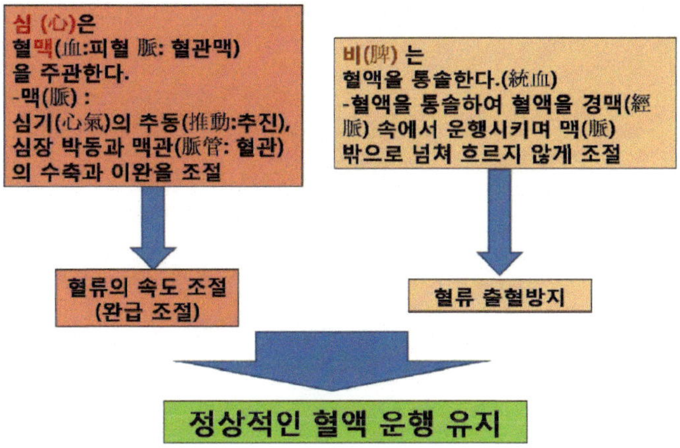

그림 5-52

3) 심(心)과 간(肝)의 관계

- 심(心)은 혈맥(血:피 혈, 脈: 혈관 맥)을 주관한다: 심(心)의 기(氣)가 혈액을 추동시켜서 운행한다.
- 간(肝)은 혈액을 저장한다. = 장혈(藏血)

  혈액을 저장한다.

  a. 혈액을 저장한다.

  b. 출혈을 방지한다.

  c. 혈류량을 조절한다.
- 심(心)은 신(神: 정신)을 저장한다.

  - 사람의 정신, 의식, 사유, 감정 활동 및 성격 경향 등을 조절한다.

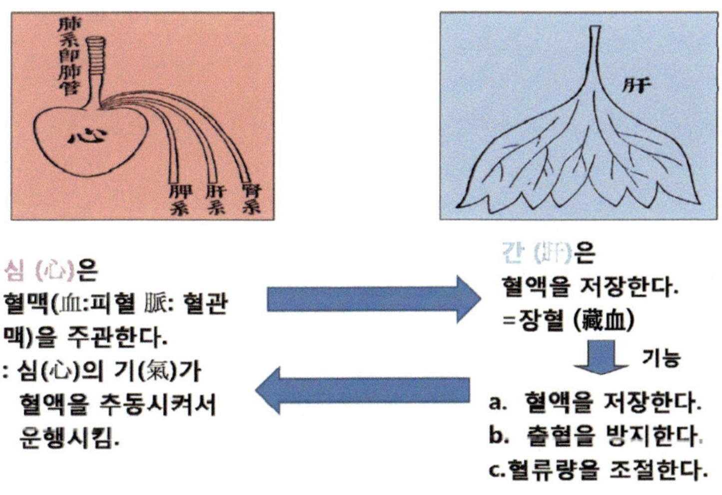

그림 5-53

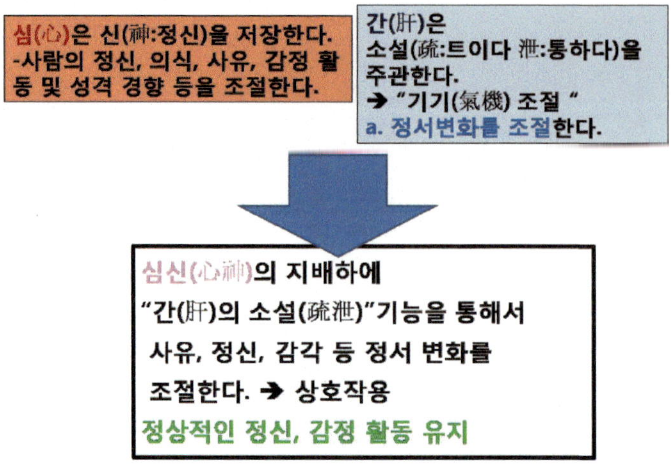

그림 5-54

▸ 간(肝)은 소설(疏: 트이다, 泄: 통하다)을 주관하여 "기기(氣機)를 조절한다."

a. 정서변화를 조절한다.

심신(心神)의 지배하에 "간(肝)의 소설(疏泄)" 기능을 통해서 사유, 정신, 감각 등 정서 변화를 조절한다. ⇒ 서로 쌍방으로 사용해주는 관계인 호근(互根)호용(互用)을 설정할 수 있다.

그리하여 정상적인 정신과 감정 활동을 유지시켜준다.

4) 심(心)과 신(腎)의 관계 [그림 5-55]

불(火)과 물(水), 양(陽)과 음(陰), 신(神)과 정(精)이 서로 조절하고 돕는 관계로 "심신상교(心腎相交)"라 칭한다.

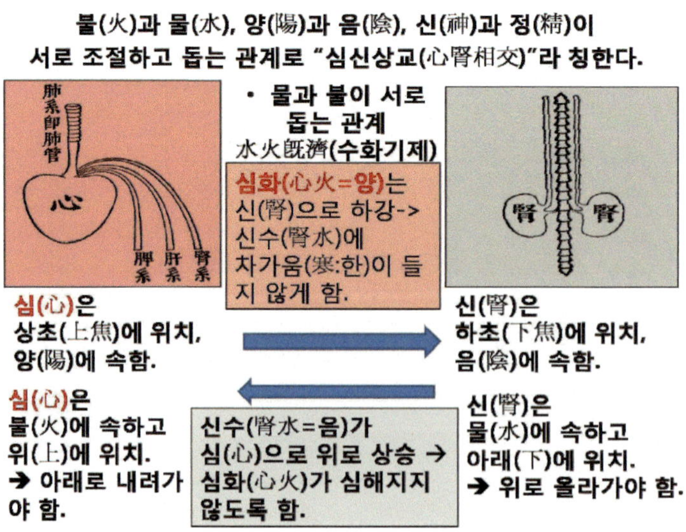

그림 5-55

▶ 심(心)은 상초(上焦)에 위치, 양(陽)에 속한다.

- 심(心)은 불(火)에 속하고 위(上)에 위치하여 아래로 내려가야 한다.
- 심화(心火=양)는 신(腎)으로 하강→ 신수(腎水)에 차가움(寒: 한)이 들지 않게 한다.

▶ 신(腎)은 하초(下焦)에 위치, 음(陰)에 속한다.

- 신(腎)은 물(水)에 속하고 아래(下)에 위치하여 위로 올라가야 한다.
- 신수(腎水= 음)가 심(心)으로 위로 상승하여 심화(心火)가 심해지지 않도록 한다.

▶ 심(心)은 신(神: 정신)을 저장한다.

- 신(神)은 기(氣)를 지배하고 정(精)과 기(氣)의 주인이다.

▶ 신(腎)은 정(精: 영양 중심 물질)을 저장한다.

- 정(精)은 기(氣)를 생성하고 기(氣)와 신(神)의 원천이다.

⇒ 신(神)은 정(精)을 제어, 통제해주며, 정(精)은 신(神)을 생성해준다.

▲ 군화(君火)와 상화(相火)가 안정되게 위치하는 관계= 군상안위(君相安位)

▶ 심(心)은 군화(君火)라 칭하고, 군화(君火)는 위(上)에 위치하여 태양처럼 인체를 내리쬐듯이 지배한다.

▶ 신(腎)은 상화(相火), 명화(命火)라 칭하고, 상화(相火)는 바로 아래(下)에 위치하고 있다.

⇒ 양기(陽氣)의 근본이자 신명(神明)의 기초이다.

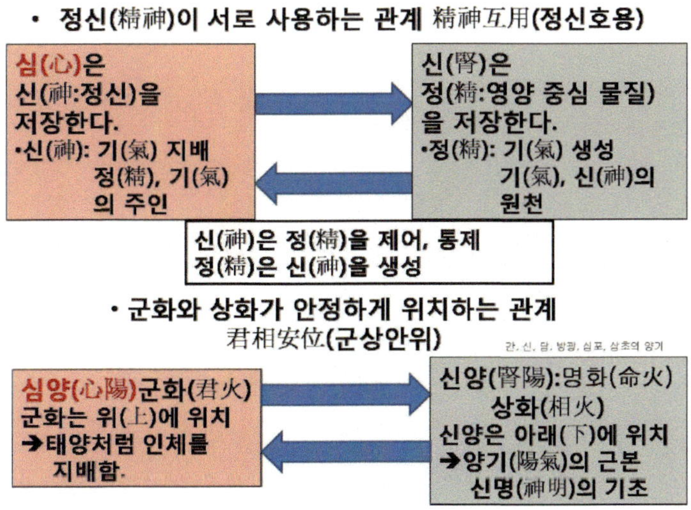

그림 5-56

5) 폐(肺)와 비(脾)의 관계

▶ 폐(肺)는 기(氣)를 주관한다.

- 호흡의 기를 주관하므로 기(氣)의 지배자이다.

▶ 비(脾)는 수곡정미(水穀精微)의 운화(運: 운반, 化: 변화)를 주관하는 기(氣)의 원천지이다.

또한 "종기(宗氣)"의 생성에 참여한다.

종기(宗氣: 후천의 기)란? 폐(肺)에서 흡수한 청기(淸氣)와 비(脾)에서 흡수한 수곡정기(水穀精氣)를 단중혈[(흉중(胸中)의 기해(氣海)]에서 생성하는 기이다.

▶ 폐(肺)는 숙강(肅降) 을 주관한다.

- 수곡정미(水穀精微: 음식물이 비위를 통과한 후, 흡수할 수 있는 영양물질)와 진액(津液)을 체내 장부조직에 분포시킨다.

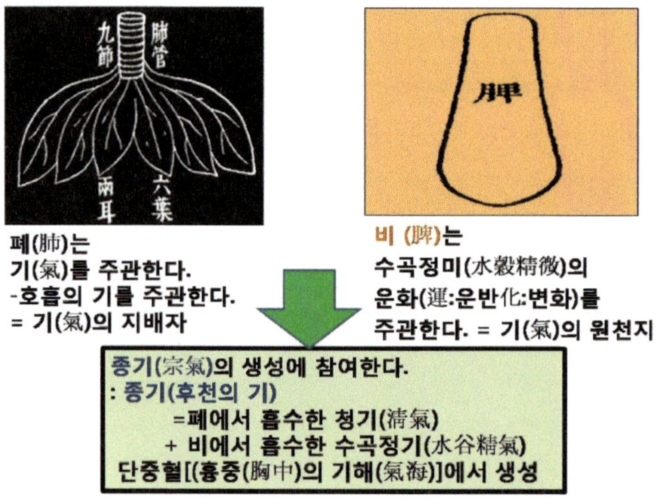

그림 5-57

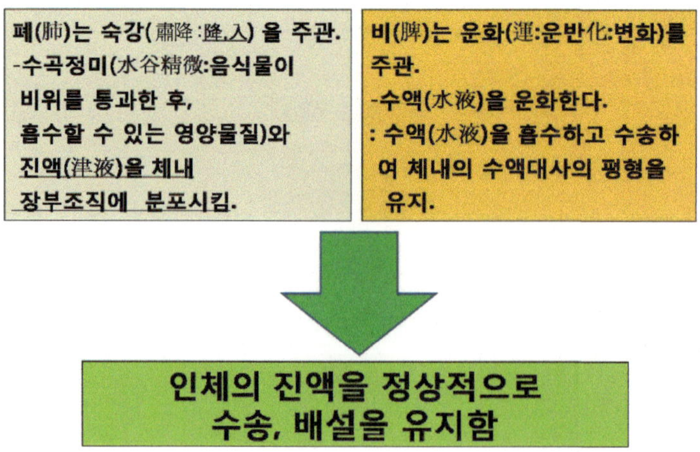

그림 5-58

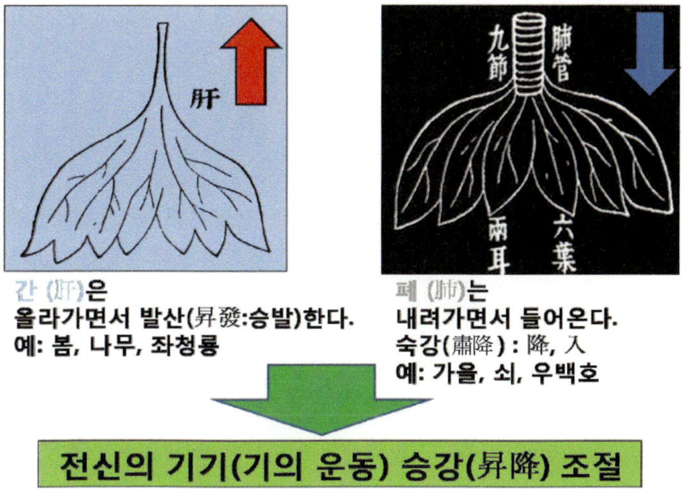

그림 5-59

▸ 비(脾)는 운화(運: 운반, 化: 변화)를 주관한다.

- 수액(水液)을 운화한다: 수액(水液)을 흡수하고 수송하여 체내의 수액대사의 평형을 유지한다.

⇒ 인체의 진액을 정상적으로 수송, 배설을 유지한다.

6) 폐(肺)와 간(肝)의 관계 [그림 5-59]

▸ 간(肝)은 올라가면서 발산(昇發: 승발)한다.

예: 봄, 나무, 좌청룡

▸ 폐(肺)는 내려가면서 들어온다. 숙강(肅降): 降, 入

예: 가을, 쇠, 우백호

⇒전신의 기기(氣機: 기의 운동) 중 승강(昇降)을 조절시켜준다.

7) 폐(肺)와 신(腎)의 관계

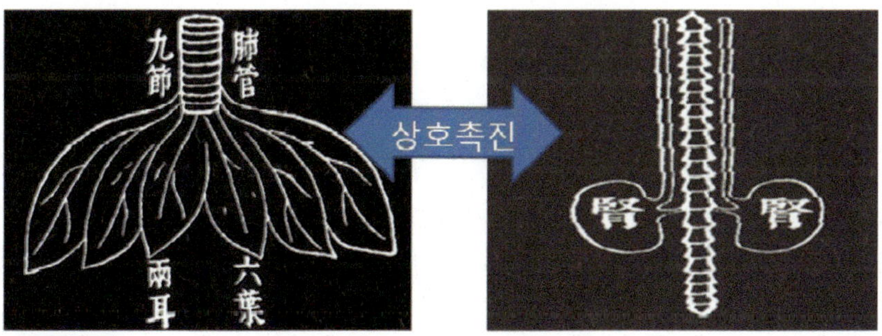

그림 5-60

▸ 폐(肺)는 선발(宣發)과 숙강(肅降)의 기능을 주관한다.

- 수도(水道: 수액대사)를 소통(疏通)하고 조절(調節)한다: 물의 상원(上源)이다.

▸ 신(腎)은 수액(水液)을 주관함.

- 신의 정기(精氣)의 기화(氣化, 변화)를 통해서 체내의 진액을 수송, 분포 및 배설을 진행한다.
- 체내의 체액대사 평형을 유지시켜준다.
- 신(腎) = 수장(水藏)으로 물에 소속되어 있다: 물의 하원(下源)이다.

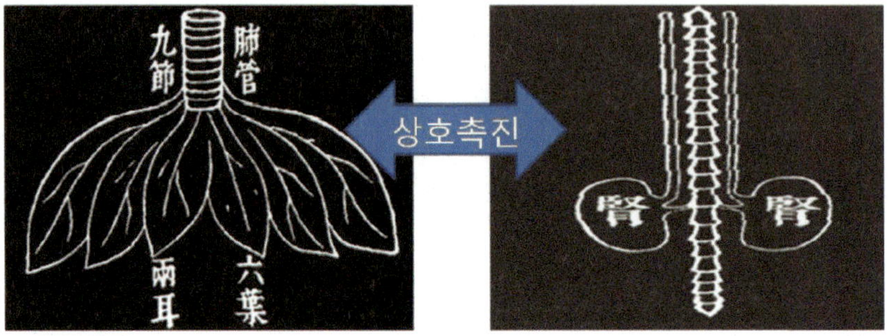

그림 5-61

▸ 폐(肺)는 기(氣)를 주관한다.

- 호흡의 기(氣)를 주관한다.

= 기(氣)의 지배자이자 주인이다.

▸ 신(腎)은 정(精: 영양 중심 물질)을 저장하고 기를 들이마신다(納氣): 호흡운동은 폐(肺)가 주관하나 흡수된 기(氣)는 신(腎)에 귀속된다.

= 기(氣)의 근본이자 뿌리이다.

▸ 폐(肺) = 금(金)에 속한다.

금(金)은 수(水)의 어머니(相生: 상생)로 신(腎)은 전신 음액(陰液)의 근본이다.

= 음액(陰液)의 상호 자생(資生) 관계

▸ 신(腎)은 전신 양기(陽氣)의 근본으로 폐(肺)의 양(陽)을 도와 진액의 수송과 분포를 추동한다.

= 양기(陽氣)의 상호 자생(資生) 관계

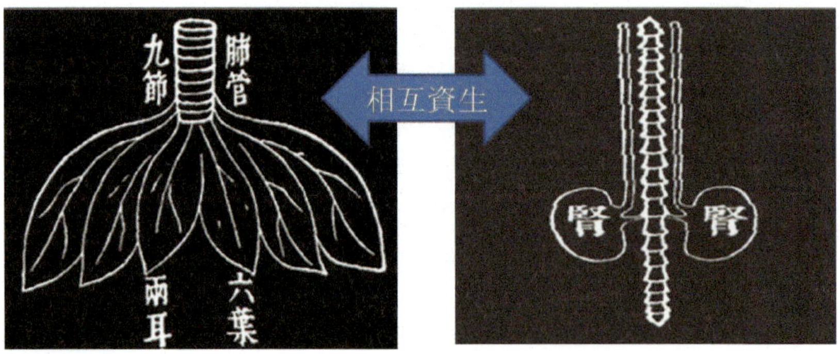

그림 5-62

8) 비(脾)와 간(肝)의 관계

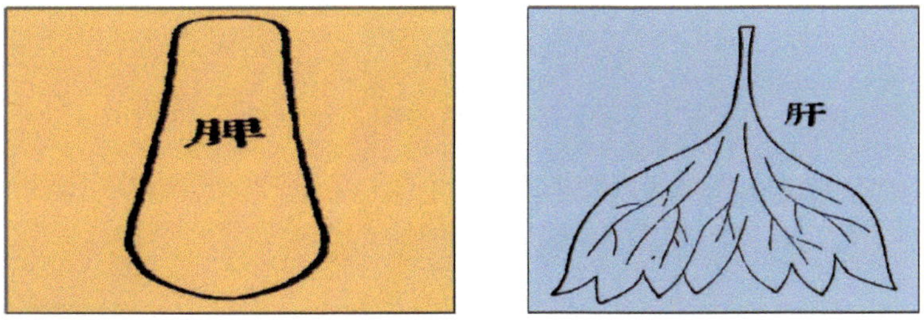

그림 5-63

▶ 비 (脾)는 수곡정미(水穀精微)의 운화(運: 운반, 化: 변화)를 주관한다.

▶ 간(肝)은 소설(疏: 트이다, 泄: 통하다)을 주관한다.

그리하여 "기기(氣機)를 조절"하여 비위 승강기능을 촉진하고 담즙 배설도 촉진한다.

⇒ 음식물 소화 및 정미의 흡수와 수송, 분포를 정상적으로 유지

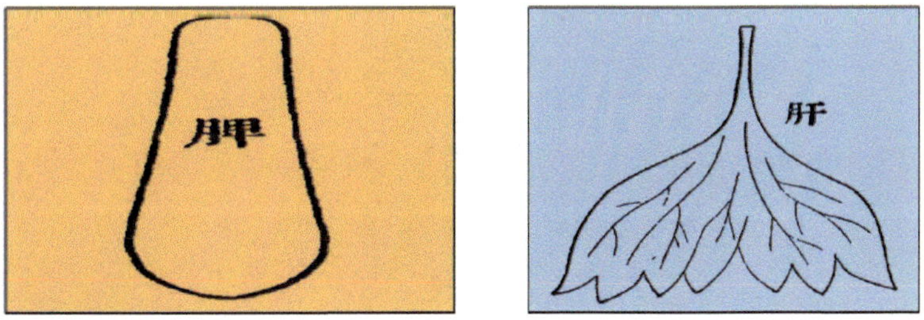

그림 5-64

▶ 비(脾)는 혈(血)을 생성하고 통솔한다.

- 혈액을 생성한다(生血).
- 혈액을 통솔한다(統血).

▶ 간 (肝)은 혈액을 저장한다.

a. 혈액을 저장한다.

b. 출혈을 방지한다.

c. 혈류량을 조절한다.

⇒ 혈액의 정상 운행을 공통적으로 유지시켜준다.

9) 비(脾)와 신(腎)의 관계

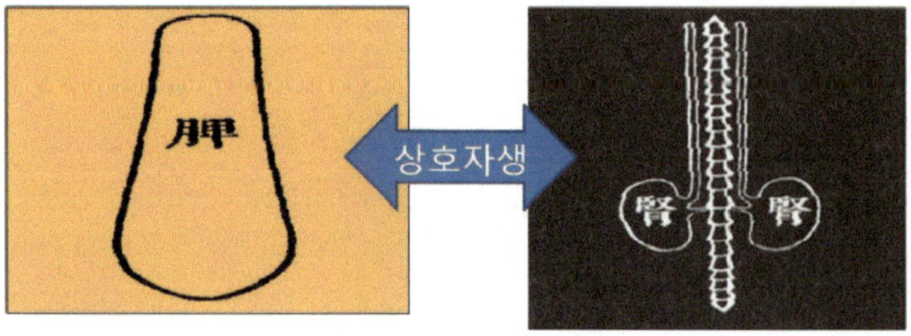

그림 5-65

▸ 비(脾)는 수곡정미(水穀精微)의 운화(運: 운반, 化: 변화)를 주관한다.

⇒ 기혈(氣血)을 생성하기 때문에 후천의 근본이다.

▸ 신(腎)은 폐장(閉藏)이고, 선천적 정(精)을 저장한다.

⇒ 생명의 원동력이기 때문에 선천의 근본이다.

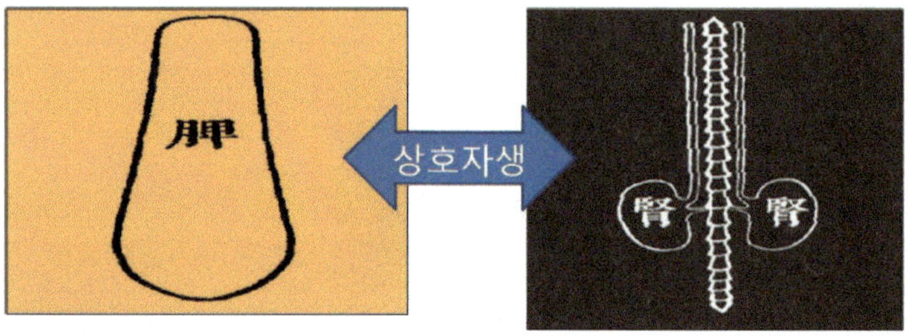

그림 5-66

▸ 비(脾)는 운화(運: 운반, 化: 변화)를 주관한다.

- 수액(水液)을 운화한다.

: 수액(水液)을 흡수하고 수송하여 체내의 수액대사의 평형을 유지한다.

▸ 신(腎)은 수액(水液)을 주관한다.

- 신(腎)의 정기(精氣)의 기화(氣化) 작용을 통해서 체내의 진액을 수송, 분포 및 배설을 진행한다.
- 체내의 체액대사 평형을 유지한다.
- 신(腎)은 대표적인 물의 장(水藏)이다.

(10) 간(肝)과 신(腎)의 관계

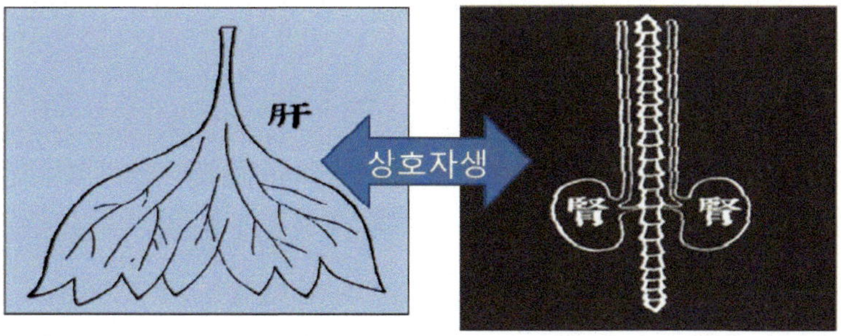

그림 5-67

신(腎)은 정(精)을 저장한다. (=藏精)

간(肝)은 혈(血)을 저장한다. (=藏血)

수곡의 정(精)에서 생성, 변화되었기 때문에 근본이 같다.

: 신(腎)정(精)은 골수를 생성하고 골수는 간(肝)혈(血)을 생성한다.

- 간신(肝腎)동원(同源)
- 정혈(精血)동원(同源)

6 장(臟)과 부(腑)의 관계

1	심(心)	소장(小腸)	혈액의 생성
2	폐(肺)	대장(大腸)	노폐물의 체외 배출
3	비(脾)	위(胃)	소화 흡수 및 승강작용
4	간(肝)	담(膽)	소화 기능
5	신(腎)	방광(膀胱)	요액(尿液) 생성, 저장 및 배출

◆ **장(臟)과 부(腑)의 관계**

사실상 장부(臟腑)의 음양(陰陽) 표리(表里)의 배합 관계를 가리킨다.

▶ 하나의 장(臟)과 하나의 부(腑)가 표리(表裏)의 배합관계의 근거가 되는 이유는 ?

1. 경락(經絡)으로 장부(臟腑)가 서로 연결되고, 결속되어 있다.
2. 해부학적 구조상에서 연접되어 있다.

예) 담(膽)은 간(肝) 엽 사이에 붙어 있고 비위(脾胃)는 막으로 연결되어 있으며 신(腎)과 방광(膀胱)은 하나의 계통으로 서로 통한다.

3. 생리적 기능상에서 기화(氣化) 작용을 통해서 서로 연결되어 있다.

예) 위(胃)의 수납, 발효 기능은 비기(脾氣)의 운화를 통해 추진한다.

4. 병리적으로도 장부(臟腑)가 서로 영향을 미친다.

예) 장병(臟病)이 부(腑)에 미치거나 부병(腑病)이 장(臟)에 미치게 된다.

1) 심(心)과 소장(小腸)의 관계

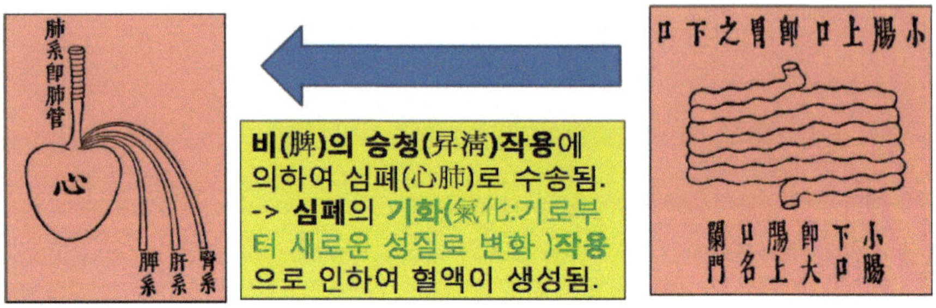

그림 5-68

▶ 소장 (小腸)은 식미(食糜)를 받아 담고 물질을 변화한다.
또한 청(淸: 맑고 깨끗함)한 것과 탁(濁: 혼탁, 더러움)한 것을 구분한다.

▶ 비(脾)의 승청(昇淸)작용에 의하여 심폐(心肺)로 수송되고, 심폐의 기화(氣化: 기(氣)로부터 새로운 성질로 변화)작용으로 인하여 혈액이 생성된다.

▶ 심(心)은 혈맥(血: 피 혈, 脈: 혈관 맥)을 주관한다.
혈액을 생성하여 혈액(血液)이 충영(充盈)해진다. 즉, 혈액이 가득 차고 충만하다는 뜻이다.
그리하여 정상적인 혈액 운행의 기본 조건을 갖추게 된다.

2) 폐(肺)와 대장(大腸)의 관계

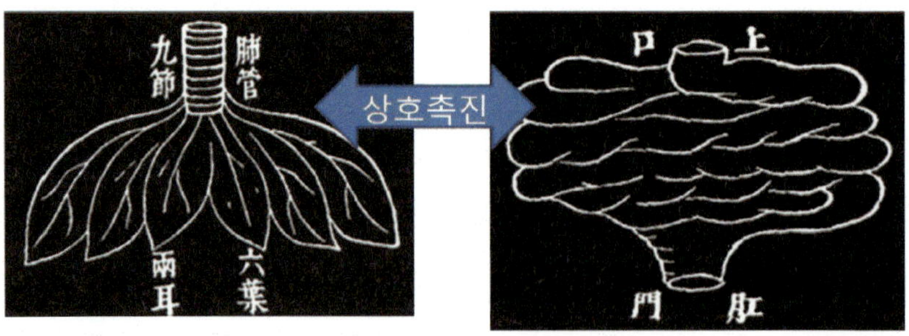

그림 5-69

▸ 폐(肺)는 숙강[肅降: 강(降), 입(入)] 기능이 있다.

- 수곡정미(水穀精微: 음식물이 비위(脾胃)를 통과한 후, 흡수할 수 있는 영양물질)와 진액(津液)을 체내 장부 조직에 분포시키고 이물질을 제거하여 폐(肺)와 다른 호흡기관들도 청결을 유지한다.

▸ 대장(大腸)은 찌꺼기(糟粕: 조박, 고체)를 전달하고 변화한다. (傳: 전달, 化: 변화)

- 대장(大腸)은 소장에서 청탁을 구분한 후의 노폐물(糟粕)을 받고, 다시 그중에 포함된 수분을 재흡수하여 대변(고형물)을 형성, 체외로 배출한다.

3) 비(脾)와 위(胃)의 관계

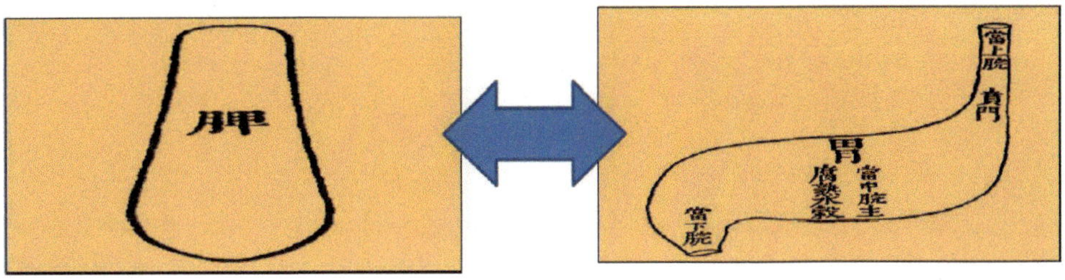

그림 5-70

▸ 비(脾)는 운화(運: 운반, 化: 변화)를 주관한다.

- 위(上)로 상승해야 건강하다.
- 건조(燥)함을 좋아하고 습(濕)함을 싫어한다.

⇒ 태음(太陰)습토(濕土)의 장(臟)

▸ 위(胃)는 음식물(水穀: 수곡/물, 곡식)을 받아들인다. (受納: 수납)

- 순리대로 내려가고(降: 내릴 강) 뚫려야(通: 뚫릴 통) 정상이다.
- 습(濕)함을 좋아하고 건조(燥)함을 싫어한다.

⇒ 양명(陽明)조토(燥土)의 부(腑)

4) 간(肝)과 담(膽)의 관계

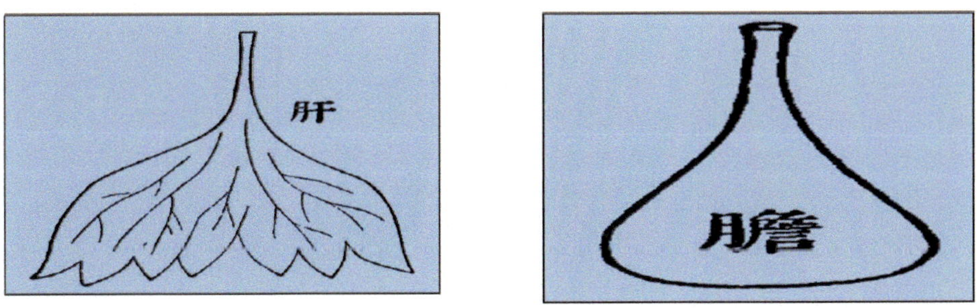

그림 5-71

▸ 간(肝)은 소설(疏: 트이다, 泄: 통하다)을 주관한다.

- 소화, 흡수를 촉진한다. 또한 비승(脾昇) 위강(胃降) 작용에 따라 기(氣)의 중추 작용을 협조, 조절하고 담즙의 형성과 배설을 정상화한다.

▸ 담(膽)은 담즙(膽汁)을 저장하고 배설한다.

- 간(肝)에서 분비, 배설한 담즙은 담(膽)에서 농축해 저장하고, 담(膽)에 저장된 담즙은 간(肝)의 소설(疏泄) 기능에 의해 소장(小腸)으로 흘러 내려가 음식물의 소화와 흡수를 촉진한다.

  ⇒ 비위(脾胃)가 음식물 소화 시 도움을 주는 역할을 한다.

5) 신(腎)과 방광(膀胱)의 관계

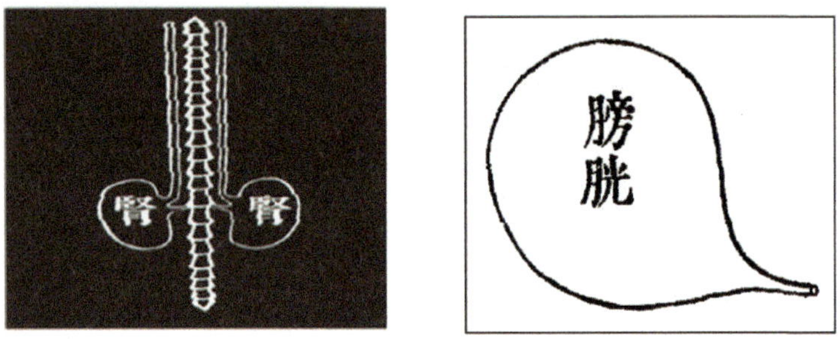

그림 5-72

▸ 신(腎)은 수액(水液)을 주관한다.

- 신의 정기(精氣)의 기화(氣化변화)를 통해서 체내의 진액을 수송, 분포, 배설을 진행한다.

  = 수장(水藏)

▸ 방광(膀胱)은 소변을 저장하고 배설한다. = 수부(水腑)

  ⇒ 소변을 생성, 저장 및 배설하는 공통적인 기능으로 신기(腎氣)의 강약을 결정한다.

7 기항지부(奇恒之腑)

(奇: 기이함, 다르다. 恒: 늘, 정상 之: ~의 腑: 육부) [그림 5-73]

- 종류: 뇌(腦), 골수(骨髓), 뼈(骨), 맥(脈), 자궁(女子胞) + ["담(膽)": 육부에도 포함한다.]
- 구조적 특성: 육부와 유사하다 = 대다수가 공강성(空腔性) 기관이다.
- 생리기능: 오장과 유사하다 = "정기(精氣)"를 생성, 저장한다.
- 생리적 특성: "장이부사(藏而不瀉)": 저장하나 배설하지 않는다.

그림 5-73

1) 뇌(腦)

= 골수(骨髓)의 바다(海)

▶ 생리기능

① 정신 사상을 주관한다: 원신(元神)의 부서(府)= 최초의 정신, 사유 활동 부서

② 감각운동을 주관한다: 뇌의 부위가 제일 높고 모든 자극을 받아들이기 쉽기 때문에 귀, 눈, 입, 코의 자극이 뇌에 모인다고 인식한다.

2) 골수(骨髓)

▶ 생리기능

① 뇌의 정상적인 기능을 유지한다.

② 골격을 자양한다: 골수는 뼈에 자리 잡고 있기 때문에 뼈는 골수의 보양을 받는다.

③ 혈액을 변화, 생성한다: 신(腎)은 정(精)을 저장하고, 정(精)은 골수(骨髓)를 생산하며, 골수(骨髓)는 조혈(造血)기관이다.

3) 뼈(骨)

▶ 생리기능

① 골수(骨髓)를 저장한다.

② 형체를 지지한다: 인체를 지지하고 장부 기관 조직을 보호하는 기둥으로 일정한 형태를 유지한다.

③ 운동을 주관한다: 인체의 힘줄은 골격에 붙고 근육과 연결되어 골격을 움직여서 운동을 시킨다.

4) 맥(脈)

▶ 생리기능

① 기혈(氣血)을 운행시키는 통로이다: 기혈(氣血)은 혈맥에 따라 전신에 분포되어 각 장부 조직 기관의 생리기능에 영양공급을 시켜준다.

② 전신의 신호를 반영한다: 기혈(氣血)운행의 통로로서 각 장부와 긴밀히 연결되어 있다.

= 전신의 기능이 왕성하면, 기혈(氣血)이 충족되어 맥박이 정상으로 돌아온다.

5) 자궁(女子胞)

별명 ⇒ 여자포(女子胞), 포궁(胞宮), 자궁(子宮)

▶ 생리기능

① 월경을 주관한다: 여자들의 발육이 성숙된 후, 월경을 조절하는 기관이다.

⇒ 여자는 14세 전후가 되면 신기(腎氣)가 왕성하고, 자궁 발육이 끝나면 월경이 시작한다.

⇒ 49세 전후가 되면 호르몬 역할을 하는 천계(天癸)가 부족해지고 충맥(衝脈)과 임맥(任脈) 역시 조절이 비정상이 되어 폐경이 된다.

② 태아를 발육시킨다: 여자의 발육이 성숙되면 월경이 일정하게 오는 동시에 생식 능력을 가지게 된다.

⇒ 이성과 교합하면 정기를 받아들여 임신을 하게 된다.

⇒ 임신 후에는 태아를 보호하고, 태아를 발육시키는 기관이다.

학습정리

1. 장상(藏象)은 오장(五臟), 육부(六腑), 기항지부(寄恒之腑)를 모두 포함한다.

2. 장상(藏象)의 특징에는 오장(五臟)을 중심으로 하는 정체관(整體觀), 오장(五臟)과 자연 환경의 통일성(統一性)이 있다.

3. 오장(五臟)의 종류에는 심(心)[+심포락(心包絡)], 폐(肺), 비(脾), 간(肝), 신(腎)이 있다.

4. 육부(六腑)의 종류에는 소장(小腸), 대장(大腸), 위(胃), 담(膽), 방광(膀胱), 삼초(三焦)가 있다.

5. 기항지부(寄恒之腑)의 종류에는 뇌(腦), 골수(骨髓), 뼈(骨), 맥(脈), 담(膽), 자궁(女子胞)이 있다.

6. 심(心)의 생리기능은 혈맥(血脈)을 주관하고 신(神)을 저장한다. 심(心)의 생리특성은 양장(陽臟)으로 양기(陽氣)를 주관하고 심기(心氣)는 하기(夏氣)와 상응한다.

7. 폐(肺)의 생리기능은 기(氣), 선발(宣發)과 숙강(肅降)의 기능을 주관한다. 또한 수도(水道)를 소통(疏通)하고 조절(調節)시키며 백맥(百脈)은 폐에 모이고 심장을 도와서 혈액을 운행시키고 치절(治節)을 주관한다. 폐(肺)의 생리특성은 화개(華盖), 교장(嬌臟)이며 폐기(肺氣)는 추기(秋氣)와 상응한다.

8. 비(脾)의 생리기능은 운화(運: 운반, 化: 변화)를 주관하고 혈(血)을 생성하고 통솔하며 승청(昇淸)을 주관한다. 비(脾)의 생리특성은 위로 상승하고 건조(燥)함을 좋아하고 습(濕)함을 싫어하며 비의 기(脾氣)는 늦여름 기(長夏氣)와 상응한다.

9. 간(肝)의 생리기능은 소설(疏: 트이다, 泄: 통하다)을 주관하고 혈액을 저장한다. 간(肝)의 생리특성은 뻗어나가고 통하는 것을 좋아하지만 막혀서 정체되어 있는 것을 좋아하지 않으며 강장(剛臟: 굳센 장기)이며 체음용양(體陰用陽)이다. 간의 기(肝氣)는 봄의 기(春氣)와 상응한다.

10. 신(腎)의 생리기능은 정(精)을 저장하고 수액(水液)을 주관하며 기를 들이마신다. 신(腎)의 생리특성은 폐장(閉藏)이며 인체의 음(陰), 양(陽)을 주관하고 신의 기(腎氣)는 겨울의 기(冬氣)와 상응한다.

11. 담(膽)의 생리기능은 담즙(膽汁)을 저장하고 배설하며 결단을 주관한다. 담(膽)의 생리특성은 담(膽)의 기(氣)는 올라가고 성격이 편안하고 조용함을 좋아한다.

12. 위(胃)의 생리기능은 음식물(水穀: 수곡)을 받아들이고 부패와 숙성 시킨다. 위(胃)의 생리특성은 순리대로 내려가고 뚫려야 정상이다. 또한 습(濕)함을 좋아하고 건조(燥)함을 싫어한다.

13. 소장(小腸)의 생리기능은 식미(食糜)를 받아 담고 물질을 변화시키며 청(淸:맑고 깨끗함)한 것과 탁(濁: 혼탁, 더러움)한 것을 구분한다. 소장(小腸)의 생리특성은 청(淸)한 것은 위로 오르고, 탁(濁)한 것은 아래로 내려간다.

14. 대장(大腸)의 생리기능은 찌꺼기(糟粕: 고체)를 전달하고 변화시키며 진액(津液)을 주관한다. 대장(大腸)의 생리특성은 순리대로 내려가고 뚫려야 정상이다.

15. 방광(膀胱)의 생리기능은 요액을 저장하고 배설한다. 방광(膀胱)의 생리특성은 열고 닫는 것을 조정한다.

16. 삼초(三焦)의 생리기능은 원기(元氣: 인체의 가장 근본적 기)를 통행(通行)시키고 음식물(水穀: 수곡)을 운행한다. 삼초(三焦)의 생리특성은 상초는 안개(霧: 무)와 같고, 중초는 거품(漚: 구)과 같다. 또한 하초는 저울추(瀆: 독)와 같다.

17. 뇌(腦)의 생리기능은 정신사상과 감각운동을 주관한다.

18. 골수(骨髓)의 생리기능은 뇌의 정상적인 기능 유지와 골격을 자양하며 혈액을 변화, 생성시킨다.

19. 뼈(骨)의 생리기능은 골수(骨髓)를 저장하고 형체를 지지하며 운동을 주관한다.

20. 맥(脈)의 생리기능은 기혈을 운행시키는 통로이면서 전신의 신호를 반영한다.

21. 자궁(女子胞)의 생리기능 월경을 주관하며 태아를 발육시킨다.

6

기혈정진액학설(氣血精津液學說)과 미용

학습목표

1. 정의 개념, 생성, 기능에 대하여 이해하고 설명할 수 있도록 학습한다.
2. 기의 개념, 생성, 기능, 분류, 미용에서의 응용에 대하여 해하고 설명할 수 있도록 학습한다.
3. 혈의 개념, 생성, 기능, 순행, 미용에서의 응용에 대하여 이해하고 설명할 수 있도록 학습한다.
4. 진액의 개념, 대사, 기능, 미용에서의 응용에 대하여 이해하고 설명할 수 있도록 학습한다.

학습개요

1. 정(精)
   1) 정(精)의 개념
   2) 정(精)의 생성
   3) 정(精)의 기능
2. 기(氣)
   1) 기(氣)의 개념
   2) 기(氣)의 생성
   3) 기(氣)의 기능
   4) 기(氣)의 분류
   5) 미용에서의 응용
3. 혈(血)
   1) 혈(血)의 개념
   2) 혈(血)의 생성
   3) 혈(血)의 기능
   4) 혈(血)의 순행
   5) 미용에서의 응용
4. 진액(津液)
   1) 진액(津液)의 개념
   2) 진액(津液)의 대사
   3) 진액(津液)의 기능
   4) 미용에서의 응용

학습내용

◆ 인체를 구성하고 인체의 생명활동을 유지하는 기본적 물질 [그림 6-1]

- 정(精): 인체 내에서 기 氣를 통하여 변화, 생성하는 정밀하고 미세한 물질
- 기(氣): 인체 내에서 활동력이 강하고 끊임없이 움직이는 매우 미세하여 눈으로 볼 수 없는 정밀하고 미세한 물질
- 혈(血): 혈관(脈: 맥)안에서 운행하는 빨간 액체 물질
- 진액(津液): 인체 내의 모든 정상적인 액체 총칭

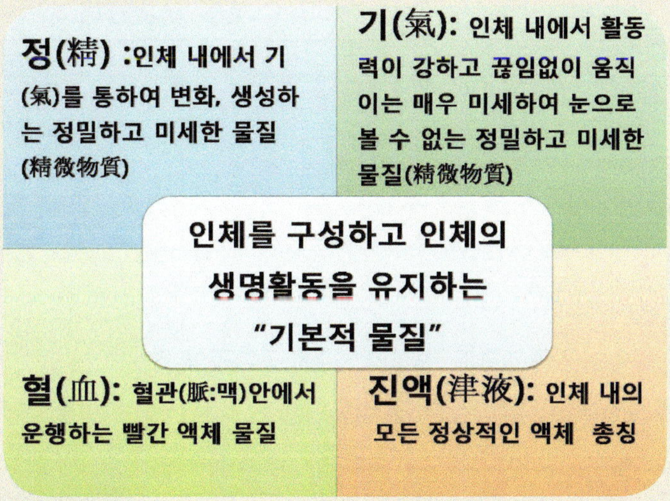

그림 6-1

◆ 인체의 생명 물질 [그림 6-2]

"양(陽)"

움직임(動), 기(氣)

→ 추진력 있게 움직이고 따뜻하게 해준다(끊임없이 운행하고 뭉치지 않는 성질).

↓ 기화(氣化)

기(氣)와 정(精), 혈(血), 진액(津液) 사이에는 서로 변화, 생성 및 전화(질적 변화)를 통해서

상호 생명활동을 형체화로 체현시킨다.

"음(陰)"

정지(靜), 정(精), 혈(血), 진액(津液)

→ 촉촉하게 적셔주고 윤택하게 해준다(평온하고 감추어 저장하는 성질).

선천적인 정(先天之精)

후천적인 정(後天之精)

그림 6-2

1 정(精: 맑을, 정밀 정)

1) 정(精)의 개념

▸ 좁은 의미: 후대를 번식하고 번영하는 작용을 갖춘 생식(生殖)의 정(精)

= 선천적인 정(先天之精), 생식의 정(生殖之精)

▸ 넓은 의미: 인체 내에 혈(血), 진액(津液), 골수(骨髓) 및 수곡정미(水穀精微) 등 모든 정밀하고 미세한 물질(精微物質) [그림 6-3]

선천적인 정(先天之精)

후천적인 정(後天之精)

그림 6-3

2) 정(精)의 생성

▸ 선천적인 정(先天之精): 유전

- 부모에게서 물려받은 것으로 태아를 형성시키는 원시(原始)적인 물질

▸ 후천적인 정(候天之精): 음식

- 비(脾)의 기(氣) 운화(運化)를 통한 음식물(水穀: 수곡) = 수곡의 정(水穀之精)
- 사람이 출생 후, 생명활동을 유지하기 위한 정밀하고 미세한 물질(精微物質: 정미물질) = 후천적 정(後天之精)

▸ 선천적 정(先天之精) ←-------→ 후천적 정(候天之精)

서로 촉진하고 서로 보조해주고, 상부상조 관계를 형성한다.

3) 정(精)의 기능

(1) 생명(生命)을 번성, 번식시킨다[그림 6-4].

- 신(腎)에 저장되어 있던 선천적 정(精)에 출생 후, 수곡(水穀)으로 획득한 후천적 정(精)의 영양 공급으로 만들어진다.

  ⇒ 생식의 정(生殖之精)으로 생명을 번성 및 번식시킨다. (생식 기능 주관)

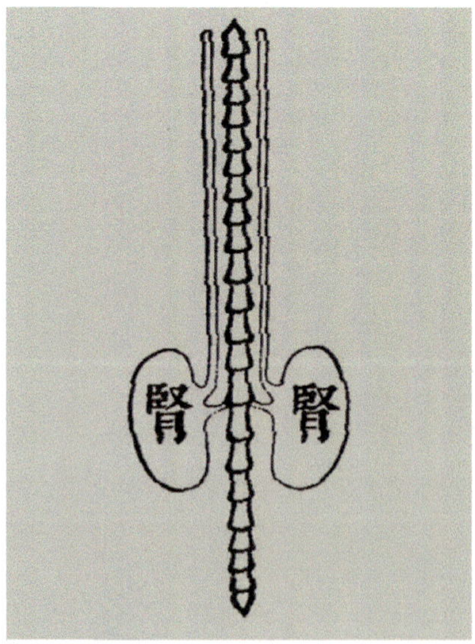

그림 6-4

(2) 영양을 공급한다.(=濡: 젖을 유, 養: 기를 양)

- 오장(五臟)에 저장된 정(精)이 충만하면, 오장(五臟)과 연관된 육부(六腑), 형체(形體), 관규(官竅) 등이 윤택해지고 영양을 공급하게 된다. (성장 및 발육 기능 촉진)

(3) 혈액을 생성, 변화시킨다.(=化血)

- 수곡의 정(水穀之精)이자 후천적 정(後天之精)으로 혈액의 생성 및 변화의 원천이다.
- 신(腎)에 저장되어 있던 정(精)으로 간(肝)의 혈(血)로 저장된다.
  ⇒ 정혈(精血)동원(同源): 신(腎)의 정(精)은 골수(骨髓)를 생성하고, 골수(骨髓)는 혈액을 생성한다.
  ⇒ 간신(肝腎)동원(同源): 간(肝)은 혈(血)을 저장하고, 신(腎)은 정(精)을 저장한다.

(4) 기(氣)를 생성하고, 변화시킨다. (=化氣)

- 선천적 정(先天之精)이 변화되어 "원기(元氣: 인체의 가장 근본적인 기)"로 생성된다.

▸ 원기(元氣)

선천적 정(先天之精)이 변화되어 후천적 정(候天之精)으로 영양을 공급해준다.
인체 장부(臟腑) 음양(陰陽)의 근본이며 생명활동의 원동력이다.

- 수곡의 정(水穀之精)은 후천적 정(候天之精)으로 변화되어 생성된 "곡기(穀氣)"와 폐(肺)에서 흡수한 자연계의"청기(淸氣: CO_2)"가 신체의 기(一身之氣)를 형성한다.

▸ 신체의 기(一身之氣)

각 장부 기능을 조절하고, 추동시키고 생명활동을 유지시킨다.
외부의 사기(邪氣)에 대해 방어한다. (면역능력)

(5) 신(神: 정신)을 생성, 변화시킨다. (=化神) [그림 6-5]

- 정(精): 신(神)을 생성, 변화하는 물질적 기초
  ↓化
- 신(神): 인체 생명활동의 외재적 표현

▸ 심(心)과 신(腎)의 관계: 정신(精神)이 서로 사용하는 관계 ⇒ 정신호용(精神互用)

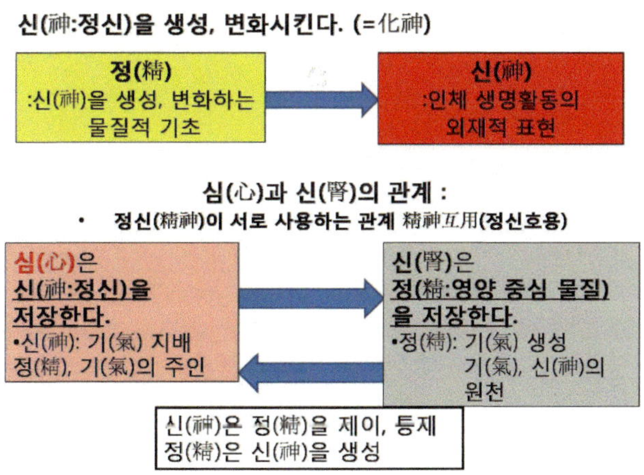

그림 6-5

- 심(心)은 신(神: 정신)을 저장한다.
  = 신(神): 기(氣) 지배, 정(精), 기(氣)의 주인(主人)
  ↑ ↓
- 신(腎)은 정(精: 영양 중심 물질)을 저장한다.
  = 정(精): 기(氣) 생성, 기(氣), 신(神)의 원천(源泉)

2 기(氣: 기운, 공기, 성질) [그림 6-6]

1) 기(氣)의 개념[의학적]

⇒ "인체의기(氣)": 인체를 구성하고 인체 생명활동을 유지하는 가장 기본적 물질

그림 6-6

(1) 인체가 생존을 위해 의존하는 구체적 "물질"이다.

- 인체의 기(氣)가 두 가지 형식으로 표현된다.
  a. 유형(有形)의 형식: 이미 모여서 형체를 형성한다.
     예) 장부(臟腑), 형체(形體)
  b. 무형(無形)의 형식: 널리 퍼지고 끊임없이 흐른다.
     예) 원기(元氣), 종기(宗氣)

(2) 인체 장부 조직의 "기능 활동"이다.

- 공기, 물, 음식물이 입과 코를 통하여 체내에 들어가서 계통적 기화(氣化) 작용을 통해 전화(轉化: 질적 변화)된다.

2) 기(氣)의 생성 [그림 6-7]

(1) 선천의 기(先天之氣)

- 선천적 정[(先天之精)=신(腎: 선천의 근본)의 정기(精氣)]의 저장 작용에 의해서 변화되어 생성된"선천의 정기(先天精氣)"를 말한다.

(2) 후천의 기(後天之氣)

- 수곡의 정[(水穀之精)=후천적 정]이 비위(脾胃: 후천의 근본)의 수납과 운화작용에 의해서 변화되어 생성된 "수곡정기(水穀精氣)"를 말한다.

- 수곡정기(水穀精氣)를 생성할 뿐 아니라 물질의 기초를 제공하므로 선천의 정기(先天精氣)에 영양을 공급해준다.
- 폐(肺)의 호흡을 통해 흡수한 자연계의 “청기(淸氣: CO_2)”와 비(脾)에서 흡수한 “수곡정기(水穀精氣)”를 통하여 “종기(宗氣)”의 생성에 참여한다.

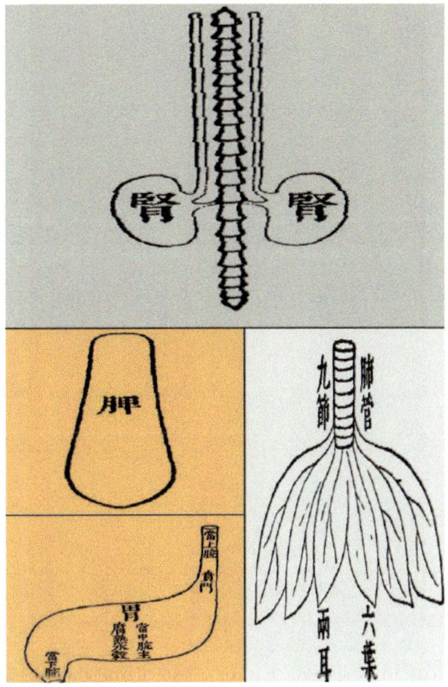

그림 6-7

3) 기(氣)의 기능 [그림 6-8]

▸ 추동(推: 밀 추, 動: 움직일 동) ↔ 고섭(固: 굳을, 단단할 고, 攝: 잡아당길 섭), 온후(溫: 따뜻할 온, 煦: 불 후), 방어(防: 막을 방, 禦: 막을 어), 기화(氣化: 기(氣)를 통한 변화)

(1) **추동(推動) 작용이 있다**: 기(氣)는 강한 활동력을 가진 정밀하고 미세한 물질(精微物質)이다.

a. 인체의 성장, 발육을 촉진하고, 분발시킨다.

b. 각 장부, 경락 등 조직기관의 생리활동을 촉진하고, 분발시킨다.

c. 혈액의 생성과 운행을 촉진한다.

d. 진액의 생성, 분포 및 배설등을 촉진하고, 분발시킨다.

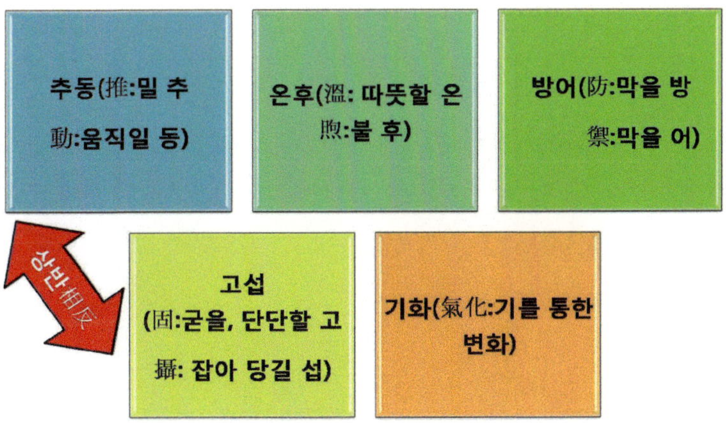

그림 6-8

(2) **온후(溫煦) 작용이 있다:** 인체의 체온을 높여주는 것은 양기(陽氣) 작용의 표현이다.

여기서 양기(陽氣)는 인체 생명 활동을 유지하는 생리적인 화(火)이고, 소화(少火)라 칭하기도 한다.

▸ 인체 내의 중요한 생리적 의의

a. 인체의 정상 체온

b. 각 장부, 경락 등의 조직 기관의 생리활동

c. 혈(血)과 진액(津液) 등 액체 물질의 정상적인 순행

⇒ 모두 기(氣)의 온후(溫煦) 작용에 의해서 진행된다.

(3) **방어(防禦)작용이 있다:** 피부를 보호하고 외부의 사기(邪氣)로부터 저항하는 작용을 의미한다.

a. 외부의 사기(邪氣) 침입을 방어, 저항한다.

b. 침입한 사기(邪氣)를 제거한다.

(4) **고섭(固攝)작용이 있다:** 정(精), 혈(血), 진액(津液) 액체 물질이 비정상적으로 유실되는 것을 방지하고 각 장부 기관의 위치들이 상대적으로 유지하는 작용을 의미한다.

↔ 추동(推動) 작용과 상반(相反) 관계이다. ⇒ 대립과 통일 두 가지 면

: 추동(推動) 작용은 혈액의 운행, 진액의 수송, 분포 및 배설을 추동 및 장부 기능 활동을 촉진한다.

(5) **기화(氣化: 기를 통한 변화)작용이 있다.**

기(氣)의 운동(氣機: 승강출입)을 통해 생성되는 각종 변화 작용을 의미한다.

예) 기(氣), 혈(血), 진(津), 액(液)의 생성은 음식물로 수곡정미를 전화시켜서 변화 된다.

→ 진액(津液)의 대사를 통하여 땀, 소변 등으로 변화되어 배설된다.

4) 기(氣)의 분류

- 조성 부분, 분포 부위, 기능적 특징에 따라 네 종류로 분류할 수 있다[그림 6-9].

(1) **원기(元氣) [= 진기(眞氣), 원기(原氣)]**

가장 근본적인 기(氣)로서, 인체의 생명활동의 원동력이다.

가장 기본적이면서도 중요한 기(氣)이다.

• 생성: 선천적인 정기(精氣)가 생성되어, 변화되고 후천의 정기(精氣)로 끊임없이 영양이 보충되고, 공급되어진다.

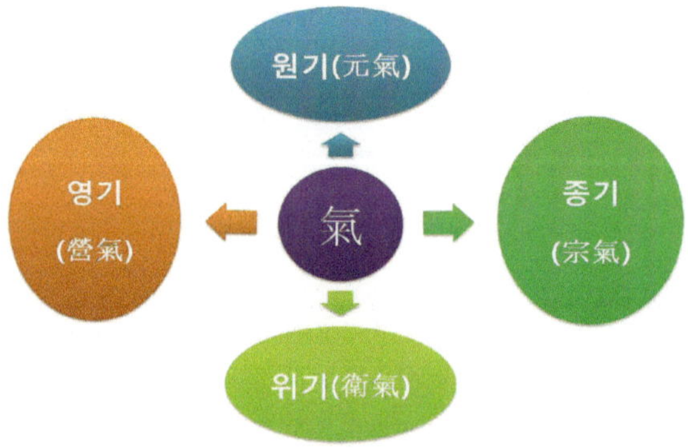

그림 6-9

- **분포:** 신(腎)에서 생산되어 삼초(三焦)의 원기(元氣)를 통행시키는 기능에 의해서 안으로는 오장육부에, 밖으로는 피부에 도달된다.
- **기능:** 장부, 경락 등의 조직 기관의 생리 활동과 기능에 추동(推動), 온후(溫煦) 작용이 있다[그림 6-10].

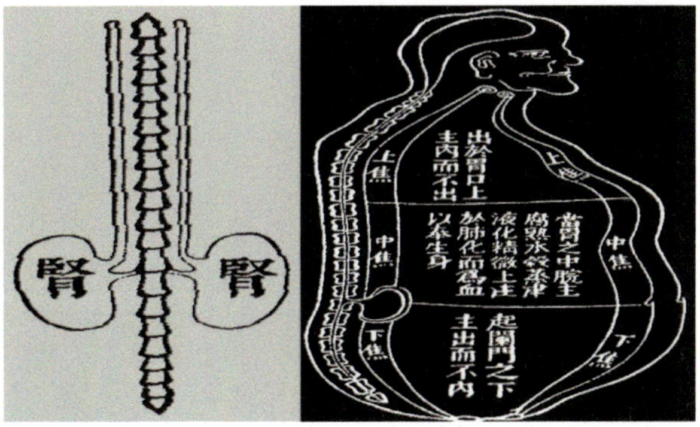

그림 6-10

(2) 종기(宗氣)

흉부(胸部)에 모인 기(氣)이다.

- **생성:** 폐(肺)에서 흡수한 청기(淸氣)와 비(脾)에서 흡수한 수곡정기(水穀精氣)가 단중혈[(흉중(胸中)의 기해(氣海)]에서 생성된다.
- **분포:** 가슴(흉부)에 모이며 위(上)로는 후두로 나가 심(心)의 맥(脈)으로 들어가고 아래(下)로는 단전(丹田)에 저장되었다가 족양명위경으로 들어간다.
- 기능
  a. 후두로 나와서 폐(肺)의 호흡운동을 촉진시킨다.
  b. 심(心)의 맥(脈)으로 들어가서 전신으로 혈액 운행을 촉진시킨다[그림 6-11].

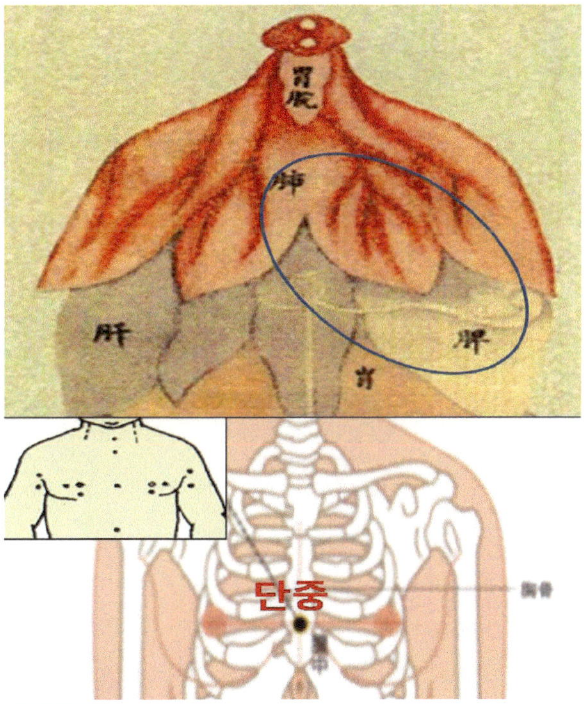

그림 6-11

(3) 영기(營氣)

혈맥(血脈)에서영양을공급해주는기(氣)이다.

영기는 맥(脈) 안에서 순행하여 혈액을 생성하고, 변화된다. = 영혈(營血) 위기(衛氣)와 상대적으로 음(陰)에 속한다. = 영음(營陰)

- **생성:** 비위(脾胃)에서 생성된 수곡정미(水穀精微)의 중심 부분에서 생성된다.
- **분포:** 경맥(經脈)을 운행하여 전신에 분포된다.
- 기능
  a. 혈액을 생성, 변화한다.
  b. 전신에 영양을 공급한다.

(4) 위기(衛氣)

맥(脈) 바깥으로 운행되고 방어기능을 가진 기(氣)이다.

영기(營氣)와 상대적으로 양(陽)에 속한다. = 위양(衛陽)

- **생성:** 비위(脾胃)에서 생성된 수곡정미(水穀精微)에서 활동력이 강하고 유동성이 있는 부분이 폐(肺)를 통과하여 맥 바깥으로 분포 및 생성된다.
- **분포:** 맥 바깥으로 수송되어 전신에 분포된다.
- **기능:** 피부를 보호하고 장부, 근육 등에 온후(溫煦) 작용을 하며 피부의 개합(開合: 열고 닫음)과 진액(津液: 땀)의 배설작용 조절한다.

5) 미용에서의 응용

(1) 기(氣)의 추동(推動)작용은 장부조직의 기능을 분발시켜서 인체의 성장, 발육을 촉진하고 혈과 진액의 생성, 운행 및 분포를 추동시킨다.

⇒ 원기(元氣)가 충분하지 못할 경우, 추동(推動)작용이 저하되어 장부기능 역시 저하되면서 인체의 성장, 발육 속도가 느려지고 노화 속도는 빨라지며 얼굴색은 광택이 없어지고 주름이 생기며 모발이 푸석푸석해지고 갈라진다.

⇒ 혈(血)의 운행이 멈추거나 원활하지 못할 경우, 수액 역시 고이게 되면서 얼굴에 기미, 황갈반, 수종 등이 발생한다.

(2) 기(氣)의 온후(溫煦) 작용을 통하여 인체의 정상적인 체온을 유지시킨다.

⇒ 기(氣)가 부족하여 온후(溫煦) 작용이 원활하지 못할 경우, 장부기능 역시 저하되고 혈, 진액이 응체되어 항시 추위를 타고 손발이 차며 얼굴색이 청자색을 띤다.

(3) 기(氣)의 방어(防禦)작용은 전신의 피부 및 얼굴의 피부를 외부의 사기(邪氣)로부터 보호해준다.

⇒ 기허(氣虛)로 인해서 외부의 사기가 코, 입, 피부에 침범하게 되면 인체 외부의 아름다움에 영향을 끼치게 되고 직접적으로 피부 손상성 질병을 일으킨다.

(4) 기(氣)의 고섭(固攝)작용은 혈, 진액 등 액체 물질이 비정상적으로 유실되지 않도록 방지해준다.

⇒ 기(氣)의 고섭(固攝)작용이 저하되어 체내의 혈이나 진액이 대량 유실 되면 각종 피부 손상성 질병이 발생한다.

⇒ 기(氣)가 혈을 고섭(固攝)하지 못할 경우, 각종 출혈이 발생하여 얼굴색 이 창백해진다.

⇒ 기(氣)가 진액을 고섭(固攝)하지 못할 경우, 자한(自汗), 다뇨증, 요실금 등 건강한 아름다움에 영향을 미친다.

(5) 기(氣)의 기화(氣化) 작용은 정, 기, 혈, 진액이 각자의 신진대사와 상호 전화시킨다.

⇒ 기화(氣化) 작용이 저하되면 기, 혈, 진액의 신진대사에 영향을 끼쳐 각종 피부 손상성 질병이 발생한다.

⇒ 수액대사가 비정상일 경우, 눈이 부으면서 온몸이 붓는다.

⇒ 혈의 기화(氣化)작용이 비정상일 경우, 얼굴색이 창백해지고 피부가 건조해지며 광택이 없어 칙칙한 모습을 띠며 탈모가 발생한다.

3 혈(血)

1) 혈(血)의 개념

혈(血)=혈액(血液): 혈관(脈: 맥) 안에서 순행하고 영양을 공급할 수 있는 붉은 액체물질을 의미한다.

⇒ 인체를 구성하고 인체 생명활동을 유지하는 기본 물질 중 하나이다.

▶ 혈(血)은 심(心)에서 주관하여 간(肝)에서 저장되고 비(脾)의 통솔을 받으며 폐(肺)에서 수송, 분포해주고 신(腎)이 근본임을 알 수 있다. 정혈동원(精血同源)

⇒ 맥(脈: 혈관) 안에서 일정한 규율을 가지고 순행하고 끊임없이 운행하여 영양을 공급하는 생리적 반응을 말한다[그림 6-12].

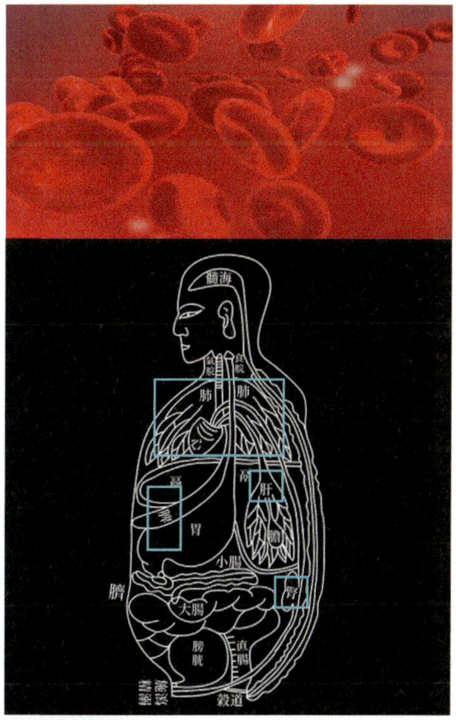

그림 6-12

2) 혈(血)의 생성 (2개의 과정)

(1) **수곡정미(水穀精微:** 영양을 흡수할 수 있는 상태로 후천적인 근본이면서 기혈(氣血)의 생성 및 변화의 원천)로부터 혈(血)이 생성된다.

a. 음식물은 위(胃)의 발효, 숙성 기능과 비(脾)의 운화 기능을 통하여 수곡정미(水穀精微: 후천적 정)로 전환된다.

b. 수곡정미(水穀精微)는 비위(脾胃)의 운화 작용과 폐(肺)가 자연계에서 흡수한 청기(淸氣)와 결합하여 종기(宗氣)를 형성한다.

c. 종기(宗氣)는 심(心)의 맥(脈)으로 들어가서 심폐(心肺)의 기화(氣化) 작용을 통하여 혈(血)로 변화되고 전신으로 혈액 운행을 촉진시킨다.

d. 이 외에 수곡정미(水穀精微)로부터 형성된 영기(營氣)와 진액(津液)은 혈액의 중요 구성성분으로 영기(營氣)는 폐(肺)로 들어간 후, 맥에서 혈로 변화되고 진액(津液)도 맥 안에서 혈액의 농도를 조절하고 유지한다.

(2) 정(精)으로부터 혈(血)을 생성한다.

a. 정(精) 역시 혈(血)과 마찬가지로 인체를 구성하고 인체 생명활동을 유지하는 기본 물질이다.

b. 신(腎)은 정(精)을 저장하고 신정(腎精: 선천적 정)은 골수(骨髓)와 간(肝)을 통해서 혈을 생성 및 저장한다.

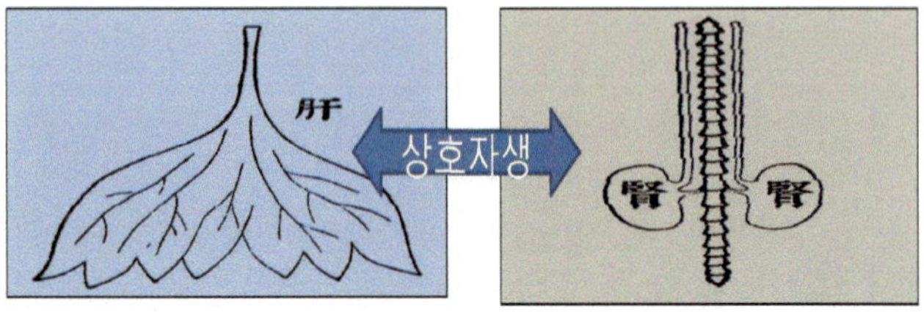

그림 6-13

c. 신(腎)은 뼈(骨)를 주관하고 골수(骨髓)를 생산한다. ⇒ 골수는 뼈를 보충시키고 혈을 생성한다.

d. 생성된 혈은 간(肝)에 저장된다[그림 6-13].

신(腎)은 정(精)을 저장한다. (=藏精)

간(肝)은 혈(血)을 저장한다. (=藏血)

수곡의 정(精)에서 생성, 변화되었기 때문에 근본이 같다.

: 신(腎)정(精)은 골수를 생성하고 골수는 간(肝)혈(血)을 생산한다.

그리하여 "간신(肝腎)동원(同源)" 과 "정혈(精血)동원(同源)" 이란 말이 생겨나게 되었다.

---

3) 혈(血)의 기능

(1) 전신에 영양을 공급하고 촉촉해지며 윤택하게 해준다.(=營養: 영양, 濡: 젖을 유, 養:영양 양)

⇒ 혈(血)은 맥(脈) 안에서 안으로는 오장육부, 밖으로는 근육, 힘줄, 뼈에 운행되어 신(腎)의 각 장부의 조직기관에 수송되고 영양 공급과 자윤(滋潤) 작용을 발휘하여 정상적인 생리활동을 유지한다.

(2) 혈(血)은 정신 활동의 물질기초이다.

혈(血)은 장부에 영양을 공급해주어 각 오장(五臟)마다 속하는 감정의 정상적인 활동에도 영향을 미친다.

⇒ 혈(血)이 부족하거나 기능이 저하되면, 정신 활동에 병리적 반응이 나타나게 된다.

예) 심(心)이나 간(肝)에 혈이 부족하게 되면 자주 놀라고 꿈을 많이 꾸며 불면증 등 불안정한 정신 상태가 나타난다. 혈(血) 부족이 극도로 심해지게 되면 초조해지고 정신이 혼미하거나 흐리멍텅해지는 등 비정상적인 정신상태가 발생 한다.

4) 혈(血)의 순행

(1) 맥(脈: 혈관)은 혈의 관청(府: 부)으로써 정상적일 때 혈(血) 운행 역시 순조롭다.

(2) 심(心)은 혈과 맥을 주관하여 혈액 순환의 원동력이 된다.

⇒ 심(心)의 기(氣)가 추동(推動)작용을 통해 혈(血)이 맥 안에서 일정한 방향으로 순환할 수 있게 해준다.

(3) 폐(肺)는 온몸의 기(氣)를 주관하며 종기(宗氣)의 생성과 밀접한 관계를 가지고 있다.

⇒ 종기(宗氣)는 심(心)의 맥(脈)으로 들어가서 혈(血)의 순행을 촉진한다.

⇒ 모든 맥(百脈)은 폐에 모이기 때문에 혈액 순환을 추동(推動)시키고 전신에 혈액을 공급시킨다[그림 6-14].

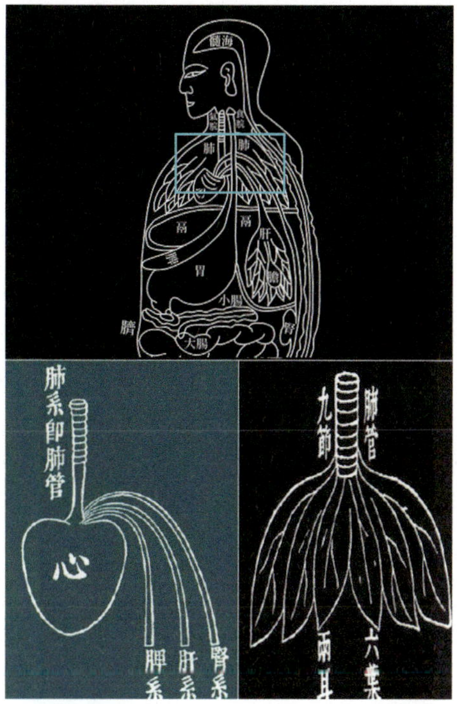

그림 6-14

(4) 비(脾)는 혈액을 통솔한다.

⇒ 비(脾)의 기(氣)가 혈액이 맥(脈) 바깥으로 넘쳐나지 않고 맥(脈) 안에서 순행하게 한다.

(5) 간(肝)은 혈액을 저장한다.

⇒ 혈(血)을 조절하고 혈(血)을 저장하는 기능을 갖추고 있기 때문에 맥(脈: 혈관) 내의 혈액량을 조절하고 혈관에서 운행하는 혈액을 비교적 안정된 상태로 유지한다[그림 6-15].

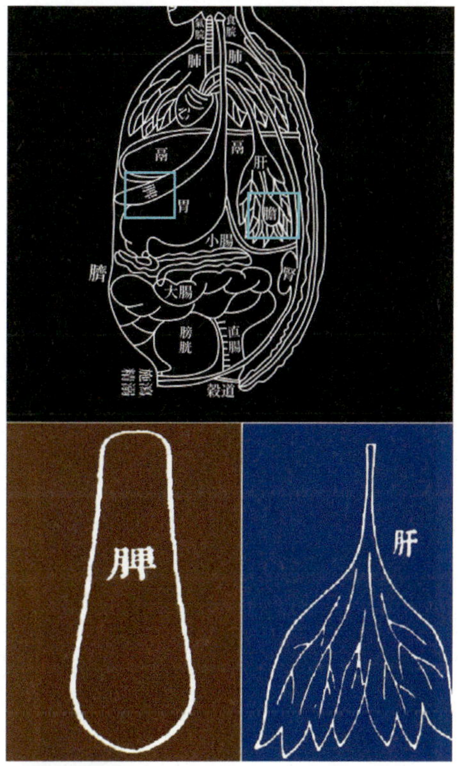

그림 6-15

5) 미용에서의 응용

① 혈(血)은 인체를 구성하고 인체 생명활동을 유지하는 기본 물질 중 하나로 영양 공급과 자윤(滋潤) 작용이 매우 강하여 외모와 체형의 건강한 아름다움을 유지하는 데 매우 중요한 작용을 한다.

② 혈(血)은 맥(脈: 혈관) 안에서 운행하여 안으로는 장부에, 밖으로는 피부, 근육, 힘줄, 뼈에 다다르면서 끊임

없이 전신 각 장부조직에 충분한 영양 공급과 자윤(滋潤) 작용을 통하여 정상적인 생리 작용을 유지한다.

③ 혈(血)이 충분하여 정상적으로 혈(血)이 운행되면 얼굴색이 불그스름하고 광택이 있으며 (紅潤: 홍윤) 두 눈에 신(神: 정신)이 깃들어 있고 근육이 풍만하며 탄성이 있으며 피부와 모발 역시 윤기가 흐른다.

④ 혈(血)이 부족하면 얼굴색이 누렇고 입술의 색깔도 옅으며 손과 발이 저리다. 또한 모발은 갈라지고 갈색으로 변하며 툭툭 끊어지기 쉽고 피부 또한 건조해지고 가렵다.

⑤ 어혈(瘀血: 혈이 흐르지 않고 응체됨)이 생기면 피부가 어둡고 색소침착이 발생하며 살이 트고 심하면 피부와 손톱, 발톱에 영양이 공급되어 지지 않으며 탈모 역시 발생한다.

⑥ 혈(血)이 열로 인해 뜨거워지면(血熱), 안면 홍조증 같이 피부가 계속 붉어져 있고 피부에 기름이 많아지면서 여드름이나 피하 출혈, 새치, 탈모, 불면증이 발생한다.

⑦ 혈(血)이 부족해지거나 혹은 열병(熱病)으로 인해 음혈(陰血)이 손상되어 건조(燥)해지면, 피부와 모발 역시 수분이 부족해지고 피부에 정상적인 영양을 공급할 수 없게 되며 피부가 간지럽거나 벗겨지는 아토피 같은 증세가 발생한다.

4 진액(津液)

1) 진액(津液)의 개념

인체의 정상적인 수분(水液: 수액)의 총칭이며 각 장부, 조직 내의 체액 및 정상적인 분비물을 모두 포함한다.

▸ 진(津)과 액(液)으로 구분

- 진(津)과 액(液) 모두 수액(水液)에 속하나 성질, 기능, 분포 부위가 다르다.
- 진(津)은 성질이 맑고 묽으며 유동성이 크고 주로 인체 표면의 피부(皮膚), 근육(筋肉), 구규(九竅) 등의 부위에 분포한다.
- 액(液)은 성질이 걸죽하고 끈끈하며 유동성이 작고 주로 뼈(骨), 오장(五臟)·육부(六腑), 뇌(腦), 골수(骨髓) 등의 조직에 분포한다.

  ⇒ 수곡정미(水穀精微)에서 생성되어 운행 및 신진대사 과정에서 서로 상호 전환된다[그림 6-16].

그림 6-16

2) 진액(津液)의 대사

(1) 생성

a. 위(胃)에서 음식물(水穀: 수곡)을 받아들인 후(受納: 수납), 발효와 숙성 시키는(腐熟: 부숙) "초보적 소화단계"를 진행하여 식미(食糜, 죽)로 전환된다.

b. 전화된 식미(食糜)는 위(胃)의 통하고 하강하는(通降: 통강)기능에 의하여 소장(小腸)으로 운반된다.

c. 소장(小腸)은 식미(食糜)를 받아들여서(受盛, 수성) 청(淸: 영양물질=수곡정미(水穀精微))한 것과 탁(濁: 노폐물)한 것을 구분한다. ⇒비별청탁(泌別淸濁)

d. 탁(濁: 노폐물)한 것 중에서 찌꺼기(糟粕: 고체)는 대장(大腸)으로 운반되어 다시 진액(津液: 영양물질〈액체)을 흡수하고 대변(고형물)을 형성하여 체외로 배출시킨다.

(2) 수송과 분포

a. 비(脾)는 수액(水液)을 운화한다.

- 수액(水液)을 흡수하고 수송하여 체내의 수액대사의 평형을 유지시킨다.

b. 폐(肺)는 수도(水道: 수액대사)를 소통(疏通)하고 조절(調節)시킨다.

- 수액의 수송, 분포, 운행 및 배설을 조절하여 수곡정미를 전신에 분포시켜서 체내 장부 조직기관에 영양 보충 및 불필요한 수액을 땀과 소변으로 배출한다.

c. 신(腎)은 수액(水液)을 주관한다.

- 신(腎)의 정기(精氣)의 기화(氣化)를 통해서 체내의 진액(津液)을 수송, 분포 및 배설을 진행하여 체액대사 평형을 유지시킨다[그림 6-17].

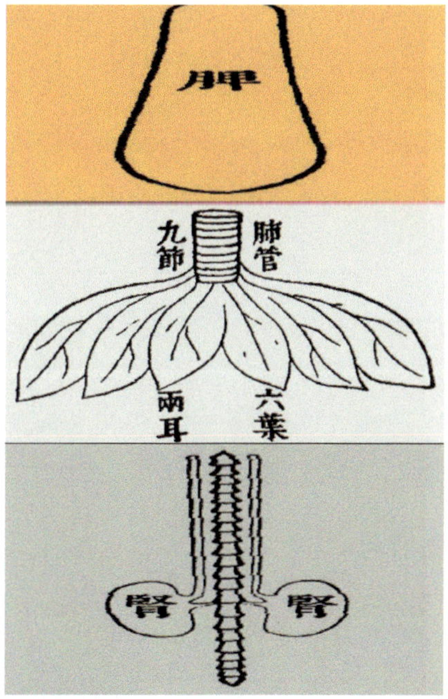

그림 6-17

(3) 배설, 배출

a. 땀, 호흡

- 폐기(肺氣)의 선발(宣發) 기능에 의해 진액(津液)을 체표 피부와 털(皮毛) 위(上) 및 밖으로 수송, 운반되는데 양기(陽氣)로 인해 땀으로 형성되어 배출된다.
- 폐(肺)의 기(氣)를 주관하는 기능에 의해 진액(津液)은 호흡을 통해 배출된다.

b. 소변

- 진액(津液) 대사의 가장 마지막 생산물이다.

  ⇒ 폐(肺), 비(脾), 신(腎) 장부 중 특히 신(腎)의 기화(氣化) 작용으로 인해 밀접한 관계가 성립된다.

c. 대변

- 대장(大腸)에서 배출된 찌꺼기(糟粕:고체)에 진액이 포함된다[그림 6-18].

그림 6-18

3) 진액(津液)의 기능

(1) 전신에 영양을 공급하고 촉촉해지며 윤택하게 해준다.

진(津)은 인체 표면의 피부(皮膚), 근육(筋肉), 구규(九竅) 등의 부위에, 액(液)은 주로 뼈(骨), 오장(五臟)육부(六腑), 뇌(腦), 골수(骨髓) 등의 조직에 영양을 공급하여 촉촉하고 윤택하게 해준다.

(2) 혈액의 형성에 참여한다.

진액(津液)은 손락(孫絡:가는 락맥)을 통하여 혈액을 형성하고 혈의 기능인 영양공급과 자윤(滋潤)작용을 도와준다.

(3) 인체의 음양 평형을 조절한다.

진액(津液)의 형성과 대사는 인체의 음양(陰陽)을 평형시켜 건강한 상태를 유지하게 해준다.

예) 날씨가 더워 양(陽)이 편성(偏盛)한 경우, 생성된 땀을 통해 음양의 평형을 조절해준다.

(4) 노폐물을 배설한다.

진액(津液)의 대사과정 중에서 인체의 각 부분에서 생성된 노폐물들을 모아서 체외로 배출하여 각 장부의 기화(氣化) 작용 활동을 정상적으로 진행하게 해준다.

4) 미용에서의 응용

① 진액(津液)은 체내 각종 정상적인 수분(水液: 수액)의 총칭으로서 타액, 위액, 장액, 활낭액 및 눈물, 콧물, 땀, 소변(尿液: 요액) 등을 포함한다.

② 진액(津液)과 혈(血)은 모두 액체 상태로서 인체 생명활동의 물질 기초로 영양 공급과 자윤(滋潤) 작용 기능을 가지고 있다.

⇒ 진액(津液)은 밖으로는 피부와 모발(皮毛: 피모)에 수송, 분포되고 안으로는 장부에 들어가서 전신 각 장부의 조직기관에 영양을 공급한다.

③ 진액(津液)이 충만하면, 피부가 광택이 있어 쉽게 주름이 생기지 않고 근육이 풍만하며 탄성이 있다. 또한 모발이 부드럽고 윤기가 있으며 노화 속도가 느려진다.

④ 진액(津液)의 생성이 부족하거나 소실되면, 혈액에게도 영향을 미치게 된다. 입이나 코가 건조해지고 피부에 쉽게 주름이 생기며 근육의 탄성도가 저하된다. 또한 모발 역시 푸석해지고 안구 건조증이나 다크써클이 발생하는 등 노화속도가 빨라진다.

⑤ 진액(津液)의 수송과 분포에 문제가 발생할 경우, 수액대사가 원활하지 못하여 수종, 비만 등 체형과 얼굴의 아름다움에 영향을 끼친다.

학습정리

1. 정(精)은 좁은 의미와 넓은 의미 두 가지로 살펴볼 수 있다.
   - 좁은 의미: 후대를 번식, 번영하는 작용을 갖춘 생식의 정
   - 넓은 의미: 인체 내에 혈(血), 진액(津液), 골수(骨髓)및 수곡정미(水穀精微)등 모든 정밀하고 미세한 물질 (精微物質)

2. 정(精)의 기능은 다섯 가지가 있다.
   ① 생명(生命)을 번성, 번식시킨다.
   ② 영양을 공급한다.
   ③ 혈액을 생성, 변화시킨다(=化血).
   ④ 기(氣)를 생성, 변화시킨다(=化氣).
   ⑤ 신(神:정신)을 생성, 변화시킨다(=化神).

3. 기(氣)는 인체가 생존을 위해 의존하는 구체적"물질"이면서 인체 장부조직의 "기능 활동"을 말한다.

4. 기(氣)의 기능 역시 다섯 가지가 있다.
   ① 추동(推動) 작용이 있다.
   ② 온후(溫煦) 작용이 있다.
   ③ 방어(防禦) 작용이 있다.
   ④ 고섭(固攝) 작용이 있다.
   ⑤ 기화(氣化) 작용이 있다.

5. 혈(血)은 혈관(脈: 맥) 안에서 순행하고 영양을 공급할 수 있는 붉은 액체물질을 말한다.

6. 혈(血)의 기능은 두 가지가 있다.
   ① 전신에 영양을 공급하고 촉촉해지며 윤택하게 해준다.
   ② 혈은 정신활동의 물질 기초이다.

7. 진액(津液)은 인체의 정상적인 수분(水液: 수액)의 총칭이며 각 장부, 조직 내의 체액 및 정상적인 분비물을 모두 포함한다.

8. 진액(津液)의 기능은 네 가지가 있다.
   ① 전신에 영양을 공급하고 촉촉해지며 윤택하게 해준다.
   ② 혈액의 형성에 참여한다.
   ③ 인체의 음양 평형을 조절한다.
   ④ 노폐물을 배설한다.

7

경락학설(經絡學說)과 미용

학습목표

1. 경락의 개념과 경락계통의 구성에 대하여 이해하고 설명할 수 있도록 학습한다.
2. 십이경맥의 명칭, 운행과 교접규율, 유주 순서 및 각 십이경맥의 순행과 미용방면에서의 응용에 대하여 이해하고 설명할 수 있도록 학습한다.
3. 기경팔맥의 개념, 특징, 기능에 대하여 이해하고 설명할 수 있도록 학습한다.
4. 각 기경팔맥의 순행, 생리기능 및 미용방면에서의 응용에 대하여 이해하고 설명할 수 있도록 학습한다.
5. 경락의 작용 및 미용상에서의 응용에 대하여 이해하고 설명할 수 있도록 학습한다.

학습개요

1. 경락(經絡)의 개념과 경락(經絡)계통
   1) 경락(經絡)의 개념
   2) 경락(經絡)계통의 구성
      (1) 경맥부분
      (2) 락맥부분
      (3) 연속부위
2. 십이경맥(十二經脈)
   1) 십이경맥(十二經脈)의 명칭
   2) 십이경맥(十二經脈)의 운행과 교접 규율
   3) 십이경맥(十二經脈)의 유주(流注)순서
   4) 각 십이경맥의 순행과 미용방면에서의 응용
      (1) 수태음폐경(手太陰肺經)
      (2) 수양명대장경(手陽明大腸經)
      (3) 족양명위경(足陽明胃經)
      (4) 족태음비경(足太陰脾經)
      (5) 수소음신경(手少陰心經)
      (6) 수태양소장경(手太陽少腸經)
      (7) 족태양방광경(足太陽膀胱經)

(8) 족소음신경(足少陰腎經)
(9) 수궐음심포경(手厥陰心包經)
(10) 수소양삼초경(手少陽三焦經)
(11) 족소양담경(足少陽膽經)
(12) 족궐음간경(足厥陰肝經)

3. 기경팔맥(奇經八脈)

1) 기경팔맥(奇經八脈)의 개념
2) 기경팔맥(奇經八脈)의 특징
3) 기경팔맥(奇經八脈)의 기능
4) 각 기경팔맥의 순행, 생리기능 및 미용방면에서의 응용
(1) 독맥(督脈)
(2) 임맥(任脈)
(3) 충맥(衝脈)
(4) 대맥(帶脈)
(5) 음교맥(陰蹻脈)
(6) 양교맥(陽蹻脈)
(7) 음유맥(陰維脈)
(8) 양유맥(陽維脈)

4. 경락의 작용 및 미용상에서의 응용

1) 경락의 작용
2) 미용상에서의 응용

학습내용 [그림 7-1]

◆ **경락학설(經絡學說)**

인체 경락계통의 운행분포, 생리기능, 병리변화 및 경락계통과 장부와의 상호관계를 연구하는 학설이다.

⇒ 경락학설(經絡學說)은 장상학설(藏象學說), 기혈정진액(氣血精津液)학설 등의 기초이론과 서로 연결시켜 인체의 생리기능, 병리변화를 전반적으로 이해할 수 있으며 특히 침구, 추나, 기공 등 한방미용학과의 이론적 기초로 임상에서도 많이 활용되고 있다.

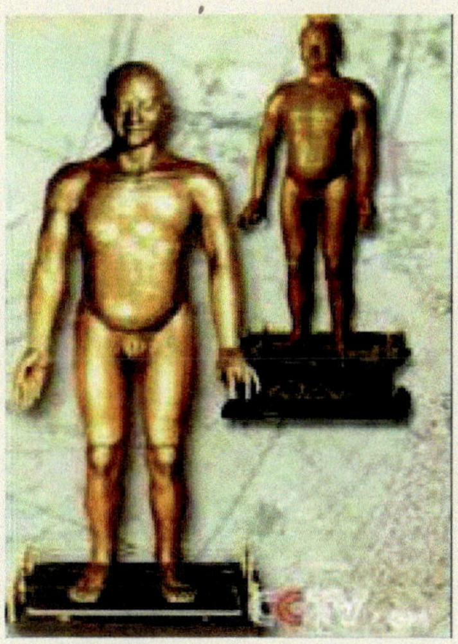

그림 7-1

1 경락(經絡)의 개념과 경락계통

1) 경락(經絡)의 개념

경맥(經脈)과 락맥(絡脈)의 총칭으로 전신의 기혈(氣血)을 운행하고 장부(臟腑)와 사지(四肢: 팔, 다리)를 연결하여 상하(上下)와 내외(內外)를 소통시켜 인체 기능을 조절하는 "특수한 네트워크(통신 그물망) 계통"이다[그림 7-2].

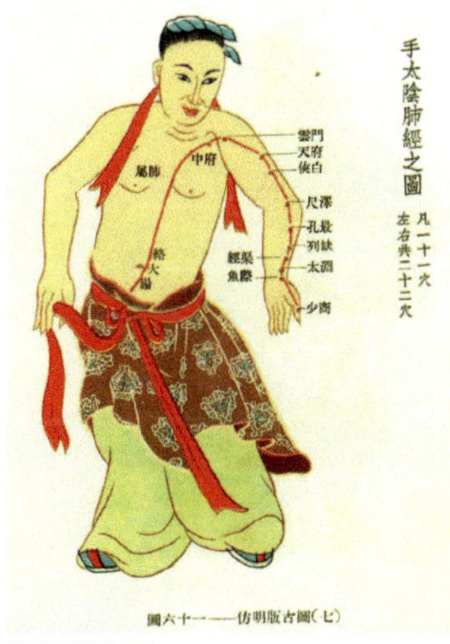

그림 7-2

(1) 경(經)은 경맥(經脈)으로 줄기, 통로를 의미한다.

경락계통 중에 직행하는 큰 기본 줄기로서 대부분 인체의 깊은 부위에서 순행하며 일정한 운행경로가 있다.

(2) 락(絡)은 락맥(絡脈)으로 연락망을 의미한다.

경맥에서 갈라져 나와 가로로 운행하는 작은 가지로서 비교적 인체의 얕은 부위에서 순행하며 어떤 락맥(絡脈)은 인체 표면에 드러나 보이며 종횡으로 교차하여 그물처럼 전신을 연결시킨다[그림 7-3].

그림 7-3

2) 경락계통(經絡系統)의 구성

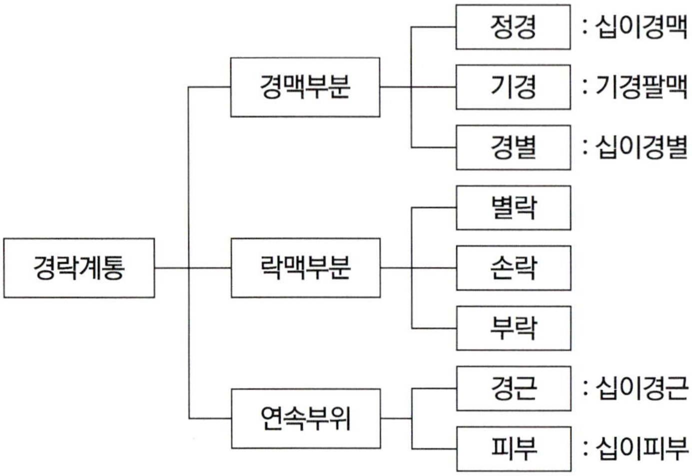

(1) 경맥부분

① 십이경맥(十二經脈)

- 수족삼음경(手足三陰經)과 수족삼양경(手足三陽經)을 합쳐서 모두 십이경맥(十二經脈) 또는 십이정경(十二正經)이라고 불린다.
- 기혈(氣血) 운행의 중요한 통로이다.
- 십이경맥의 운행특징은 일정한 시작과 끝이 있고, 운행 부위와 교접(交接) 규율이 있으며, 일정한 분포와 주행방향이 있고, 인체의 장부와 직접적인 락속(絡屬)관계가 있다.
  - 락속(絡屬): 십이경맥과 장부와의 관계에서 해당 경맥이 직접 어떤 장(臟)이나 부(腑)에 귀속되는 것을 속(屬)이라 하고, 해당 경맥과 서로 표리(表裏)관계가 있는 어떤 장(臟)이나 부(腑)와 연락 되는 것을 락(絡)이라 한다.

    예를 들면 음경(陰經)은 장(臟)에 속(屬)하고, 부(腑)에 락(絡)하며, 양경(陽經)은 부(腑)에 속(屬)하고, 장(臟)에 락(絡)한다.

② 기경팔맥(奇經八脈)

- 기(奇)는 이(異: 다르다)와 같은 의미로, 즉 정경(正經: 십이경맥)과 다른 것을 기경(奇經)이라 한다.
- 기경(奇經)에는 독맥, 임맥, 충맥, 대맥, 음교맥, 양교맥, 음유맥, 양유맥이 있으며 십이경맥의 기혈을 통솔하고 연락하며 조절하는 작용을 한다.

③ **십이경별(十二經別)**

- 십이경맥(十二經脈) 에서 갈라져 나온 지맥(支脈: 가지)을 말한다.
- 십이경맥에서 서로 표리관계인 두 경맥과의 관계를 더욱 깊게 하여 정경(正經)이 순행하지 못하는 기관(器官)이나 형체부위를 운행함으로써 정경의 부족한 점을 보충해주는 역할을 한다.

(2) 락맥부분

① **십오별락(十五別絡)**

- 경맥에서 갈라져 나와 별도로 주행하는 락맥(絡脈)을 말한다.
- 십이경맥, 독맥, 임맥에서 각각 하나의 락맥(14)+ 비지대락(脾之大絡)
- 십오별락은 락맥 중 비교적 크고 중요한 락맥으로 표리관계인 두 경맥이 체표에서 서로 연결되어 기혈을 주입하는 작용을 한다.

② **손락(孫絡)**: 락맥(絡脈) 중 제일 가느다란 분지

③ **부락(浮絡)**: 체표의 얕은 부위에서 운행하며 흔히 떠올라 있어 눈으로 볼 수 있는 락맥(絡脈)이다.

(3) 연속부위

① **십이경근(十二經筋)**: 십이경맥의 기(氣)가 근육, 관절에서 결합하고(結) 모이며(聚) 흩어지고(散) 이어지는(絡) 체계이다. 인체의 근육, 관절을 자양하고 지배하여 인체의 운동기능을 정상적으로 유지하는 작용을 한다.

② **십이피부(十二皮膚)**: 락맥의 기(氣)가 피부에 분포되어 있는 곳으로 십이경맥의 기능 활동이 체표에 반영되는 부위이다.

2 십이경맥(十二經脈)

수삼음경(手三陰經), 수삼양경(手三陽經), 족삼음경(足三陰經), 족삼양경(足三陽經)을 총칭한다. 또한 경락계통을 구성하는 주체(主體)이므로 십이정경(十二正經)이라고도 불린다.

1) 십이경맥의 명칭

(1) 수족(手足)

상지(上肢)에서 운행하는 경맥 ⇒ 수경(手經)

하지(下肢)에서 운행하는 경맥 ⇒ 족경(足經)

(2) 음양(陰陽)

▸ 부위

- 육장(六臟) 및 사지내측에서 운행하는 경맥 ⇒ 음경(陰經)
- 육부(六腑) 및 사지외측에서 운행하는 경맥 ⇒ 양경(陽經)

▸ 음양(陰陽)의 성쇠(盛衰: 많고 적음)에 따라 삼음삼양(三陰三陽)으로 분류

a. 음기(陰氣)의 왕성한 순서 ⇒ 태음(太陰) 〉 소음(少陰) 〉 궐음(厥陰)

b. 양기(陽氣)의 왕성한 순서 ⇒ 양명(陽明) 〉 태양(太陽) 〉 소양(少陽)

▸ 사지 내측 면과 외측면을 앞(前), 중간(中), 후(後) 부위로 분류

a. 사지 내측 면의 앞(前), 중간(中), 후(後) 부위 ⇒ 태음(太陰), 궐음(厥陰), 소음(少陰),

b. 사지 외측 면의 앞(前), 중간(中), 후(後) 부위 ⇒ 양명(陽明) 소양(少陽) 태양(太陽)

(3) 장부(臟腑): 경맥이 연속(連屬)된 장부에 근거하여 명칭한다.

위에서 서술한 명칭 규율에 근거하여 수태음폐경(手太陰肺經), 족양명위경(足陽明胃經) 등과 같은 십이경맥의 명칭이 완성된다.

2) 십이경맥의 운행과 교접 규율 [그림 7-4]

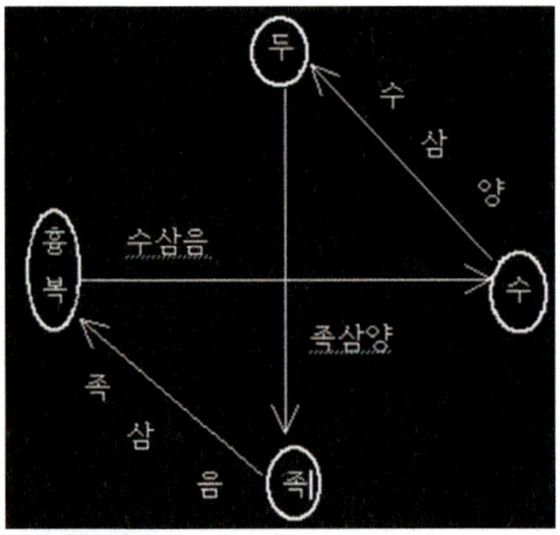

그림 7-4

(1) 운행방향

a. 수삼음경(手三陰經)

- 흉복부에서 사지 내측을 지나 손끝으로 운행한다.
- 수삼양경과 교접한다.

b. 수삼양경(手三陽經)

- 손끝에서 두면부로 운행한다.
- 족삼양경과 교접한다.

c. 족삼양경(足三陰經)

- 두면부에서 발끝으로 운행한다.
- 족삼음경과 교접한다.

d. 족삼음경(足三陽經)

- 발끝에서 복강, 흉강으로 운행한다.
- 수삼음경과 교접한다.

⇒ 이와 같이 십이경맥은 음양(陰陽)이 서로 관통하여 끝없이 고리처럼 순환하는 경로로 구성된다.

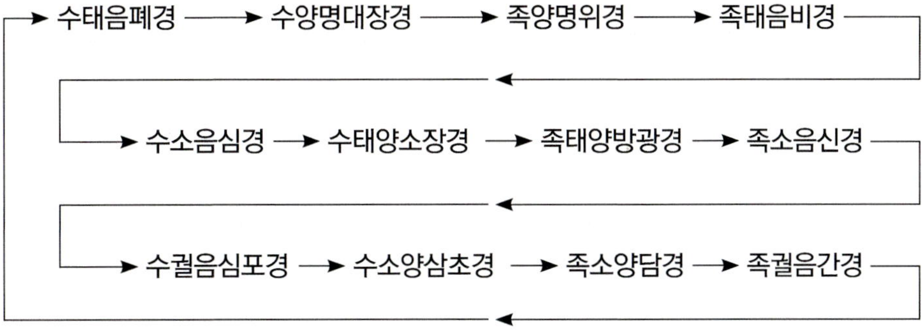

그림 7-5

(2) **교접규율**

a. 표리를 이루는 음경과 양경은 사지부위에서 교접

b. 동일한 명칭의 두 양경은 두면부에서 교접

c. 음경과 음경은 흉복부에서 교접

3) 십이경맥의 유주(流注) 순서

▶ 유주(流注): 기혈(氣血)이 운행하여 쉬지 않고 흘러서 곳곳에 주입되는 것이다.

⇒ 기혈이 유주되는 순서는 수태음폐경에서 시작하여 족궐음간경에 이르러서 다시 수태음 폐경으로 흘러 끊임없이 순환한다[그림 7-5].

수태음폐경 → 수양명대장경 → 족양명위경 → 족태음비경 → 수소음심경 → 수태양소장경 → 족태양방광경 → 족소음신경 → 수궐음심포경 → 수소양삼초경 → 족소양담경 → 족궐음간경 → 수태음폐경(순환)

4) 각 십이경맥의 순행과 미용방면에서의 응용

(1) 수태음폐경(手太陰肺經) [그림 7-6]

▶ **순행**

① 중초(中焦)에서 시작하여 아래로 대장(大腸)에 연락되고 다시 돌아와 위(胃)의 분문(糞門)을 따라서 올라간다.

② 횡경막을 뚫고 들어가 폐장(肺臟)에 귀속한다.

③ 폐계(肺系: 기관, 인후부)에서 좌우로 갈라져 겨드랑이 밑으로 나온다.

④ 상완 내측 전연을 타고 내려와 팔꿈치 안쪽(주와)을 지나 요골동맥 박동처의 촌구(寸口)로 들어간다.

⑤ 어제혈(魚際穴)을 지나 엄지손가락 내측 끝 소상혈(少商穴)로 나온다.

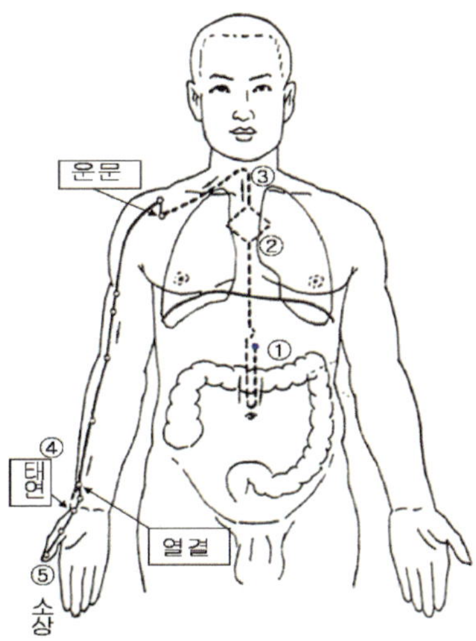

그림 7-6

▸ 미용방면에서의 응용

① 폐(肺)는 선발을 주관하고(肺主宣發) 그 광채는 피부와 모발에 나타난다고 했다. 피부와 모발의 영양은 폐(肺)가 선발한 위기(偉氣), 진액(津液)으로부터 나온다.

② 위기(衛氣)는 비위(脾胃)에서 생겨나며 폐의 선발을 통하여 피부와 모발에 운반되어 피부를 따뜻하게 하며, 땀구멍을 조절하고, 외사(外사)의 침입을 방어하는 작용이 있다. ⇒ 위기(衛氣)의 허실(虛實)과 운행의 소통과 막힘은 피부와 밀접한 관계가 있다.

③ 폐(肺)의 선발(宣發) 기능을 통하여 진액을 피부와 모발에 운반시켜 피부가 충분한 수분을 유지하는데 중요한 작용이 있다.

④ 수태음폐경(手太陰肺經)은 피부, 손의 보건안마 미용으로 사용된다.

⑤ 피부의 혈관을 확장하고 피지분비를 증가시켜 피부의 영양 상태를 개선하므로 탄력 있고 윤기 있는 피부로 만들어 준다.

⑥ 특히, 폐열(肺熱)로 인한 얼굴의 황갈반, 여드름, 피부 알레르기에 사용된다.

(2) 수양명대장경(手陽明大腸經) [그림 7-7]

▸ 순행

① 집게손가락 상양혈(商陽穴)에서 시작하여 집게손가락 요골측을 따라 올라와 제1, 2 중수골(合谷穴: 합곡혈)로 나온다.

② 장무지신근건과 단무지신근건의 중간으로 들어와서 전완의 요골 측을 따라 위(上)로 팔꿈치 안쪽(주와)외측으로 진입하여 상완 외측전연을 따라 견관절에 이른다.

③ 뒤로 견봉(肩峰) 부위로 나와서 위(上)로 독맥의 대추혈(大椎穴)과 교회(交會)한다.

④ 앞으로 나와서 결분(缺盆)으로 들어가 폐(肺)에 연락하고 횡격막을 통과하여 대장(大腸)에 귀속한다.

⑤ 결분(缺盆)에서 목으로 올라가 뺨을 지나 인중혈(人中穴)에서 좌측 경맥은 우측으로, 우측경맥은 좌측의 코 옆의 영향혈(迎香穴)을 거쳐 눈으로 올라간다.

▸ 미용방면에서의 응용

① 대장(大腸)은 진액(津液)을 주관하고 찌꺼기를 배설하며, 폐경(肺經)과 표리관계로써 피부병을 치료한다. 진액(津液)이 정상으로 운행되면 피부가 윤택 해지는데, 진액(津液)이 부족하면 피부에 주름이 생기고 거칠어지며 동시에 각종 질병을 일으킨다.

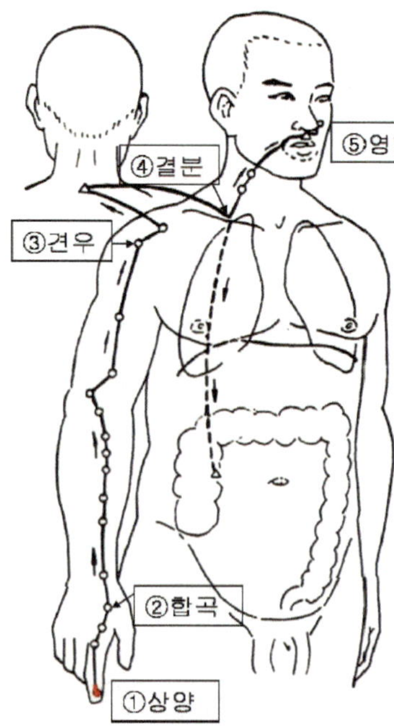

그림 7-7

② 대장경(大腸經)은 얼굴 부위로 운행하기에 대장경(大腸經)을 마사지하면 장(腸)의 노폐물을 제거할 뿐만 아니라 진액(津液)의 운행을 순조롭게 도와주어 알레르기 피부, 피부가 어두운 색을 띠는 경우, 여드름, 피부 발진에 좋은 효과가 있다.

③ 대장(大腸) 기능의 불균형 및 경맥 순행 부위와 병변으로 인한 미용문제를 치료할 수 있다.

④ 피부: 보건작용, 황갈반, 여드름, 피부발진, 주름개선

⑤ 신경: 구완와사, 얼굴경련, 안검하수

⑥ 형체: 비만

⑦ 배설: 변비, 설사

(3) 족양명위경(足陽明胃經) [그림 7-8]

▶ 순행

① 코 옆의 영향혈(迎香穴)에서 시작하여 비근(鼻根)을 따라 올라가 족태양방광경의 정명혈(睛明穴)과 만난다.

② 코의 바깥쪽을 따라 아래로 내려가다가 윗니로 들어가 입술을 감싸고 돌아 나와서 아래의 승장혈(承漿穴)에서 좌우가 상교(相交)한다.

③ 뒤로 아래턱을 따라 대영혈(大迎穴)로 나와서 협거혈(頰車穴)을 지나 위(上)로 올라가 귀앞의 하관혈(下關穴)을 지나 이마 모서리[두유혈(頭維穴)]에서 이마[신정혈(神庭穴)]에 이른다.

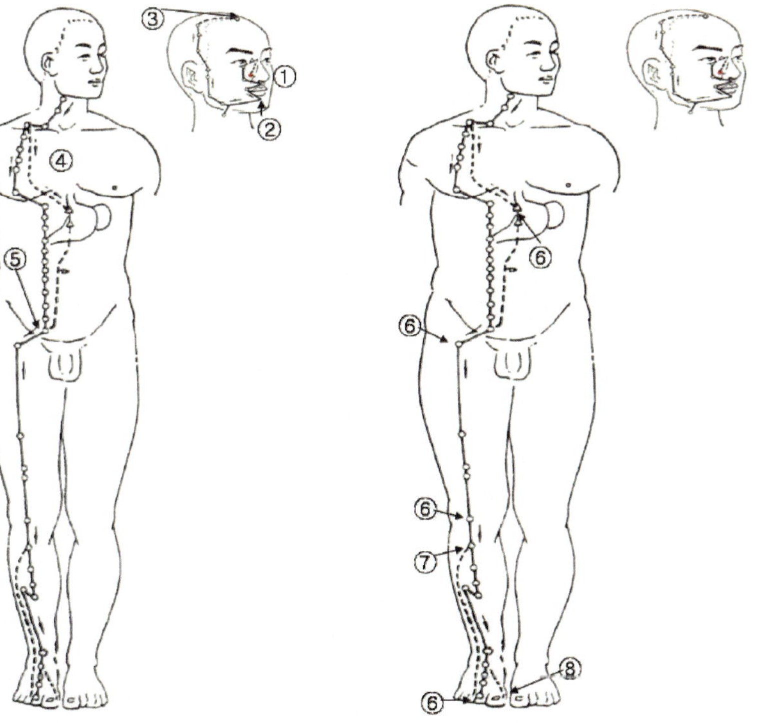

그림 7-8

④ 지(맥, 支脈)는 대영혈(大迎穴)의 앞에서 인영혈(人迎穴)로 내려가 결분(缺盆)에 들어가며 횡격막을 뚫고 내려가 위(胃)에 속하고 비(脾)에 연락(聯絡)된다.

⑤ 직행하는 경맥은 결분(缺盆)에서부터 흉부를 거쳐 복부로 내려가 기충혈(氣衝穴)로 들어간다.

⑥ 다른 지맥은 위(胃)의 입구(양문 부위)에서 시작하여 아래로 뱃속을 순행하여 기충혈(氣衝穴)까지 내려와 직행하는 경맥과 화합하여 아래로 비관혈(髀關穴)을 지나 무릎 부위의 독비혈(犢鼻穴)을 거쳐 경골 외측을 따라서 해계혈(解溪穴)를 거쳐 발등의 충양혈(衝陽穴)을 지나 둘째 발가락 외측단의 형태로 들어간다.

⑦ 또 다른 지맥은 무릎아래에서 3촌 아래 되는 곳에서 갈라져 나와 가운데 발가락 바깥쪽으로 들어간다.

⑧ 또 다른 지맥은 발등에서 갈라져 나와 엄지 발가락 끝으로 나와 족태음경과 접합(接合)한다.

▸ 미용방면에서의 응용

① 비위(脾胃)는 기혈(氣血)을 생성하는 근원이며, 양명경은 다기다혈(多氣多血)의 경맥으로, 얼굴에서 시작하며 유방을 지나가기에, 얼굴 미용의 영양분 공급과 유방의 발육 촉진 및 탄력 있는 가슴을 만들어 주는 데 매우 중요한 작용을 한다.

② 위(胃)의 주된 기능은 음식물을 받아들여 소화시키며 아래로 내려보냄으로써, 찌꺼기를 배설하는 데 도움이 되기에 피부 및 전신미용에 유리하다.

③ 비위(脾胃)는 기혈(氣血)을 생성하는 근원이면서 찌꺼기를 배설하는 쌍방향 조절로써 비위(脾胃)가 허약해서 기혈(氣血)의 생성부족, 또는 위장(胃腸)의 적체로 배설되지 않아 생기는 전신 미용문제를 해결하는 중요한 미용경락으로 표(表)와 본(本)을 같이 치료한다.

④ 비위(脾胃)가 허약하여 기혈(氣血) 생성부족으로 몸이 마른 허약체질, 얼굴색이 누렇게 뜨거나 창백할 경우, 피부가 광택이 없는 경우를 치료한다.

⑤ 위장의 적체로 배설되지 않아 비만하고 피부가 거칠며, 여드름, 변비, 구취를 치료한다. 또한 전신 피부 보건과 유방의 미용효과에 좋다.

(4) 족태음비경(足太陰脾經) [그림 7-9]

▸ 순행

① 엄지발가락 끝[은백혈(隱白穴)]에서 시작하여 엄지발가락 내측의 적백육제(赤白肉祭) 라인을 따라 제 1 중족골의 원형돌기를 지나 위로 안쪽 복사뼈 앞쪽[상구혈(商丘穴)]을 지나 삼음교혈(三陰交穴)로 나온다.

② 이곳에서 비복부 내측을 지나서 경골 뒤쪽을 따라 족궐음간경의 앞쪽으로 나와 음릉천혈(陰陵泉穴)을 지나 상행한다.

③ 위(上)로 슬개골, 대퇴부 내측전연을 따라 복부로 들어가서 비(脾)에 귀속되고 위(胃)에 연락(聯絡)된다.

④ 위(上)로 횡격막을 지나 식도를 끼고 올라가 설근에 이어진 다음 혀 아래로 분포된다.

⑤ 또 다른 지맥은 복애혈(腹哀穴)에서 갈라져 중완혈(中脘穴)의 좌우 외측에서 흉부의 횡격막을 상행하

여 심장 부위에서 수소음심경과 교차하여 끝난다.

▸ 미용방면에서의 응용

① 비(脾)는 후천의 근본이자 기혈 생성의 근원이다. 모든 기초적인 영양 물질은 비(脾)가 운화한 수곡정미(水穀精微)에 의해 전신으로 공급되기 때문에 전신 미용에 중요한 작용을 한다.

② 비(脾)는 근육을 주관하고 그 광채는 입술에 나타난다. 비(脾)의 운화기능은 직접 근육의 탄성과 풍만함, 입술의 색과 광택에 직접 영향을 끼치며, 그 사람의 건강상태를 반영한다.

③ 비(脾)는 수곡(水穀)과 수액(水液)을 동시에 운화하기에 체형이 뚱뚱하거나 야윈 것과 관계가 있으며 또한 몸의 부종과도 깊은 연관이 있다. 특히, 중년에 체형이 불어난 것은 비기(脾氣)가 허(虛)하여 습(濕)이 많아지기 때문이다.

④ 삼음경(三陰經)[간(肝), 비(脾), 신(腎)]을 조절하여 부인과 질병인 생리통, 냉병에 사용한다.

⑤ 비기(脾氣)가 허약하여 기혈의 생성이 부족하게 되므로 몸이 여위고, 불면증, 피곤함, 무기력, 피부가 거칠고 얼굴에 빛이 없는 것을 치료한다.

⑥ 비(脾)가 수액을 운화하지 못하여 담습(痰濕)이 생겨 몸이 뚱뚱해지고 무겁고 나른한 것을 치료한다.

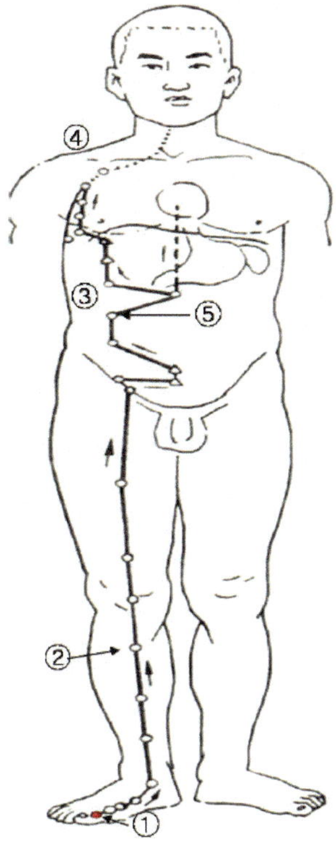

그림 7-9

(5) 수소음심경(手少陰心經) [그림 7-10]

▸ 순행

① 심중(心中)에서 시작하여 심계[心系: 심과 폐장이 서로 이어진 조직으로 심과 기타 장부가 서로 이어진 조직]를 거쳐 나와 아래로 횡격막을 지나 소장(小腸)에 연락(聯絡)된다.

② 다른 지맥은 심장에서 상방(上方)으로 향하여 임맥의 밖에서 인후(咽喉)의 양측을 지나 눈

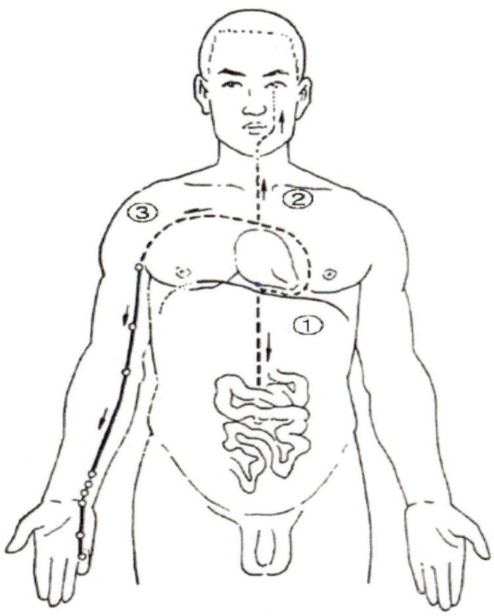

그림 7-10

(目)으로 이어진다.

③ 다른 지맥은 심장에서 나와 심계(心系)를 따라 상방(上方)으로 진행하여 폐장으로 들어가 액와(腋窩)로 천출(淺出)하여 극천혈(極泉穴)에 도달하고, 상완(上腕)의 전내측을 지나 주와의 소해혈(小海穴)을 지나 전완(前腕)의 내측을 순행하여 소지(小指) 끝 요골 측의 소충(少衝)에 이르러 끝난다.

▶ **미용방면에서의 응용**

① 심(心)은 인체의 군주로써 생명을 다스리는 근본이고 신명(神明)을 주관하며 오행에서 화(火)에 속한다. 심(心)의 양기(陽氣)는 온후(溫煦)와 추진력으로 정상적인 혈액 순환을 유지함과 동시에 정신활동과 사유의식을 진행하여 인체 생명활동을 다스린다.

⇒ 마음이 맑아야 눈이 맑고 외모가 윤택해진다. 만약, 심(心)의 양기(陽氣)가 너무 지나치면 기능이 항진되어 음액(陰液)을 손상시킬 뿐만 아니라 정신활동과 사유의식에도 영향을 미치게 된다.

② 심장은 전신의 혈액을 주관하며, 얼굴에는 혈관이 아주 많기에 얼굴색이 약간 붉으며 윤기를 띠는 것이다. 이처럼 안색의 변화로 심장의 기능을 알 수 있는 것이다.

③ 심경(心經)에 열이 있으면 정신 활동의 불균형과 음액(陰液)을 소모시켜 불면증, 가슴이 답답함, 심계(心悸), 여드름, 피부 건조증이 발생하므로 이를 치료한다.

④ 심혈(心血)이 부족하여 얼굴색이 창백하거나 어두워지고 신경쇠약, 정서불안의 정신 질환 등도 치료할 수 있다.

(6) 수태양소장경(手太陽少腸經) [그림 7-11]

▶ **순행**

① 새끼손가락 외측 끝[소택혈(少澤穴)]에서 시작하여 손등과 손바닥 경계선을 따라 손목으로 가서 척골 경상돌기로 나온다.

② 계속 척골 아래 부분을 타고 팔꿈치 뒤로 올라가 상완골의 상과와 척골의 주두 사이[소해혈(小海穴)]로 나온다.

③ 상지 외측 후면을 타고 견관절로 나와서[견정혈(肩貞穴)] 견갑 부위를 돌아 어깨에서 대추혈(大椎穴)과 만난다.

④ 결분(缺盆)으로 들어가 심장으로 연락되고 식도를 따라 횡격막을 통과하여 위(胃)에 이르며 소장(小腸)에 귀속한다.

⑤ 다른 지맥은 결분(缺盆)을 상행해서 천창혈(天窓穴), 천용혈(天容穴)을 순행하여 뺨을 향해 상행하여 권료혈(顴髎穴)에서 동자료혈(瞳子髎穴)를 거쳐 귓속(耳中)으로 진입하여 청궁혈(聽宮穴)을 순행하며 끝난다.

⑥ 또 다른 지맥은 권료혈(顴髎穴)에서 갈라져 뺨(頰)을 지나고 눈 밑(目下)을 지나 코(鼻)에서 되돌아 상행하여 정명혈(睛明穴)에서 끝난다.

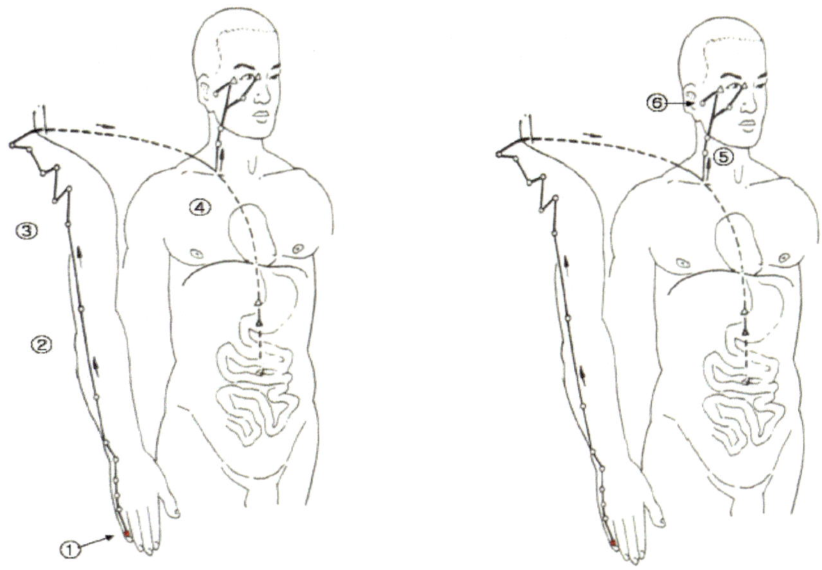

그림 7-11

▸ 미용방면에서의 응용

① 소장(小腸)은 심장과 표리관계로 심장의 화(火)를 소변으로 내보내는 경로이다. 심화(心火)는 심신을 어지럽히고, 심(心)에 열이 있으면 피부, 모발, 얼굴 등의 미용 문제를 일으킨다.

② 소장(小腸)은 영양물질을 체내로 흡수하고 탁한 것은 체외로 배출시키며 동시에 소장경(小腸經)은 안면부를 지나가기에 얼굴 경락미용에 있어 안색을 좋게 하고 주름을 개선하는 등 매우 중요한 작용을 한다.

③ 안면 피부, 모발의 국소 부위의 병변과 신경쇠약, 불면증, 두통, 구강궤양을 치료한다.

④ 소장경(小腸經)의 기능을 조절하면 소화기계통의 질병과 비만 및 야윈 경우를 치료하며 얼굴부종, 거칠고 윤기 없는 피부를 윤택하게 해준다.

(7) 족태양방광경(足太陽膀胱經) [그림 7-12]

▸ 순행

① 눈 안쪽 꼬리부근의 정명혈(睛明穴)에서 기시하여 이마로 상행하고 백회혈(百會穴)에서 교회(交會)한다.

② 정수리에서 나와 귀(耳) 상부 모서리로 가서 귀(耳) 뒤쪽을 감싼다.

③ 직행하는 것은 통천혈(通天穴)의 뒤에서 뇌(腦)와 연결(絡)하고 다시 천출(淺出)하여 후발제로 하행하여 대추혈(大椎穴) 등을 지나 견갑내각을 순행하고 척추의 양측을 사이에 끼면서 하행하여 허리의 가운데에 이르러 추골의 양측을 순행하여 신(腎)에 연결(絡)하고 방광에 도달하는 가지도 있다.

④ 다른 지맥은 허리에서 갈라져 등 부위 중앙을 사이에 끼고 엉덩이를 뚫고 위중혈(委中穴)로 내입(內入)한다.

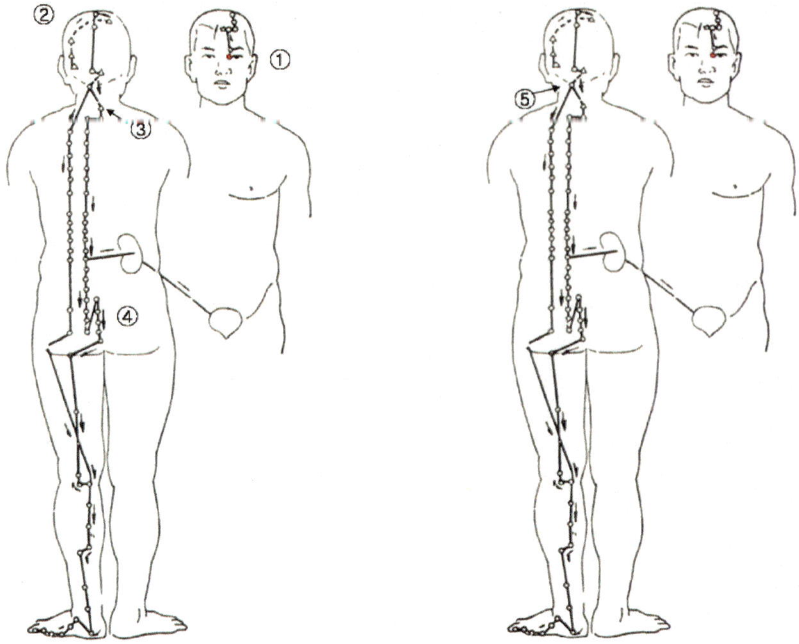

그림 7-12

⑤ 또 다른 지맥은 천주혈(天柱穴)에서 갈라져 좌우의 견갑골에서 척추를 사이에 끼고 하행하여 외과로 천출(淺出)하여 새끼발가락의 외측 지음혈(至陰穴)에서 끝난다.

▸ 미용방면에서의 응용

① 방광경(膀胱經)의 배수혈(背兪穴)은 오장육부(五臟六腑)와 서로 상응하기에 각 장부의 기능을 조절하여 근본을 치료하는 미용 혈자리이다.

② 얼굴에 분포한 수혈은 얼굴의 기혈(氣血)을 조절하여 얼굴미용, 특히 눈의 미용에 사용된다.

③ 상병하취(上病下取: 위의 질병은 아래의 혈 자리를 취하여 다스린다)의 원칙에 근거하여 두면(頭面), 오관(五官)질병에 영향을 미치는 하지(下肢)의 특정혈을 취하여 치료한다.

④ 장부 기능의 불균형화로 인한 불면증, 변비, 우울증, 생리불순 등 미용과 관계된 질병을 치료한다.

⑤ 장부(臟腑) 기혈(氣血), 한열(寒熱) 허실(虛實)의 불균형으로 인한 비만 또는 몸이 야윈 것, 피부 건조 또는 지성 피부, 피부과민, 여드름, 주근깨, 노화현상 등을 치료한다.

⑥ 머리, 눈, 얼굴 등 경맥이 운행하는 부위를 보건 또는 미용 치료로 사용한다.

(8) 족소음신경(足少陰腎經) [그림 7-13]

▸ 순행

① 새끼발가락 끝의 지음혈(至陰穴)에서 시작하여 비스듬히 족심(足心)의 용천혈(龍泉穴)으로 들어와 주상골의 융기된 부분 아래로 나와서 안쪽 복사뼈를 한바퀴 돌아서 상행한다.

② 소퇴 내측을 따라 올라가 오금 안쪽으로 나와서, 위(上)로 대퇴 내측 후연을 지나 척주를 통과하여, 신장(腎)에 귀속되고 방광에 연락(聯絡)된다.

③ 다른 지맥은 황수, 즉 신(腎)에 속하는 곳에서 상행하여 간장(肝)을 뚫고 유문(幽門)을 거쳐 폐(肺)로 진입하여 후두(喉頭)를 순행하고 인영혈(人迎穴)과 나란히 설(舌)에 분포한다.

④ 또 다른 지맥은 신장(神藏)에서 갈라져 심장(心)을 순행하고 가슴으로 들어간다.

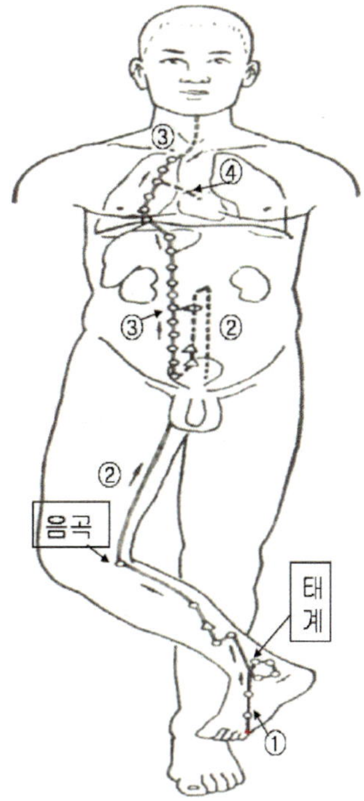

그림 7-13

▶ 미용방면에서의 응용

① 신장(腎)은 인체의 성장과 노화의 근본이며, 모든 음양의 근본이기에 오장육부와 밀접한 관계가 있다.

② 신장(腎)은 수액대사를 주관하는데, 체내 진액의 일정량을 저장하고 보존시켜 수액대사평형을 유지시킨다.

③ 신장(腎)은 정을 저장하고 뼈를 주관하여 골수를 생성한다. 그 광채는 모발에 나타나고 귀(耳)로 통한다.

④ 중, 노년의 양생 보건과 노화 방지, 유방의 발육, 과민성 체질을 개선할 수 있다.

⑤ 얼굴 및 사지부종, 피부 건조증일 때 신경을 응용할 수 있다.

⑥ 치아는 뼈의 산물이고 모발은 혈액의 산물이기에, 치아와 모발의 성장과 탈모, 윤택함과 메마름, 뼈와 귀 부위의 질환은 신장의 기능을 조절하여 치료한다.

(9) 수궐음심포경(手厥陰心包經) [그림 7-14]

▶ 순행

① 흉중[胸中: 심경(心經)과 교회(交會)]에서 시작하여 밖으로 나와 심포(心包)에 귀속하고 횡격막을 통과하여 흉부, 상복부, 하복부를 지나면서 상초, 중초, 하초에 연락한다.

② 다른 지맥은 흉부를 순행하여 횡측(橫側)으로 나와서 3촌을 하행해서 천지(天池)로 진입하고, 다시 상행하여 액와에 이르러 상완(上脘) 내측을 지나 팔꿈치의 중간[곡택혈(曲澤穴)]으로 내입하여 전완(前腕)을 하행하여 손바닥의 노궁혈(勞宮穴)로 진입하여 3지 끝의 중충혈(中衝穴)로 천출(淺出)하여 끝난다.

③ 다른 지맥은 노궁혈(勞宮穴)에서 갈라져 제 4 중수골을 순행하여 네 번째 손가락으로 나와서 수소양 삼초경과 섞인다.

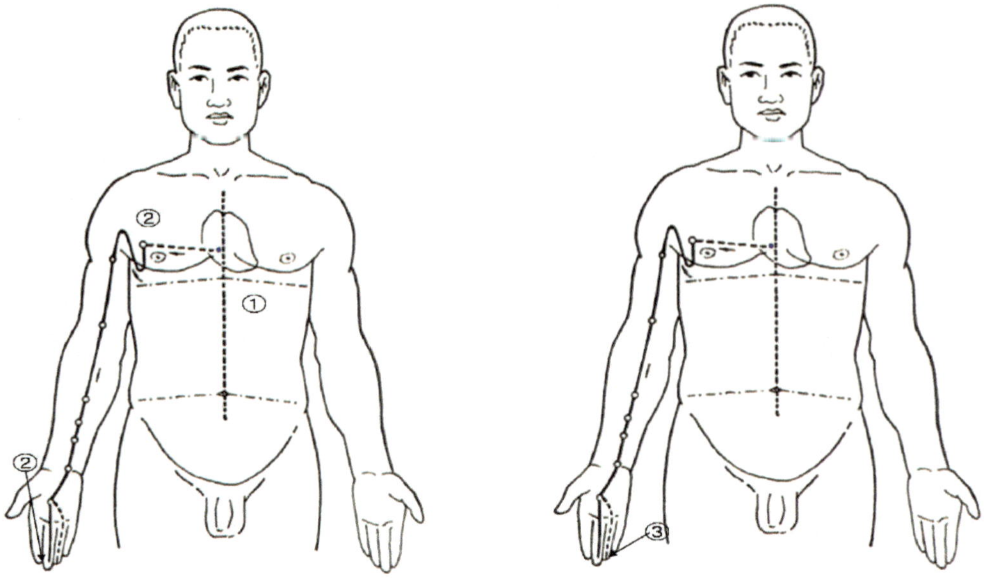

그림 7-14

▸ 미용방면에서의 응용

① 심포(心包)는 심장을 둘러싸고 있는 막으로써 심장을 보호하며, 심장을 대신하여 사기(邪氣)를 받아들인다.

② 심장은 혈을 주관하며, 정신, 의식, 사유 활동을 주관하기에 심혈[(心血): 혈어(血瘀), 혈허(血虛), 혈열(血熱)], 심신(정서, 정신, 수면)방면에 좋은 치료 작용을 한다.

③ 심포경(心包經)과 삼초경(三焦經)은 서로 표리관계로서, 기(氣)의 운행을 이롭게 하여 가슴을 편안하게 하며 위장 기능을 조절한다.

④ 열사(熱邪)가 심포(心包)를 침범하면 심신을 어지럽혀 가슴이 답답하고, 정서불안, 불면증을 치료한다.

⑤ "모든 통증, 가려움, 부스럼은 모두 심(心)에 속한다."고 『내경(內經)』에서도 말하고 있는데, 열사(熱邪)가 심혈(心血)에 침입하여 발생하는 각종 가려움증, 부스럼 등의 피부병은 심포경(心包經)을 통하여 치료한다.

⑥ 소화불량, 복창, 변비를 치료한다.

(10) 수소양삼초경(手少陽三焦經) [그림 7-15]

▸ 순행

① 네 번째 손가락 척골 측 끝에서 시작하여 새끼 손가락과 넷째 손가락 사이로 상행하여 손등을 따라 전완 척골과 요골사이로 나와 위로 팔꿈치를 지나서 상지 외측 중앙을 따라 어깨 부위[견료혈(肩髎穴)]에 이르고 족소양담경의 뒤쪽으로 교차하여 앞으로 나와, 결분(缺盆)으로 들어간다.

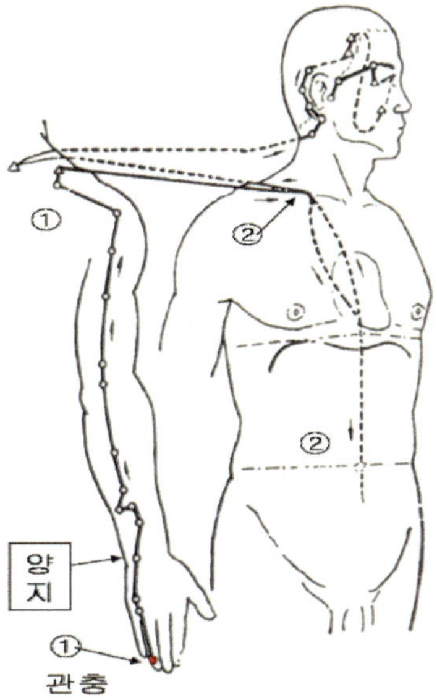

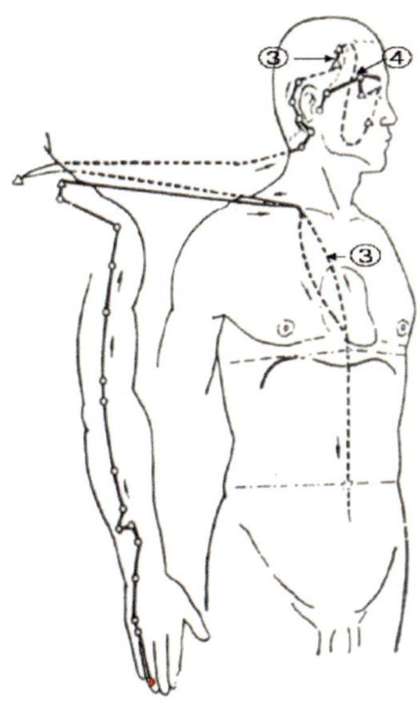

그림 7-15

② 결분(缺盆)에서 단중으로 들어가, 심포경과 연락되고 아래로 횡격막을 통과하여 상초, 중초, 하초에 귀속한다.

③ 다른 지맥은 단중에서 상행하여 결분(缺盆)으로 천출(淺出)하며 뒷목(項)으로 상행해서 귀 뒤로 연결되고 직상하여 이상각(耳上角)으로 나왔다가 다시 돌아가 뺨(頰)으로 하행해서 입꼬리 아래쪽에 이른다.

④ 그 다른 지맥은 귀 뒤쪽에서 귀속으로 내입하였다가 천출(淺出)에서 귀 앞으로 주행하며 상관혈(上關穴)의 앞을 지나 뺨(頰)에서 교차하여 눈의 바깥쪽에 이른다.

▸ 미용방면에서의 응용

① 삼초(三焦)는 원기(元氣)를 운행하는 통로이자, 수도를 소통시켜 수액을 운행하는 통로이다. 그리하여 수액 대사를 촉진시켜 찌꺼기를 배설하여 체내의 열(內熱)을 제거한다.

② 삼초경(三焦經)은 두면부로 운행한다.

③ 기(氣)의 승강출입 운동과 수액의 운행은 서로 연관되기 때문에, 병리적으로도 서로 영향을 준다. 그리하여 복부창만, 변비, 비만, 부종 등을 치료한다.

④ 두면부의 미용 질환(목, 얼굴, 귀의 질병)을 치료한다.

(11) 족소양담경(足少陽膽經) [그림 7-16]

▸ 순행

① 눈이 바깥쪽에서 기시하여 상행해서 두각(頭角)으로 하행하여 귀 뒤로 내려간다. 목을 따라 순행하여 수소양삼초경의 앞을 주행하여 어깨 위에 도달하여 다시 돌아나가 소장(小腸)의 뒤쪽으로 나와서 결

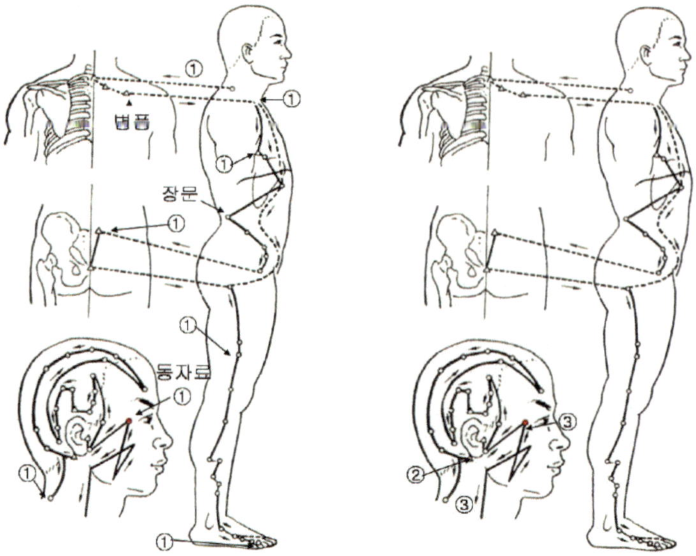

그림 7-16

분(缺盆)으로 내입한다. 직행하는 지맥은 결분(缺盆)에서 겨드랑이로 하행하여 가슴의 측면을 따라 하행해서 넓적다리 뼈의 바깥쪽을 순행하여 무릎의 바깥 모서리로 천출(淺出)한다. 대퇴골외과의 앞으로 하행해서 외과의 앞으로 나와서 넷째 발가락의 외측 끝[족규음혈(足竅陰穴)]으로 간다.

② 다른 지맥은 귀 뒤에서 귀 속으로 진입하여 귀 앞으로 주행해서 다시 눈의 바깥쪽에 이른다.

③ 다른 지맥은 눈의 바깥쪽에서 갈라져 대영혈(大迎穴)에 이르러 수소양삼초경과 합해져서 눈 아래에 이르고 하행하여 협거혈(頰車穴)를 지나 목으로 하행해서 결분(缺盆)에서 합쳐져서 가슴 속으로 하행하여 횡격막을 뚫고 간(肝)에 연결(絡)하고 담(膽)에 속한다. 협복(脇腹) 부위의 안쪽을 따라가서 기충혈(氣衝穴)으로 나와서 음모 부위를 끼고 돌아 옆으로 주행하여 고관절 부위에 진입한다.

▸ 미용방면에서의 응용

① 담(膽)은 간(肝)에 붙어 있으며 간(肝)과 표리(表裏)를 이루고, 모두 소설(疏泄) 기능을 주관하여 비위(脾胃)의 운화기능을 촉진시키며 기혈(氣血)의 운행을 정상적으로 유지한다.

② 간담(肝膽)의 습열(濕熱)을 제거하여 부인과, 이빈후과, 피부과의 치료에 도움을 준다.

③ 간담기체(肝膽氣滯)일 때 나타나는 증상: 우울증, 피부건조, 생리불순, 편두통

④ 간담습열(肝膽濕熱)일 때 나타나는 증상: 눈의 충혈과 통증, 대상포진, 황달, 가려움증, 냉증

⑤ 머리, 얼굴, 눈, 발의 미용 보건에 사용하는데 특히 눈가의 주름, 안면부종일 때 효과가 좋다.

(12) 족궐음간경(足厥陰肝經) [그림 7-17]

▶ 순행

① 엄지발가락 끝[대돈혈(大敦穴)]에서 시작하여 위(上)로 발등 내측을 지나 올라가 안쪽 복사뼈 앞 1촌 부위[중봉혈(中封穴)]를 지나, 위(上)로 소퇴 내측으로 주행한다.

② 안쪽 복사뼈 위로 8촌 부위에서 족태음비경과 만난 다음, 그 뒤로 나와 오금의 내측으로 올라가, 대퇴 내측[음포혈(陰包穴)]을 따라 음모로 들어가서 생식기를 돌아 소복부에 이른다.

③ 위(胃)의 양 옆을 끼고 순행하여 간(肝)에 귀속하고 담(膽)에 연락된다.

④ 위(上)로 횡격막을 통과하여 협늑부에 분포된다.

⑤ 기관지의 뒤를 따라 위(上)로 후두와 비강 부위로 들어가서, 목계(目系: 눈, 뇌)에 이어지고 이마로 나와 정수리에서 독맥과 만난다.

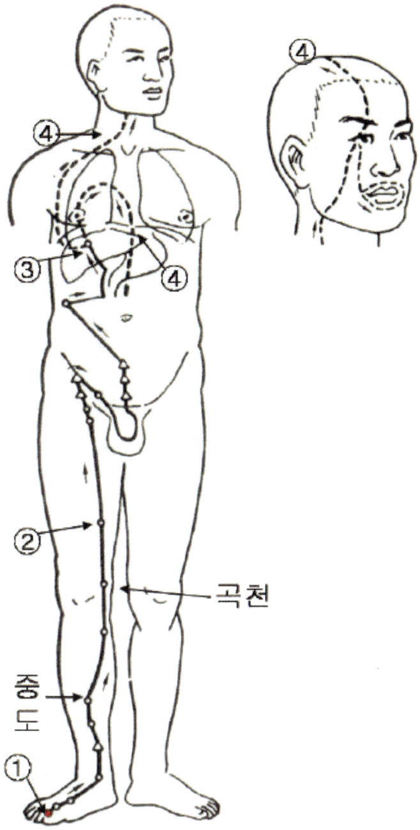

그림 7-17

▶ 미용방면에서의 응용

① 간(肝)은 소설(疎泄)을 주관하여 기혈(氣血)의 운행을 촉진시키고 비위(脾胃)의 운화기능을 도와준다. 간기(肝氣)가 울결 되면 기혈(氣血)의 운행이 저하되어 어혈(瘀血)이 생기고 또한 비위(脾胃)의 운화 기능에 영향을 주어 미용방면의 질환이 발생한다.

② 간(肝)은 혈(血)을 저장하는데 혈액이 충만하면 얼굴이 홍조를 띠고 눈이 밝고 초롱초롱하며 손발톱이 단단하고 윤택하다.

③ 간경(肝經)은 생식기 부위를 감싸기에 생식기, 내분비 계통과 아주 밀접하고 부인과 질병을 치료할 때 간경의 경혈을 취한다. 만성적인 부인과 질병은 여성의 피부, 얼굴, 미용에 영향을 미치는 중요한 원인이 된다.

④ 특히 황갈반, 비만, 얼굴과 눈 주위가 검푸르고, 손발톱이 연약하여 쉽게 부러지고, 눈이 맑지 않은 경우, 생리불순, 냉증, 우울증일 경우 간경을 응용하여 치료할 수 있다.

3 기경팔맥(奇: 다를 기, 經: 경맥 경, 八: 여덟 팔, 脈: 맥 맥)

1) 기경팔맥(奇經八脈)의 개념

십이경맥(十二經脈)과는 다른 별도의 통로로서 운행하는 8개의 경맥(經脈)으로 ⇒ 독맥(督脈), 임맥(任脈), 충맥(沖脈), 대맥(帶脈), 음유맥(陰維脈), 양유맥(陽維脈), 음교맥(陰蹻脈), 양교맥(陽蹻脈)의 총칭이다.

2) 기경팔맥(奇經八脈)의 특징

① 기경팔맥의 분포는 십이경맥과 달리 규율적이지 않다.

예) 상지에는 기경이 분포하지 않는다.

② 기경팔맥의 주행은 십이경맥과 구별된다.

예) 대맥을 제외하고 나머지는 모두 아래에서 위로 순행한다.

③ 기경팔맥은 장부와도 직접적인 락속(絡屬)관계가 없다.

④ 기경팔맥상호간에표리배합관계가없다. ⇒ "기경(奇經)"

⑤ 독맥, 임맥, 충맥은 모두 자궁에서 시작하여 회음부(會陰部)로 나오기에 "일원삼기(一原三岐: 근원이 같은 길)"라 한다.

3) 기경팔맥(奇經八脈)의 기능

① 십이경맥(十二經脈)들 사이의 연결을 더욱 강화시킨다.

독맥(督脈)은 일신(一身)의 양경(陽經)을 감독하고, 통솔한다.

임맥(任脈)은 일신(一身)의 음경(陰經)을 맡고 있다.

대맥(帶脈)은 세로로 흐르는 모든 경맥들을 묶어서 제약한다.

음, 양교맥(陰, 陽蹻脈)은 일신(一身)의 좌우(左右)음양(陰陽)을 주관한다.

음, 양유맥(陰, 陽維脈)은 일신(一身)의 표리(表裏)음양(陰陽)을 연결한다.

→ 기경팔맥은 이런 역할을 통하여 십이경맥 간의 연결을 더욱 강화하여 기혈(氣血)을 통섭(統攝)하고 음양(陰陽)을 협조한다.

② 십이경맥(十二經脈)의 기혈(氣血)을 조절한다.

십이경맥을 흐른 기혈이 남은 경우, 기경팔맥으로 흘러 들어가서 저장되어 있다가 부족할 경우, 보충시켜준다.

③ 간(肝), 신(腎) 등의 장(臟)과 여자포(女子胞: 자궁), 뇌(腦), 골수 (髓)등의 기항지부(奇恒之腑)와 밀접하게 관련되어, 생리·병리적으로도 서로 일정하게 연결되어 있다.

4) 각 기경팔맥(奇經八脈)의 순행, 생리기능 및 미용방면에서의 응용

(1) 독맥(督: 감독, 통솔 독, 脈: 맥 맥)

일신(一身)의 양경(陽經)을 감독하고, 통솔한다[그림 7-18].

▶ 순행

① 자궁(胞中)에서 시작하여 아래로 회음부로 나와 장강혈(長强穴)을 지나 후배(後背) 부위 정중앙을 따라 풍부혈(風府穴)에 이르러 뇌(腦)로 들어가 연락(聯絡)한다.

② 위(上)로 정수리, 이마, 콧대를 지나 인중혈(人中穴)에 이르러서 윗 입술의 은교혈(齦交穴)로 들어간다.

⇒ 연결된 장부기관: 자궁(女子胞), 신장(腎), 뇌(腦), 목구멍, 눈

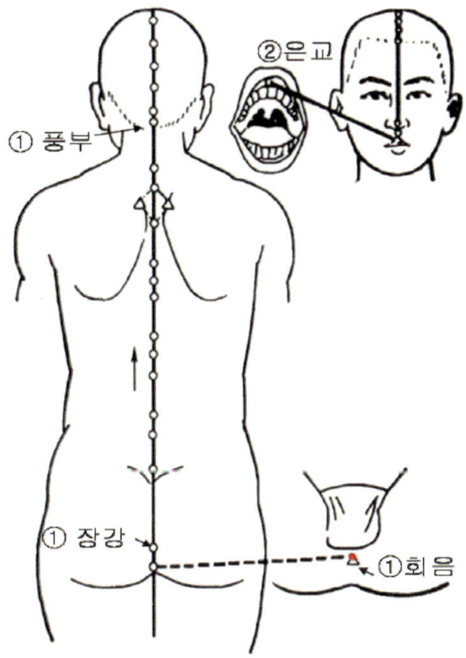

그림 7-18

▶ 생리기능

① 양경(陽經)의 기혈(氣血)을 조절하여 양맥의 바다(陽脈之海)라 한다.

- 독맥은 등 부위의 정중앙을 순행하며 뇌로 들어간다. 머리는 모든 양경(陽經)이 모이는 곳이며, 등 부위는 양에 속한다.
- 독맥의 대추혈(大椎穴)에서 수족(手足) 삼양경(三陽經)이 만난다.

⇒ 독맥은 전신의 양경(陽經)을 통솔한다.

② 신장(腎) 및 골수(髓)기능을 반영한다.

- 독맥은 뇌(腦)에서 연락하고 신장(腎)에 귀속된다.
- 신장은 골수(髓)를 생성하며 뇌를 "골수의 바다(髓海)"라 한다.

⇒ 독맥은 뇌, 신장, 골수와 밀접한 관계가 있다.

③ 생식(生殖)기능을 주관한다.

- 독맥은 신(腎)에 귀속되고 신기(腎氣)와 서로 통하고, 신(腎)은 생식을 주관하기에 생식기능과 관련이 있다.

예) 남자 - 발기부전, 여자 - 불임증

▶ 미용방면에서의 응용

① 독맥은 "양맥의 바다(陽脈之海)"로 모든 양맥과 서로 연결된다.

② 맑고 깨끗한 양의 기운(淸陽之氣: 청양지기)을 위로 올려서 안면부의 기혈(氣血)운행을 소통시켜 두면

부(頭面部)와 오관(五官)의 보건미용에 효과가 있다.

③ 열증(熱證), 코의 질환, 피부(비듬, 가려움증), 모발(탈모)의 병변을 치료하는 데 응용된다.

④ 두통, 현기증, 불면증, 건망증, 이명(耳鳴)에도 효과가 있다.

(2) 임맥(任: 맡길 임, 脈: 맥 맥)

일신(一身)의 음경(陰經)을 맡음[그림 7-19]

▸ 순행

① 자궁(胞中)에서 시작하여 아래로 회음부로 나와 생식기를 거쳐 음모에 이른 다음, 복부, 흉부 정중선을 따라 상행한다.

② 인후를 지나 아래턱에 이르러 입술을 감싼 다음, 독맥의 은교혈(齦交穴)과 만난 후, 다시 양쪽 얼굴을 지나 눈 밑에 이른다.

⇒ 연결된 장부기관: 자궁(女子胞), 인후, 입술, 눈

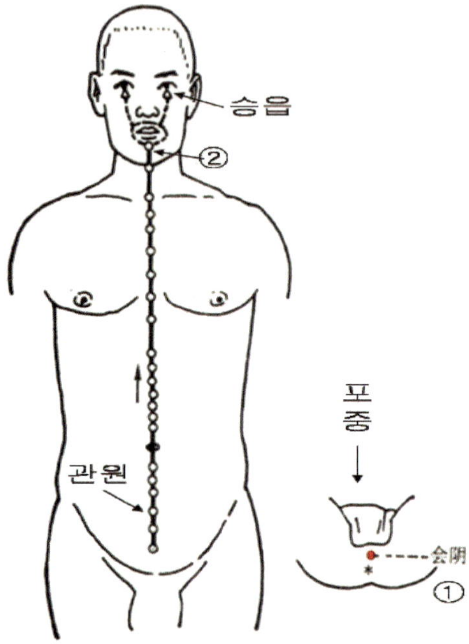

그림 7-19

▸ 생리기능

① 음경의 기혈을 조절하여 "음맥의 바다(陰脈之海)"라 한다.

- 임맥은 복부 정중앙을 운행하며, 족삼음경은 직접 아랫배(관원혈)에서 임맥과 이어진다.
- 수삼음경은 족삼음경의 도움을 받아 임맥과 이어진다.

⇒ "모든 음경을 맡아 총괄하고 있다.(總任諸陰: 총임제음)"

② 월경을 조절하며 여성의 임신과 생식기능을 촉진 시킨다.

⇒ "임맥은 자궁과 태아를 주관한다.(任主胞胎: 임주포태)"

▸ 미용방면에서의 응용

① "음맥의 바다(陰脈之海)"로 하초[(下焦); 간, 신] 장부의 음양을 조절하여, 체질을 개선하고 면역력을 증강하여 항노화 작용을 한다.

② 충, 독맥을 조절하고 임신과 생식계통을 주관하여, 여성의 내분비계통(호르몬)을 조절하며 부인과 질병 치료와 피부 미용에 응용된다.

③ 비위(脾胃)를 조절하여 소화 기능을 촉진시켜 다이어트에 응용한다.

④ 특히 순행 분포 부위로 인해 유방을 풍만하게 하는 데 응용한다.

(3) 충맥(衝: 요충지, 요도 충, 脈: 맥 맥) [그림 7-20]

▸ 순행

① 충맥은 자궁(胞中)에서 시작하여 아래 회음부로 나온다.

② 다시 위(上)로 향해 척추 속으로 순행한다.

③ 바깥쪽으로 순행한 경맥은 족양명위경의 기충혈(氣衝穴)과 족소음신경과 교접(交接)한 뒤, 복부의 양측을 따라 인후부에 이르고 입술 주위를 감싸 돌아 순행한다.

▸ 생리기능

① 십이경맥의 기혈(氣血)을 조절한다.

- 충맥은 위(上)로는 머리, 아래로는 발까지 전신을 관통하기에, 모든 경맥의 기혈(氣血)을 총괄하는 요충지이다.
- 장부의 기혈(氣血)이 여유가 있으면 충맥에 저장되고, 장부의 기혈(氣血)이 부족하면 충맥에서 보충해준다.

⇒ 충맥을 "십이경맥의 바다(十二經脈之海)"또는"오장육부의 바다(五臟六腑之海)"라 한다.

② 생식(生殖)기능을 주관한다.

- 충맥을 "혈의 바다(血海)"라 하며 월경을 조절하는 작용이 있기에, 생식기능과 밀접한 연관이 있다.

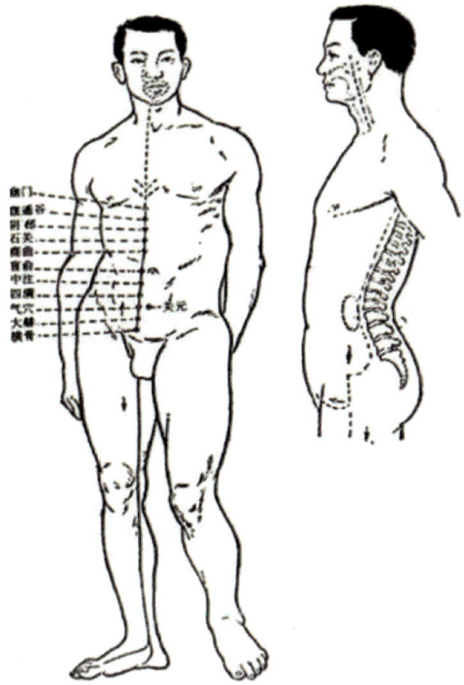

그림 7-20

(4) 대맥(帶:허리 띠 대, 脈: 줄기 맥) [그림 7-21]

▸ 순행

- 장문혈(章門穴)에서 시작하여 아래로 비스듬히 내려가 족소양담경의 대맥(帶脈)을 한 바퀴 돈 후, 오추혈(五樞穴), 유도혈(維道穴)로 내려가 교회(交會)한다.

▸ 생리기능

① 상하로 운행(세로 방향)하는 모든 경맥을 제약하여 그 경기(經氣: 경맥을 흐르는기)가 아래로 내려가지 않게 잡아 준다.

② 여자의 대하(帶下)를 주관하며 또한 태아를 단단하게 보호해주는 역할을 한다.

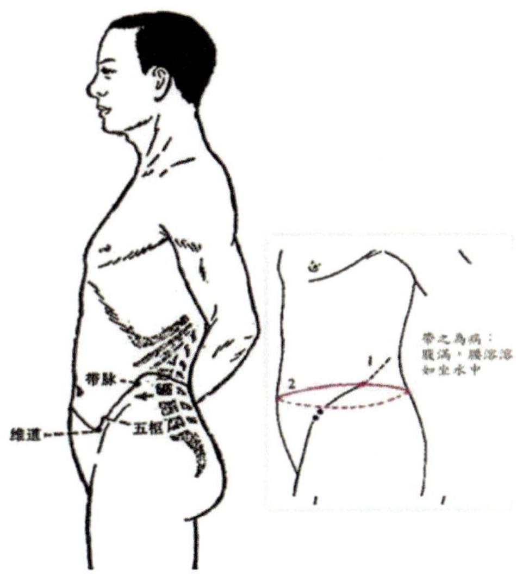

그림 7-21

(5) 음교맥(陰脈) / (6) 양교맥(陽脈) - 좌우 1쌍 [그림 7-22]

일신(一身)의 좌우(左右)·음양(陰陽)을 주관한다.

▸ 음교맥(陰脈)의 순행

- 안쪽 복사뼈 아래에서 시작하여 하지(下肢) 내측과 복부(腹部), 흉부(胸部)를 지나, 눈 안쪽 모서리에 이르러 양교맥과 만난다.

▸ 양교맥(陽脈)의 순행

- 바깥쪽 복사뼈 아래에서 시작하여 하지(下肢) 외측과 복부(腹部), 흉부(胸部)의 측면, 어깨를 지나, 눈 안쪽 모서리에 이르러 음교맥과 만난다.

▸ 생리기능: 교(䟣)- "가볍게 들다"

① 눈꺼풀의 개합(開合)을 규제한다.

② 하지(下肢)의 운동기능을 주관한다.

(7) 음유맥(陰維脈)/(8) 양유맥(陽維脈) - 좌우1쌍 [그림 7-23]

일신(一身)의 표리(表裏)·음양(陰陽)을 연결한다.

▸ 음유맥(陰維脈)의 순행

- 소퇴 내측에서 시작하여 대퇴 내측 및 복부(腹部), 흉부(胸部)로 운행하며, 인후부에 이르러 임맥과 만난다.

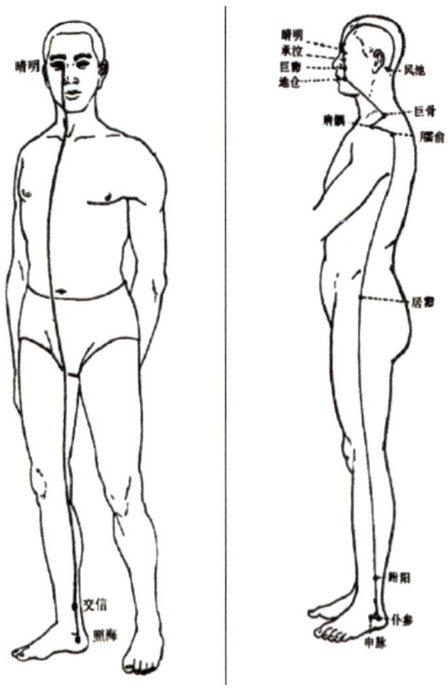

그림 7-22

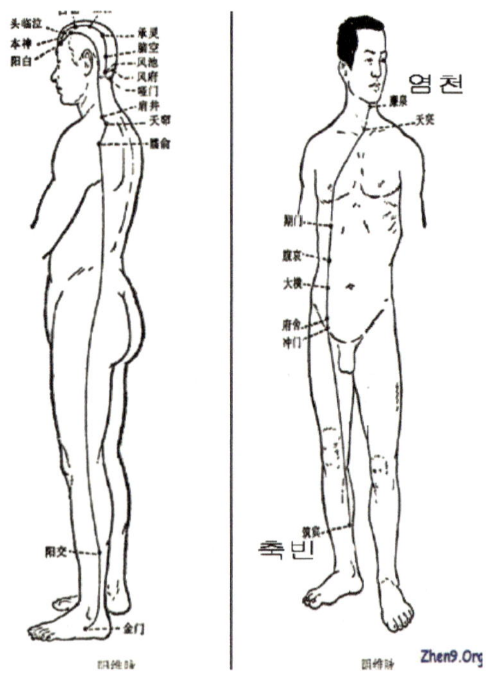

그림 7-23

▶ 양유맥(陽維脈)의 순행

- 바깥쪽 복사뼈 아래에서 시작하여 하지(下肢) 외측, 요배부(腰背部), 머리의 측면과 목 뒤로 분포되며 독맥과 만난다.

▶ 생리기능: 유(維) - "연결, 연락"

① 음유맥은 모든 음경과 연락하며 임맥과 서로 만난다.

② 양유맥은 모든 양경과 연락하여 독맥과 서로 만난다.

4 경락의 작용 및 미용상에서의 응용

1) 경락(經絡)의 작용

(1) 장부 조직기관을 연결하며 표리(表裏) 상하(上下)를 소통시킨다.

① 장부간의 연결된다.

a. 십이경맥은 모두 각각 하나의 장(臟) 하나의 부(腑)에 락속(絡屬)되어 서로 표리(表裏) 관계인 장부를 연결한다.

b. 어떤 경맥은 여러 개의 장부를 연결한다.

예) 족궐음간경은 간(肝)에 속(屬)하고 담(膽)에 락(絡)하며 위(胃)를 끼고 돌아 폐(肺)에 주입된다.

c. 어떤 장부는 여러 개의 경맥이 연결된다.

예) 수태음폐경은 폐(肺)에 속(屬)하고, 수양명대장경은 폐(肺)에 락(絡)하고, 족궐음간경은 폐(肺)에 주입되고, 족소음신경은 폐(肺)에 들어가고, 수소음심경은 위(上)로 폐(肺)에 들어간다.

② 장부와 사지(四肢)·관절(關節) 사이의 연결된다.

- 주로 십이경맥을 통하여 이루어지며 십이경맥은 안으로는 오장육부를 락속(絡屬)하고 그 경맥의 기(氣)는 경근(經筋)에 흩어지고(散), 이어지며(絡), 결합되고(結), 모이게(聚)되어 피부에 퍼진다.

⇒ 피부, 사지관절과 장부는 경맥을 통하여 소통되고 연결된다.

③ 장부와 오관구규(五官九竅) 사이를 연결하고 눈, 코, 귀, 입, 혀, 전음(前陰), 후음(後陰)은 모든 경맥이 운행하는 부위이며 모든 경맥 또한 장부에 속한다.

예) 수소음심경은 눈과 연결되며 그 별락(別絡)을 혀(舌)로 상행하고 족궐음간경은 음기(陰器: 생식기)로 눈에 연결된다.

(2) 기혈(氣血)을 운행시켜 장부조직을 자양(滋養)한다.

- 인체의 각 조직기관은 기혈의 자양을 받아야만 비로소 정상적인 생명활동을 유지할 수 있다.
- 이처럼 기혈(氣血)은 인체생명활동의 기초물질로써 기(氣)의 추진 작용에 의하여 경락 유행을 통하여 전신에 분포되어 장부조직 기관에 영양물질을 공급하고 외부로부터 들어 오는 사기(外邪)를 방어하여 우리 몸을 보호한다.

(3) 감응전도(感應傳導)작용을 한다.

- 감응전도란? 경락계통의 침이나 기타 자극에 대한 감각전달 작용을 말한다.
- 예를 들어 경락의 해당 혈을 자극하면 시큰거리거나 저리고, 뻐근하며 묵직한 느낌이 발생하는데 이러한 현상들이 바로 경락의 감응전도 작용의 표현이다.

(4) 평형(平衡)조절(調節)작용을 한다.

- 경락은 기혈(氣血)을 운행하고 음양을 조화시켜 인체의 기능 활동이 상대적으로 평형 상태를 유지하도록 한다.
- 인체에 질병이 생기면 기혈이 조화롭지 못하고 음양(陰陽)이 고르지 못한 현상이 나타나는데 이때 침이나 뜸, 추나 등으로 경락을 자극하면 쌍 방향 조절 작용을 일으켜 우리 몸이 회복되도록 유리한 방향으로 전환시킨다.
- 예를 들면 위(胃)의 유동운동과 위산분비 조절기능이 있는 족삼리(足三里)를 침자하면 위(胃)기능이 감소된 환자는 위(胃)의 수축기능이 증가하며 위산 분비가 촉진 된다.
- 반대로 위(胃)기능이 항진된 환자는 위(胃)의 수축기능이 감소되며 위산 분비가 억제된다.

2) 미용상에서의 응용

(1) 병리변화를 반영한다.

- 우리 인체는 경락의 연락(聯絡)작용을 통하여 장부를 중심으로 한 유기적인 통일체를 구성한다.
- 병리 상태에서 경락은 또한 병사(病邪)를 전파하는 통로로써 내장에 병이 있으면 경락을 통하여 관련이 있는 형체(形體)·관규(官竅)에 영향을 주는데 주로 얼굴 부위에 미용상 문제를 일으킨다.
- 예를 들면 폐(肺), 위(胃)에 열(熱)이 있으면 여드름, 딸기코를 볼 수 있고, 간기(肝氣)가 울결(鬱結)되면 황갈반이 형성된다.

(2) 병증 진단을 지도한다.

- 얼굴은 미용에서 가장 중요한 부위이자 전신의 경맥이 모이는 곳으로, 각 경맥은 내부의 장과 부에 연결되어 있기에 장부 기혈(氣血)에 비정상적 상태가 발생하면 모두 얼굴로 나타난다.
  ⇒ 얼굴 피부의 색깔과 광택, 반점, 무늬 등의 미세한 변화를 관찰하여 미용상의 문제가 어떤 경락에서 발생한 것인지를 알 수 있다.
- 예를 들면 이마의 여드름은 간(肝), 담(膽)의 경맥이 순행하는 부위이기에 병리 변화가 간경(肝經)과 담경(膽經)에 있으므로 간경(肝經)과 담경(膽經)을 치료해야 한다.
- 코 주위의 여드름은 비(脾), 위(胃)의 경맥이 순행하는 부위이기에 비경(脾經)과 위경(胃經)에 병리 변화가 있으므로 비경(脾經)과 위경(胃經)을 치료해야 한다.

(3) 임상 치료를 지도한다.

- 어떤 경락에 병이 있을 때는 진단 기초 상에서 국소 부위의 수혈과 소속 경락의 원위부(먼 부위) 수혈을 취하여 치료를 진행한다.
- 예를 들면, 위화상염(胃火上炎)으로 인한 여드름은 족양명위경의 내정혈(內庭穴), 간기울결(肝氣郁結)로 인한 황갈반에는 족궐음간경의 행간혈(行間穴), 태충혈(太衝穴)을 취한다.
- 이외에 얼굴은 미용에 있어서 가장 중요한 부위이기에 얼굴에 순행하는 족양명위경(얼굴 중앙), 수양명대장경(얼굴 측면), 족태양방광경(이마)은 가장 흔히 사용하는 미용 경락이다.

학습정리

1. 경락은 경맥(經脈)과 락맥(絡脈)의 총칭으로 전신의 기혈(氣血)을 운행하고 장부(臟腑)와 사지(四肢: 팔, 다리)를 연결하여 상하(上下)와 내외(內外)를 소통시켜 인체 기능을 조절하는 "특수한 네트워크(통신 그물망)계통"이다.

2. 경락계통은 경맥부분, 락맥부분, 연속부위로 구성되어 있다.

3. 경맥부분
   ① 십이경맥(十二經脈)
   - 수족삼음경(手足三陰經)과 수족삼양경(手足三陽經)을 합쳐서 모두 십이경맥 또는 십이정경(十二正經)이라고 불린다.
   - 기혈(氣血) 운행의 중요한 통로이다.

   ② 기경팔맥(奇經八脈)
   - 기(奇)는 이(異:다르다)와 같은 의미로, 즉 정경(正經: 십이경맥)과 다른 것을 기경(奇經)이라 한다.
   - 기경(奇經)에는 독맥, 임맥, 충맥, 대맥, 음교맥, 양교맥, 음유맥, 양유맥이 있으며 십이경맥의 기혈(氣血)을 통솔하고 연락하며 조절하는 작용을 한다.

   ③ 십이경별(十二經別)
   - 십이경맥에서 갈라져 나온 지맥(支脈: 가지)을 말한다.
   - 십이경맥에서 서로 표리관계인 두 경맥과의 관계를 더욱 깊게 하여 정경(正經)이 순행하지 못하는 기관(器官)이나 형체부위를 운행함으로써 정경(正經)의 부족한 점을 보충해주는 역할을 한다.

4. 락맥부분
   ① 십오별락(十五別絡)
   - 경맥에서 갈라져 나와 별도로 주행하는 락맥(絡脈)을 말한다.
   - 십이경맥, 독맥, 임맥에서 각각 하나의 락맥(14) + 비지대락(脾之大絡)(1) = 15
   - 십오별락은 락맥 중 비교적 크고 중요한 락맥으로 표리관계인 두 경맥이 체표에서 서로 연결되어 기혈(氣血)을 주입하는 작용을 한다.

   ② 손락(孫絡): 락맥(絡脈) 중 제일 가느다란 분지

   ③ 부락(浮絡): 체표의 얕은 부위에서운행하며 흔히 떠올라 있어 눈으로 볼 수 있는 락맥(絡脈)이다.

5. 연속부위
   ① 십이경근(十二經筋): 십이경맥의 기(氣)가 근육, 관절에서 결합하고(結) 모이며(聚), 흩어지고(散), 이어지는(絡) 체계이자 인체의 근육관절을 자양하고 지배하여 인체의 운동기능을 정상적으로 유지하는 작용이 있다.

   ② 십이피부(十二皮膚): 락맥의 기(氣)가 피부에 분포되어 있는 곳으로 십이경맥의 기능 활동이 체표에 반영되는 부위이다.

8

병인학설(病因學說), 병기학설(病機學說)과 미용

학습목표

1. 병인(病因)에서 육음(六淫)의 개념, 특징, 미용방면에서의 응용에 대하여 이해하고 설명할 수 있도록 학습한다.
2. 병인(病因)에서 칠정(七情)의 개념, 특징, 미용방면에서의 응용에 대하여 이해하고 설명할 수 있도록 학습한다.
3. 병인(病因)에서 병리적 생산물(病理産物)과 기타 요인의 개념 및 미용방면에서의 응용에 대하여 이해하고 설명할 수 있도록 학습한다.
4. 병기(病機)에서 정기와 사기의 성쇠(邪正盛衰)와 음양의 불균형(陰陽失調)의 개념과 임상 표현에 대하여 이해하고 설명할 수 있도록 학습한다.
5. 병기(病機)에서 기혈과 진액대사의 불균형의 개념과 분류에 대하여 이해하고 설명할 수 있도록 학습한다.

학습개요

1. 병인(病因)
   1) 육음(六淫)
      (1) 육음(六淫)의 개념
      (2) 육음(六淫)의 생성
      (3) 육음(六淫)의 특징
      (4) 육음(六淫)의 각각 특징 및 미용방면에서의 응용
   2) 칠정(七情)
      (1) 칠정(七情)의 개념
      (2) 칠정(七情)의 특징
   3) 병리적 생산물(病理産物)
   4) 기타 요인

2. 병기(病機)

1) 정기(正氣)와 사기(邪氣)의 성쇠(盛衰)
   (1) 정기(正氣)와 사기(邪氣)의 개념
   (2) 실(實)
   (3) 허(虛)

2) 음양의 불균형(陰陽失調)
   (1) 음양(陰陽) 편성(偏盛)
   (2) 음양(陰陽) 편쇠(偏衰)
   (3) 음양(陰陽) 호손(互損)

3) 기혈의 불균형(氣血失調)

4) 진액대사의 불균형(津液代謝失常)

학습내용

◆ **병인학설(病因學說)**

한방의학에서 인체는 장부와 조직이 외부 환경 사이에서 서로 대립(對立), 제약(制約)하면서 동시에 하나의 통일체를 이루고 있다. 음양(陰陽)의 상대적인 동적 상태의 평형으로 인체의 정상적인 생리활동을 유지하는데, 이러한 평형상태가 어떤 원인에 의해 파괴되거나 인체 스스로 조절할 수 없어서 회복되지 못할 때 "질병"이 발생한다.

⇒ 병인(病因): 인체의 상대적 평형상태가 파괴되어 질병(疾病)이 일어나는 원인(原因) [그림 8-1]

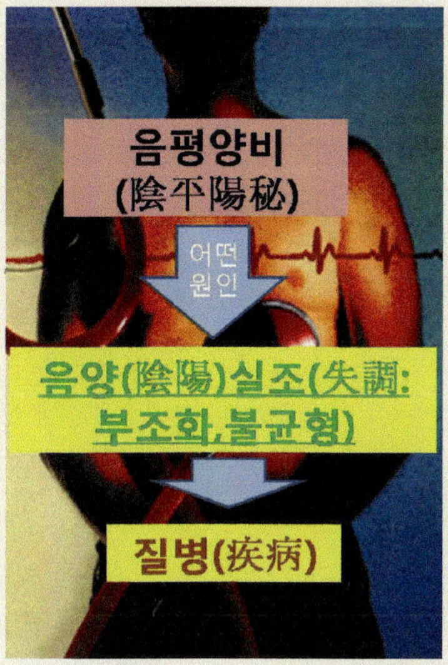

그림 8-1

1 병인(病因): 질병이 일어나는 원인 [그림 8-2]

1) 육음(六: 여섯 육, 淫: 과도할 음)

(1) 육음(六淫)의 개념

바람(風: 풍), 추움(寒: 한), 더위(暑: 서), 습기(濕: 습), 건조(燥: 조), 불(火: 화) "여섯 종류"의 외부에서 침범하여 인체에 질병을 일으키는 사기[(邪氣)=(외감병사, 外感病邪)]를 총칭한 말이다[그림 8-3].

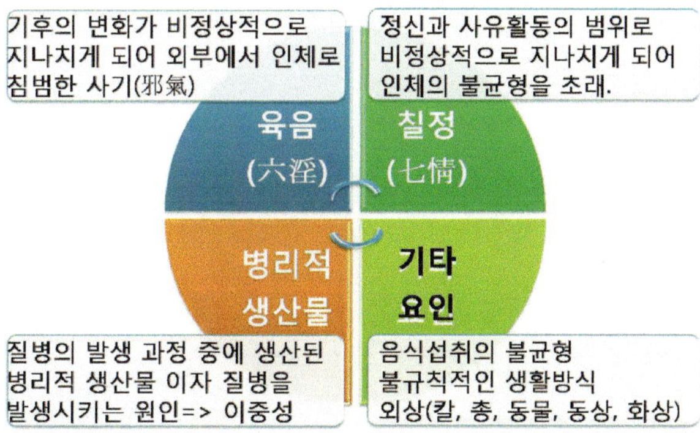

그림 8-2

(2) 육음(六淫)의 생성

자연계의 기후 변화인 "육기(六氣)"인 바람(風: 풍), 추움(寒: 한), 더위(暑: 서), 습기(濕: 습), 건조(燥: 조), 불(火: 화)이 너무 지나치거나 부족할 때, 또는 계절마다 상응하는 기(氣)가 나타나지 않거나 기후가 갑자기 변할 때, 인체의 정기(正氣)가 부족하여 면역력이 저하될 때, 육기(六氣)는 질병을 일으키는 원인인 "육음(六淫)"이 되어 인체를 침범한다[그림 8-4].

그림 8-3

그림 8-4

(3) 육음(六淫)의 특징

① 외감성(外感性)

육음은 외부에서 침범해 인체에 질병을 일으키는 사기(邪氣)로써 인체의 표면을 통하여 또는 입과 코를 통해 침입한다[그림 8-5].

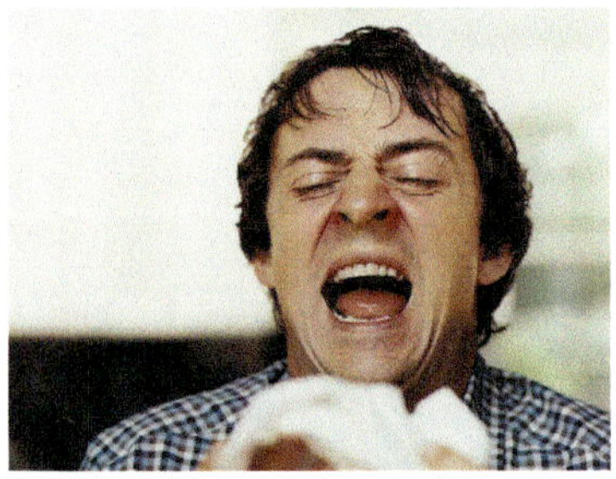

그림 8-5

② 계절성(季節性)

불(火: 화)을 제외하고 오기(五氣)는 오행학설에 근거하여 계절성이 뚜렷하다.

예) 봄(春) → 바람(風: 풍)으로 인한 병
겨울(冬) → 추움(寒: 한)으로 인한 병
여름(夏) → 더위(暑: 서)로 인한 병
늦여름(장마철 長夏) → 습기(濕: 습)로 인한 병
가을(秋) → 건조(燥: 조)로 인한 병[그림 8-6]

그림 8-6

③ 지역성(地域性)

육음(六淫)으로 인한 병은 생활 및 직업 환경과 밀접하게 관계되어 있다. 예를 들어서 북고원지대는 추움(寒: 한), 건조(燥: 조)로 인한 병이 많이 발생하고 동남 해변 지대는 습기(濕: 습)로 인한 병이 많이 발생한다.

④ 동시성(相兼性)

육음(六淫)은 단독으로 발생하기도 하지만 두 종류 이상의 사기(邪氣)가 동시에 인체에 침입하여 병을 발생시킨다. 예를 들어 풍한(風寒)감기는 바람(風: 풍)과 추움(寒: 한)으로 인해 감기를 발생시킨다.

⑤ 전화성(轉化性)

육음(六淫)의 성질이 일정한 조건인 "극(極: 다하다, 이르다), 중(重: 중복되다)"아래에서 서로 전화(轉化: 질적 변화)할 수 있다. 예를 들어 한사(寒邪)로 인해 몸이 으슬으슬 춥다가 점점 고열이 발생하는 것이 바로 추움(寒: 한)에서 불(火: 화)로 전화된 것이다.

(4) 육음(六淫)의 각각 특징 및 미용 방면에서의 응용

그림 8-7

① 바람(風: 풍) [그림 8-7]

봄철의 주요한 기후(일년 사계절 모두 바람이 나타나므로 풍사(風邪)에 의한 질병은 봄철뿐만 아니라 다른 계절에도 발병할 수 있다)

▸ 특징

a. 양사(陽邪)이며 개설(開泄:위로 오르고 밖으로 나감)하는 성질이 있어 인체의 상(上)부위인 인체 표면, 상초[(上焦): 폐(肺), 심(心)]와 두면부를 침범한다.

b. 돌아다니는 것을 즐기고 변화가 빠르다. = 선행(善行)삭변(數變)

예) 풍사(風邪)로 인한 관절통은 통증 부위가 일정하지 않고 이동하며 풍사(風邪)에 의해 발생한 외감병(外感病)은 급성이다.

c. 모든 병의 우두머리이다. = 백병지장(百病之長)

예) 임상에서는 외감병을 일으킬 때, 풍사(風邪)가 앞장을 서서 한(寒), 습(濕), 조(燥), 열(熱) 사기(邪氣) 등과 함께 인체를 침범한다.

▸ 미용방면에서의 응용

a. 양사(陽邪)이며 개설(開泄: 위로 오르고 밖으로 나감)하는 성질이 있어 인체의 상(上) 부위인 인체 표면, 상초[(上焦): 폐(肺), 심(心)], 두면부를 침범한다.

→ 특히 얼굴, 오관 등의 피부에 침범하여 모공을 확장시키고 여드름, 습진, 딸기코, 가려움증 등의 질병이 발생한다.

b. 돌아다니는 것을 즐기고 변화가 빠르기 때문에 풍사는 각종 다양한 외모 손상성 질병을 발생시키며 발병 속도도 빠르고 치유 속도 역시 빠르다.

c. 모든 병의 우두머리이기 때문에 인체를 침범할 때, 다른 사기(邪氣)들이 풍(風)에게 의존한다. 그리하여 한방 미용의 피부 보호 및 치료의 중요한 원칙은 풍을 제거(祛風: 거풍)하는 것이다.

d. 음허(陰虛), 혈허(血虛), 어혈(瘀血)로부터 비롯한 건조함(血瘀化燥)에 인한 내풍(內風)은 질병의 발생기간이 길고 가려움증이 심하고 피부가 건조해지고 트며 아토피 증상이 나타난다. 또한 피부색이 칙칙해지며 모발이 푸석거리고 갈라지며 탈모가 진행된다.

② 추움, 차가움(寒: 한) [그림 8-8]

겨울철의 주요한 기후(기온이 비교적 낮은 겨울이나 기온이 갑작스럽게 내려갈 때, 인체가 방한에 부주의 하거나 그 외에도 비를 맞거나 땀을 흘린 후, 바람을 맞으면 한사(寒邪)가 침범한다)

▸ 특징

a. 음사(陰邪)로서 양기(陽氣)를 손상시키기 쉽다. 음(陰)이 성(盛)하면 한(寒)이 생긴다. = 음성즉한(陰盛則寒), 한(寒)은 특히 양기(陽氣)의 온후(溫煦: 인체의 체온을 높여줌) 작용을 손상시켜서 오한(惡寒)이 나고 얼굴색이 창백해지고 팔, 다리가 차가워진다.

그림 8-8

b. 응체(凝滯)되어 통증으로 나타난다.

⇒ 응체(凝滯): 응결되어 막혀서 통하지 않는다.

한(寒)은 양기(陽氣)를 응체시켜서 기혈(氣血)진액(津液)의 운행을 저하시키고 경맥(혈관)이 막히면서 통증이 나타난다.

c. 수축되고 끌어당긴다.

⇒ 수인(收引): 한사(寒邪)가 침범하면 기기(氣機: 기의 운동)가 저하되고 경락, 근육 및 경맥이 수축되어 팔, 다리를 펼 수 없고 손발이 싸늘해지며 마비증상이 나타난다.

▸ 미용방면에서의 응용

a. 음사(陰邪)로서 양기(陽氣)를 손상시키기 쉽고 응체(凝滯)되어 수축되고 끌어 당기기 때문에 혈관이 수축되고 땀샘의 활동 역시 저하되어 피부의 진액(津液) 대사가 비정상적이 된다.

b. 장시간 한사(寒邪)에 노출될 경우, 피부가 건조해지고 살이 트며 아토피 증상이 나타나고 가려움증이 심해진다.

c. 비를 맞거나 땀을 흘린 후, 바람을 맞아 습사(濕邪)와 한사(寒邪)가 동시에 인체에 침범한 경우, 피부의 혈관이 막혀서 혈액 순환에 문제가 생겨 동상, 동창, 두드러기가 생긴다.

d. 겨울에는 피부 보온과 보습이 가장 중요하다.

e. 비신양허(脾腎陽虛)로 인한 내한(內寒)은 온후(溫煦) 작용의 형체와 정신의 기능 저하로 얼굴색이 창백해지고 정신이 혼미해지며 부종, 비만, 추위를 타고 성기능 저하와 탈모가 발생한다.

③ 더위(暑: 서) [그림 8-9]

여름철의 주요한 기후

- 화열(火熱)이 변화한 것으로, 명확한 계절성을 가진다.

[하지(夏至): 일년 중 태양이 가장 높이 뜨고 낮의 길이가 긴 절기로, 양력 6월 21일 무렵이고 ~ 입추(立秋): 여름이 끝나고 가을로 접어 들었다는 뜻의 절기로, 양력 8월 8~9일 경)]

- 외감병사(外感病邪)에만 속하고 내서(內暑)는 다른 육음(六淫)들과 달리 없다[그림 8-10].

그림 8-9

그림 8-10

▸ 특징

a. 양사(陽邪)이며 화열(火熱)이 변화되어 온 것으로 불처럼 뜨거운 성질이다. 서사(暑邪)가 인체에 침범하면 고열이 나고 심장이 두근거리며 얼굴이 붉어진다.

b. 승산(昇: 오를 승, 散: 흩어질 산)의 성질로 머리나 눈을 침범하여 심신(心神)을 어지럽히고 진액(津液)을 손상(다량의 땀)시켜서 기(氣)를 소모 시킨다.

c. 자주 습사(濕邪)와 동시에 침범한다. 여름철의 기후는 무덥고 비가 많이 와서 열(熱)이 습(濕)을 증발시키므로 서사(暑邪)와 습사(濕邪)가 결합한 병이 많이 발생한다. 열이 나면서 피곤하고 매스껍고 설사 증상이 나타난다.

▸ 미용방면에서의 응용

a. 양사(陽邪)이며 화열(火熱)이 변화되어 온 것으로 자주 습사(濕邪)와 동시에 침범하기 때문에 피부가 붉어지면서 두드러기, 알레르기 증상 등 피부 질환이 쉽게 발생한다.

b. 승산(昇: 오를 승, 散: 흩어질 산)의 성질로 인체를 침범하여 피부 땀구멍을 열어주고 다량의 땀을 배출시켜 진액을 손상시키고 기(氣)를 소모 시킨다. 그리하여 진액(津液)이 부족하면 다크써클, 주름 등이 심해진다.

c. 특히 중년 여성은 여름철의 자외선으로 인해 피부의 손상이 심해지는데 자외선은 피부의 멜라닌 색소가 증가하면서 색소침착이 생기고 반흔이나 피부색이 어두워진다. 또한 콜라겐 양을 감소시켜서 피부가 늘어지고 주름이 생기기 쉽다.

d. 서사(暑邪)는 피부노화의 중요한 외부적 병인(病因)이다.

④ 습기(濕: 습) [그림 8-11]

늦여름(長夏)의 주요한 기후(여름철의 무더운 기가 내려가기 시작하나 땅의 수기(水氣)가 위로 증발하여 습기가 충만하게 되어 일년 중 습기가 가장 많은 계절이다.)

▸ 특징

a. 음사(陰邪)로서 기기(氣機)를 막고 양기(陽氣)를 손상시키기 쉽다. 비(脾)는 건조한 것을 좋아하고 습한 것을 싫어하는 성질 때문에 비(脾)의 양기(陽氣)를 손상시켜 운화(運化) 기능을 저하시키므로

수습(水濕)이 체내에 머물러 설사와 수종, 소변이 적다. 또한 비위(脾胃)의 승강(昇降)기능이 저하되어 밥맛이 없어지고 배가 더부룩 하며 대변이 묽고 대변을 봐도 시원하지 않나.

b. 중탁(重濁)한 성질이다. 무겁고 탁한 성질로 습사(濕邪)로 인한 질병의 증상은 머리 속에 주머니가 들어 있는 것처럼 무겁고 온몸이 나른하고 피곤하다.

c. 점체(粘滯)한 성질이다. 끈적끈적하고 정체하는 성질로 증상에서는 대변이 끈끈하여 시원하게 배설하지 못하고 기타 분비물 역시 끈적끈적하고 더럽다. 또한 발병 기간에서 역시 오래 간다.

d. 아래로 내려가는 것으로 음위(陰位)를 손상시킨다. 습(濕)의 성질이 중탁하여 아래로 내려가기 때문에 인체의 하부(下部)를 손상시키기 쉽다.

그림 8-11

▸ 미용방면에서의 응용

a. 습(濕)의 무겁고 탁한 중탁(重濁) 성질과 끈적끈적하고 정체하는 점체(粘滯) 성질로 두드러기, 여드름, 습진, 암내 등 증상이 발생한다.

b. 음사(陰邪)로서 기기(氣機)를 막고 양기(陽氣)를 손상시키기 쉬우므로 비(脾)의 운화(運化) 기능을 저하시켜서 수종이 발생하며 피부 노화가 시작되어 주름이 나타나기 쉽다.

c. 비(脾)의 운화(運化) 기능이 저하되어 내습(內濕)이 생겨 담습(痰濕)이 머물러 정체된다. 그리하여 살이 찌고 정신이 혼미해지며 자주 졸리고 잘 때 코를 골며 피부색은 광택이 없고 황갈반이 생긴다.

d. 습(濕)이 울결(鬱結)되어 열(熱)로 전화되어 얼굴 위로 나타날 경우, 황갈반, 여드름, 구취, 잇몸질환이 생기기 쉽다.

⑤ 건조(燥: 조) [그림 8-12]

가을철의 주요한 기후(기온이 차츰 서늘해지고 공기 중의 습도가 점차 내려가기 때문에 서늘하고 건조한 기후를 나타낸다.)

▸ 특징

a. 건조(乾燥)하여 진액(津液)을 손상시킨다. 입과 코가 건조해지고 목이 마르고 피부가 튼다. 또한 모발에 윤기가 없고 소변이 적고 변비가 발생한다[그림 8-13].

그림 8-12

b. 폐(肺)를 쉽게 손상시킨다. 폐는 교장(嬌臟)으로 자연계의 기(氣)와 직접적으로 연결되어 있어 관규(官竅)인 코와 오화(五華)인 피부를 통하여 가을의 기(秋氣)인 조사(燥邪)가 침범하기 쉽다. 폐에 침범하게 되면 진액(津液)을 손상시키고 선발(宣發)과 숙강(肅降)의 기능을 저하시켜서 마른 기침이나 걸쭉한 가래를 뱉는다.

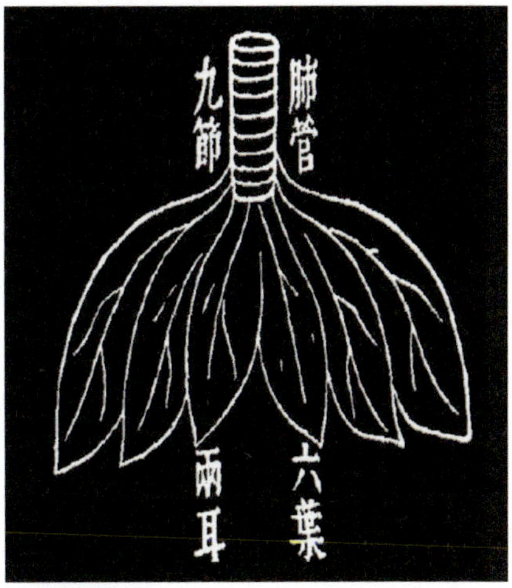

그림 8-13

▶ 미용방면에서의 응용

a. 건조(乾燥)하여 진액(津液)을 손상시키므로 입과 코가 건조해지고 목이 자주 마르며 목소리가 쉰다. 또한 피부가 건조해지면서 트고 모발 역시 푸석거리고 건조해지며 광택이 없다.

b. 폐(肺)를 쉽게 손상시켜서 오화(五華)인 피부와 표리관계인 대장(大腸)에 증상이 나타나게 되는데 두드러기, 포진(수포나 농포와 같은 발진)과 같은 피부 질환이 발생하고 대장(大腸) 기능을 저하시켜서 변비증상도 동반하게 되면서 여드름이 심해진다.

⑥ 불(火: 화), 뜨거움(熱: 열) [그림 8-14]

양(陽)이 성(盛)하면 열(熱)이 생긴다. 양성즉열(陽盛則熱)

⇒ 화열(火熱)

- 더위(暑: 서)
  - 명확한 계절성이 있다.
  - 외서(外暑) ○
    내서(內暑) ×
- 불, 뜨거움(火熱:화열)
  - 명확한 계절성이 없다.
  - 외열(外熱) ○
    내화(內火) ○
- 온(溫) < 열(熱) < 화(火) [그림 8-15]

그림 8-14

그림 8-15

▶ 특징

a. 양사(陽邪)이며 진액(津液)을 손상시키며 기(氣)를 소모한다. 화(火)의 연소하는 성질에 의해 진액(津液)을 밖으로 증발시키고 병리적인 화(火)는 기(氣)를 소모시킨다.

b. 염상(炎: 불꽃 염, 上: 위 상)의 성질로 위를 향하는 불

꽃 형태를 가리킨다.

c. 풍(風)을 생기게 하고 혈(血)을 이동시킨다. 화열(火熱)의 사기(邪氣)가 간(肝)의 음혈(陰血)을 손상시키면 간풍내동(肝風內動) 증상인 고열과 손발이 떨리면서 눈이 뒤집어진다. 또한 경락을 손상시켜서 각종 출혈이 발생한다.

d. 심신(心神)을 교란시킨다. 심기(心氣)와 상응하고 심(心)은 신(神)을 저장하기 때문에 초조해지고 경솔해지며 헛소리를 하는 증상이 나타난다.

e. 종기를 일으키기 쉽다. 인체의 혈분(血分: 혈에 해당 부분)에 침범하여 국부에 붉고(紅: 홍), 붓고(腫: 종), 따갑고(熱: 열), 통증(痛: 통)이 발생한다.

▶ 미용방면에서의 응용

a. 양사(陽邪)이며 염상(炎: 불꽃 염, 上: 위 상)의 성질로 인체의 상(上) 부위에 증상이 많이 나타난다. 예를 들어 심화(心火)가 위(上)로 올라가서 입과 혀에 종기가 생기고 위화(胃火)가 심해져서 잇몸이 붓고 아프며 피부 발진이 생기기 쉽다. 또한 간화(肝火)가 위로 올라가서 눈이 벌겋게 붓고 통증이 나타나며 황갈반이 생긴다.

b. 진액(津液)을 손상시키고 풍(風)을 생기게 하고 혈(血)을 이동시키는데 간풍내동(肝風內動)으로 인해 혈액순환이 가속화되고 피부발진과 종기가 생긴다.

2) 칠정(七: 일곱 칠, 情: 감정 정) [그림 8-16]

(1) 칠정(七情) 의 개념

기쁨(喜: 희), 슬픔(悲: 비), 근심(憂: 우), 생각(思: 사), 분노(怒: 노), 두려움(恐: 공), 놀람(驚: 경) 등 "일곱 종류"의 정상적인 감정과 정신 활동을 총칭하는 말이다.

↓ 비정상

갑자기 강렬한 자극을 받거나 장기적으로 정신적 자극이 지속되었을 경우, 인체의 생리활동 범위를 "초과"하게 된다. ⇒ 내상(內傷)칠정(七情)

(2) 칠정(七情) 의 특징 [그림 8-17]

① 정신적 자극과 연관된다.

칠정(七情)은 정신적인 질병을 발생시키는 요소로서 질병의발생은정신적자극과밀접하게연관되어있다.

그림 8-16

② **직접적으로 내장(內臟)을 손상시킨다.**

심(心)은 군주지관(君主之官)이면서 오장육부의 주인으로 칠정(七情)은 심(心)에서부터 나오나 오장(五臟)과 상응하여 오지(五志)로 분류된다.

기쁨(喜: 희) ——→ 심(心)

슬픔(悲: 비), 근심(憂: 우) ——→ 폐(肺)

생각(思: 사) ——→ 비(脾)

분노(怒: 노) ——→ 간(肝)

두려움(恐: 공), 놀람(驚: 경) ——→ 신(腎)

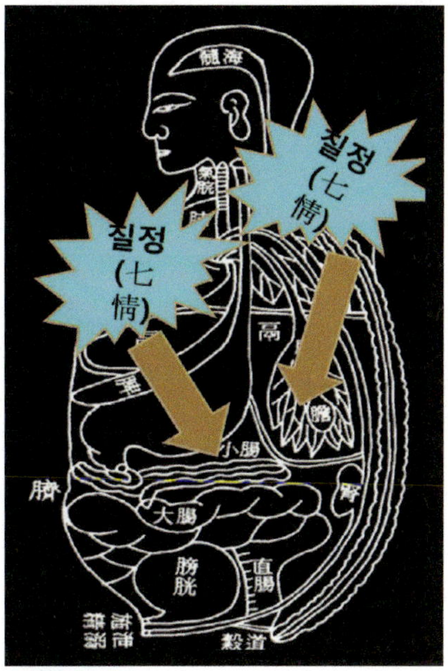

그림 8-17

③ 장부(臟腑)의 "기기(氣機: 기의 운동)"에 영향을 준다.

a. **기쁨(喜: 희)은 기(氣)를 완화시킨다.**

= 희즉기완(喜則氣緩) [그림 8-18]

기쁨은 심(心)의 정서로 긴장된 상태를 완화시켜 준다.

⇒ 과도해지면, 심(心)이 손상되어 정신착란이 일어나고 미치거나 자제력이 떨어진다.

b. **슬픔(悲: 비)은 기(氣)를 소모시킨다.**

= 비즉기소(悲則氣消) [그림 8-19]

슬픔은 폐(肺)의 정서이다.

⇒ 과도해지면 폐기를 소모시켜 호흡이 가빠지고 가슴이 답답해지며 게을러진다.

c. **생각(思: 사)은 기(氣)를 응결시킨다.**

= 사즉기결(思則氣結) [그림 8-20]

생각은 비(脾)의 정서이다.

⇒ 과도해지면, 비(脾)가 손상되어 기기(氣機)가 응결되고, 중초(中焦)가 막혀서 비(脾)의 운화기능이 저하되고 식욕이 부진하고 배가 더부룩하고 설사를 하며 무기력해지는 증상이 나타난다.

그림 8-18

그림 8-19

그림 8-20

d. **분노(怒: 노)는 기(氣)를 올려준다.**

= 노즉기상(怒則氣上) [그림 8-21]

분노는 간(肝)의 정서이다.

⇒ 과노해지면 기(氣)가 역(逆)으로 올라가서 머리가 어지럽고 두통이 오며 얼굴이 붉어지고 귀에서 소리가 나며 심지어 각혈 증상까지 나타난다.

e. **놀람(驚: 경)은 기(氣)를 혼란시킨다.**

= 경즉기란(驚則氣亂) [그림 8-22]

놀람은 신(腎)의 정서로, 자기도 모르게 갑자기 느끼는 정서이다.

⇒ 놀람은 심(心)의 기를 혼란시키면 심(心)은 혈(血)을 주관하는 기능이 있으므로 놀람은 기혈(氣血)의 불균형화를 초래한다.

f. **무서움(恐: 공)은 기(氣)를 내려가게 한다.**

= 공즉기하(恐則氣下) [그림 8-23]

무서워함은 신(腎)의 정서로 사람이 어떤 것에 대하여 무섭고 두려워하는 정서이다.

⇒ 과도해지면 신(腎)이 손상되어 기(氣)를 잡아주지 못하고 아래로 내려간다. 그로 인해 대소변을 제어할 수 없고 뼈가 약해지고 힘이 없는 증상이 나타난다.

그림 8-21

그림 8-22

그림 8-23

3) 병리적 생산물(病理產物)

질병 과정 중에 장부의 기능 저하로 인해 형성된 병리적 생산물이자 지속적으로 질병을 일으키는 원인이기도 한다.

⇒ "이중성" 그 예로 어혈(瘀血), 담음(痰飮), 결석(結石)등을 살펴볼 수 있다[그림 8-24].

① 어혈(瘀血)

기체(氣滯), 기허(氣虛), 혈한(血寒), 혈열(血熱) 혹은 외상(外傷)으로 인하여 혈액 운행 중 정체되거나 맥(脈: 혈관) 밖으로 흘러나와 혈(血)이 뭉치는 것을 말한다.

▸ 미용방면에서의 응용

어혈이 생기면 통증, 출혈, 반흔이 생기며 특히 손과 발에 반흔이 나타나고 탈모, 피부 건조, 각질 및 손, 발톱이 갈라진다.

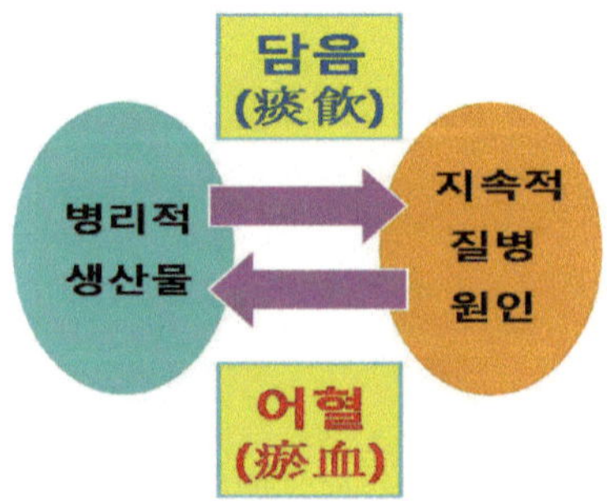

그림 8-24

② 담음(痰飮)

진액(津液)대사 장애로 형성된 병리적 생산물이자 질병 원인이다.

▸ 미용방면에서의 응용

담음이 경락 및 피부에 정체되면 피하조직에 결절이 생기며 수종이 발생한다.

4) 기타 요인 [그림 8-25]

① 음식섭취의 불균형

- 장시간 동안 먹으면 피부색이 어두워지고 피부가 건조해진다.
- 장시간 동안 쓰고 차게 먹으면 양(陽)을 손상시켜 위(胃)를 상하게 하여 얼굴색이 하얗고 입술에 광택이 없으며 수족냉증이 나타난다.
- 장시간 동안 맵게 먹는 것은 피부병의 금기증이다.
- 장시간 동안 기름진 음식을 먹으면 담습(痰濕) 내열(內熱)로 비만이 생기고 지성피부 및 여드름이 발생한다.
- 장시간 신 음식을 먹으면 치아 색이 변하고 흔들리고 충치가 발생한다.

② 불규칙적인 생활방식

③ 외상(外傷: 칼, 총, 동물, 동상, 화상)

▸ 병기학설(病機學說)

질병의 발생, 발전, 변화는 환자의 신체 상황과 병을 일으키는 사기(邪氣)의 성질과 밀접하게 관련되어 있다. 병기(病機)는 음양(陰陽)의 상대적인 동적 상태의 평형을 파괴(질병상태)하면서 장부와 경락의 기능 저하와 기혈(氣血)의 불균형으로 전신 혹은 국소 부위에 여러 가지 병리 변화가 발생한다.

⇒ 병기(病機): 질병의 발생, 발전, 변화의 "원리(메커니즘)" [그림 8-26]

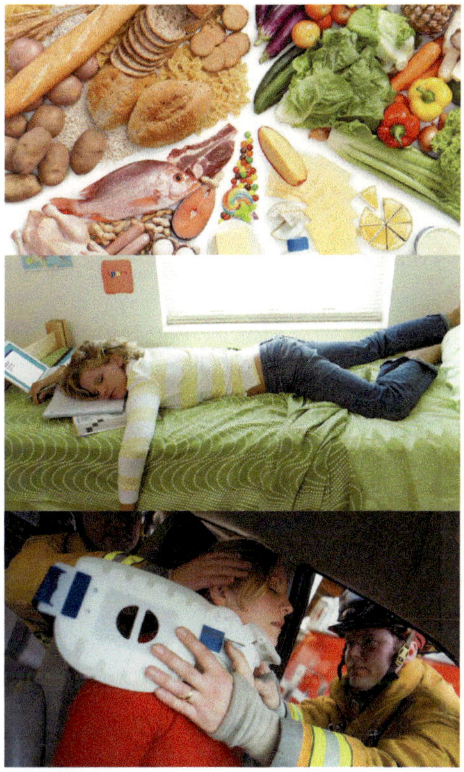

그림 8-25

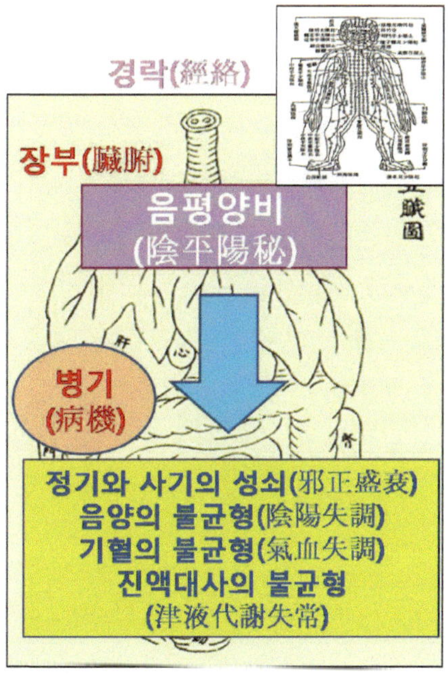

그림 8-26

2 병기(病機): 질병의 발생, 발전, 변화의 "원리(메커니즘)" [그림 8-27]

그림 8-27

1) 정기(正氣)와 사기(邪氣)의 성쇠(盛衰)

(1) 정기(正氣)와 사기(邪氣)의 개념

- 정기(正氣): 인체의 정상적인 기능 활동의 총체
  ① 자아조절 능력
  ② 환경적응 능력
  ③ 질병 방어, 저항 능력
  ④ 자아 치유, 회복 능력
- 사기(邪氣): ⇔ 정기(正氣)
  = 병사(病邪), 사(邪): 질병을 일으키는 요인
  예) 육음, 칠정, 외상, 담음 등 [그림 8-28]

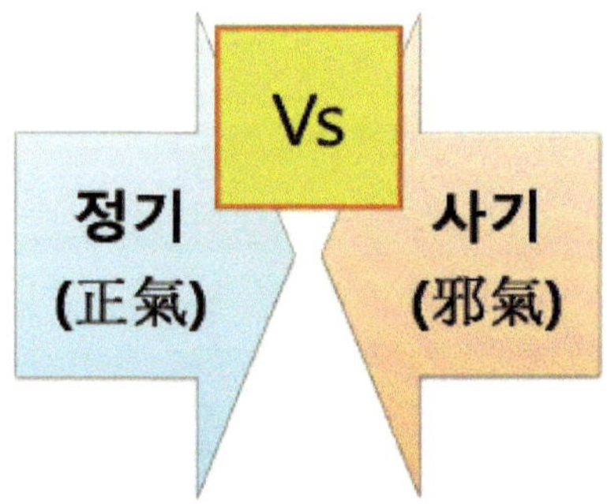

그림 8-28

(2) 실(實)

정기(正氣)가 부족하지 않는다.
= 정기미허(正氣未: 아닐 미, 虛: 부족)
사기(邪氣)가 과도하게 강하다.
= 사기성(邪氣盛: 번성 성)
: 질병 발생 직후, 사기(邪氣)가 성(盛)하고 정기(正氣)가 아직 허(虛)하지 않아서 상호 대립, 투쟁이 격렬하게 반응하는 상태이다.

* 임상증상
고열(38도 이상)이 나고, 식체(食滯), 정신 착란, 복통(만지는 걸 싫어함) 등이 나타난다.

(3) 허(虛)

정기(正氣)가 부족하다. = 정기부족(正氣不足): 인체의 기혈, 경락, 장부의 기능이 약하여 면역력(저항력)이 낮기 때문에 사기(邪氣)에 대한 대립과 투쟁이 격렬하지 않은 상태이다.

* 임상증상

얼굴색이 광택이 없고 극심한 피로감을 느끼며 몸이 으슬으슬 춥고 숨이 가쁘고 밤이나 낮에 땀을 흘린다[그림 8-29].

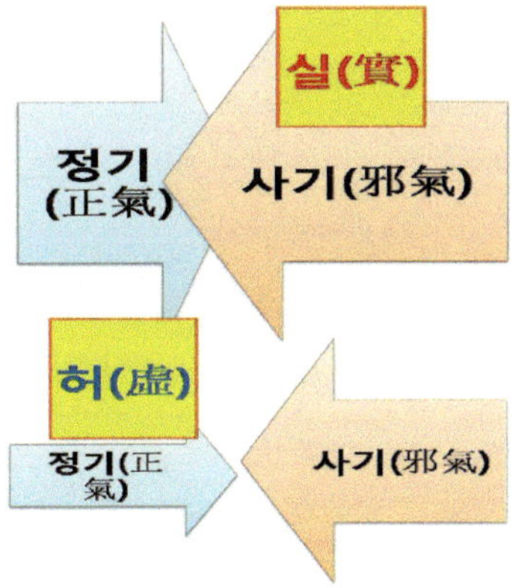

그림 8-29

2) 음양의 불균형(陰陽失調) [그림 8-30]

▸ 소장(消長)

: 음양은 정지 불변하는 것이 아니라 항상 끊임없이 운동하고 변화

⇒ 양(量)적인 변화과정이다.

⇒ 소(消:줄어들 소)와 장(長:늘어날 장) → 두 가지 운동 형식

▸ 평형(平衡)

: 음양소장은 일정한 범위 내에서 화합, 조화 상태 유지관계

소장(消長) → 절대적, 평형(平衡) → 상대적

(1) 음양(陰陽) 편성(偏盛)

→ 음(陰) 혹은 양(陽)이 정상 수준보다 높다.

① 양(陽)이 성(盛)하면 열(熱) ⇒ 실열(實熱)증

* 임상증상

고열이 발생하고, 얼굴과 눈이 붉고 소변색이 진하고 대변질이 딱딱하다.

② 음(陰)이 성(盛)하면 한(寒) ⇒ 실한(實寒)증

* 임상증상

몸을 웅크리고 자며 손발이 차다.

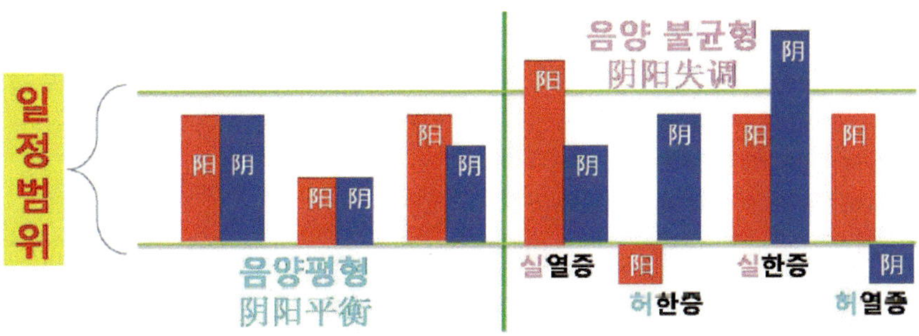

그림 8-30

(2) 음양(陰陽) 편쇠(偏衰)

→ 음(陰) 혹은 양(陽)이 정상 수준보다 낮다.

① 양(陽)이 허(虛)하면 한(寒) ⇒ 허한(虛寒)증

* 임상증상

얼굴색이 하얗고 손발이 차며 소변을 자주 보러 다니고 배가 더부룩하며 설사를 자주 한다.

② 음(陰)이 허(虛)하면 열(熱) ⇒ 허열(虛熱)증

* 임상증상

얼굴색이 붉고 목과 입이 자주 마르며 밤에 잘 때 땀을 흘린다.

(3) 음양(陰陽) 호손(互損)

① 음(陰)이 허(虛)하면 양(陽)도 생성되지 못한다. ⇒ 양허

② 양(陽)이 허(虛)하면 음(陰)도 생성되지 못한다. ⇒ 음허

⇒ 음양(陰陽)양허(兩虛)

3) 기혈(氣血)의 불균형(氣血失調)

기(氣)와 혈(血)의 부족과 각자의 생리적 기능이 파괴되어 호근호용(互根互用)할 수 없는 병리적 변화 상태를 지칭한다.

기(氣)와 혈(血)은 장부, 경락 등의 모든 조직과 기관의 생리적 활동에 사용되는 물질의 기초로서 기혈(氣血)의 불균형은 인체의 각종 생리 기능에 지장을 주고 모든 병을 변화, 생성시킨다.

▶ 분류: 기허(氣虛), 기기(氣機)의 장애, 혈허(血虛), 혈어(血瘀), 혈열(血熱)

4) 진액대사의 불균형(津液代謝失常)

진액(津液)의 생성, 수송, 분포, 배설 과정에서 평형 상태가 깨지면서 진액(津液)의 생성 부족과 소모 및 배설이 과다하게 진행되어 체내에 진액이 부족하고 수송, 분포 및 배설 장애가 생겨 체내의 진액 대사 장애 등의 병리적 변화 상태를 지칭한다.

▶ 분류: 진액 부족, 진액 수송, 분포 장애, 배설 장애

학습정리

1. 병인학설(病因學說)
   한방의학에서 인체는 장부와 조직이, 외부환경 사이에서 서로 대립, 제약하면서 동시에 하나의 통일체를 이루고 있다. 음양의 상대적인 동적 상태의 평형으로 인체의 정상적인 생리활동을 유지하는데 이러한 평형상태가 어떤 원인에 의해 파괴되거나 인체 스스로 조절할 수 없어서 회복되지 못할 때 "질병"이 발생한다.
   ⇒병인(病因): 인체의 상대적 평형상태가 파괴되어 질병이 일어나는 원인

2. 병기학설(病機學說)
   질병의 발생, 발전, 변화는 환자의 신체 상황과 병을 일으키는 사기(邪氣)의 성질과 밀접하게 관련되어 있다. 병기(病機) 는 음양의 상대적인 동적 상태의 평형을 파괴(질병)하면서 장부, 경락의 기능 저하와 기혈기능의 불균형으로 전신 혹은 국소 부위에 여러 가지 병리 변화가 발생한다.
   ⇒ 병기(病機): 질병의 발생, 발전, 변화의 "원리(메커니즘)"

한밤미용학

9

보건(保健), 양생(養生)과 미용

학습목표

1. 한방 미용학에서 다이어트의 개념, 보건양생 방법, 예방에 대하여 이해하고 설명할 수 있도록 학습한다.
2. 한방 미용학에서 주름살 예방 및 제거의 개념, 보건양생 방법, 예방에 대하여 이해하고 설명할 수 있도록 학습한다.
3. 한방 미용학에서 가슴 확대의 개념, 보건양생 방법, 예방에 대하여 이해하고 설명할 수 있도록 학습한다.

학습개요

1. 다이어트: 경신(輕身), 감비(減肥)
   1) 개념
   2) 병인(病因), 병기(病機)
   3) 보건(保健), 양생(養生) 방법
   4) 예방
2. 주름살 예방, 제거
   1) 개념
   2) 병인(病因), 병기(病機)
   3) 보건(保健), 양생(養生) 방법
   4) 예방
3. 가슴 확대
   1) 개념
   2) 병인(病因), 병기(病機)
   3) 보건(保健), 양생(養生) 방법
   4) 예방

한방미용학

학습내용

◆ 한방 보건, 양생 미용

- 한방 보건, 양생 미용은 한방의학 이론을 기초로, 식품, 약물, 보건용품 및 운동, 양생 등 다양한 방법을 통해 "체질을 개선하고 노화시기를 늦추어 주며 얼굴과 체형의 아름다움을 목적"으로 한다.
- 한방 미용학에서 매우 특색 있는 부분으로 고대에서 내려오는 비법과 생활 속 미용을 서로 결합하여 음식, 추나, 한약 화장품, 운동 등의 수단들을 사용, 일상에서 생활화할 수 있는 보건양생 미용 방법을 제시하고 있다[그림 9-1].

그림 9-1

- 한방 보건, 양생 미용은 외모 손상성 질병과 생리적 결함의 "예방"을 강조한다[그림 9-2].
- 한방 보건, 양생 미용은 내, 외적으로 조절, 결합시킨다.
- 내적으로는 사람의 음양(陰陽), 기혈(氣血)을 조절하고 정기(正氣)를 보충시켜 주어 인체의 면역력을 향상 시키므로 내재적인 질병을 예방, 치료하고 노화속도를 늦추어 준다.
- 외적으로는 국소부위에 한약 화장품, 침구(鍼灸: 침과 뜸), 추나 등을 사용하여 피부를 보호하고 외부로부터 들어오는 사기(邪氣)를 방어하고 국소 부위에서 기혈을 조절하여 아름답게 한다.

⇒ 이와 같이 내외적으로 조절하여 "건강한 자연 미인"으로 유지시키게 한다.

※ 이 장에서는 한방 미용 보건양생 중, 다이어트, 주름살 예방 및 제거, 가슴 확대에 대해 자세히 알아보겠다[그림 9-3].

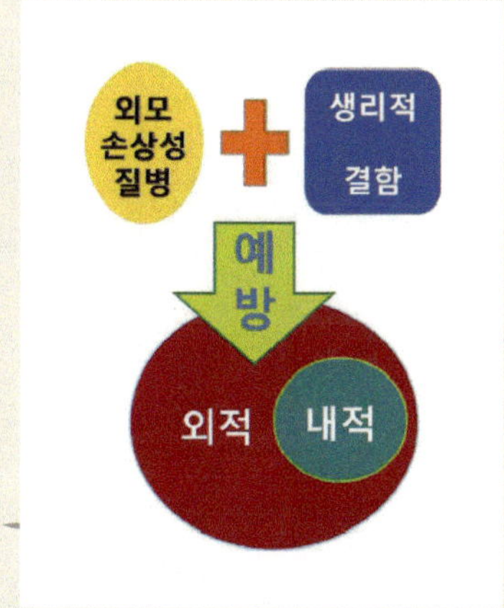

그림 9-2

그림 9-3

1 다이어트: 경신(輕身), 감비(減肥)

1) 개념

- 한방의학에서 다이어트는 경신(輕: 가벼울 경, 身: 몸 신) 혹은 감비(減: 덜 감, 肥: 살찔 비)라고 불리기도 한다.
- 체내 지방을 감소시켜 체중을 줄어들게 하여 아름답고 건강한 체형을 만들어주는 일종의 보건, 양생 방법을 말한다[그림 9-4].

▶ 비만의 분류

비만은 크게 단순성 비만과 이차성 비만으로 분류할 수 있다.

① 단순성 비만

- 에너지 과다 섭취와 에너지 소비의 부족으로 인하여 여분의 에너지가 몸 안에 지방으로 축적되는 것을 말한다.
- 일반적으로 연령, 과식, 운동 부족이 가장 큰 원인이다.

② 이차성 비만

- 갑상선 기능 저하증, 부신 피질 호르몬의 과다분비, 다낭성 난소 증후군과 같은 질병으로 인해 이차적으로 생기는 것으로 원인이 되는 질병을 고쳐 주어야 비만이 교정될 수 있다.
- 예를 들어 부신 피질 호르몬, 여성 호르몬, 항우울제, 신경안정제 같은 약물은 필요 이상 장기간 복용하다 보면 살이 찔 수 있다.

그림 9-4

2) 병인(病因) 병기(病機)

① 달고 기름진 음식을 과다 섭취: 달고 기름진 음식물의 과다 섭취로 비위(脾胃)가 손상되어 운화(運化)기능이 저하되고, 습열(濕熱)이 체내의 피부와 근육에 지방으로 전화, 축적되어 비만이 발생한다.

② 활동량이 적음: 오래 누워 있거나, 앉아 있음으로 인해 기혈(氣血)의 운행이 순조롭지 못하여 수곡정미(水穀精微)의 운반, 수송, 분포, 전화의 불균형으로 지방이 체내에 축적된다[그림 9-5].

③ 비위(脾胃)실열(實熱): 비위(脾胃)가 실열증(實熱證)일 경우, 소화가 잘되고 배가 자주 고프기 때문에 음식을 많이 섭취하

그림 9-5

여 기혈(氣血)이 남아돌아서 지방으로 전화되어 체내에 축적된다.

④ 담탁내성(痰濁內盛): 간의 소설(疏泄)기능이 저하되어 기기(氣機)가 소통되지 못하고 운화(運化)기능 역시 저하되어 담탁(痰濁)이 체내에 쌓이게 된다. 또는 담즙 분비와 배설에 영향을 끼쳐서 체내지방이 축적된다. ⇒ 뚱뚱한 사람은 담(痰)과 습(濕)이 많다.

⑤ 비신기허(脾腎氣虛): 뚱뚱한 사람은 보기에는 튼실해 보이지만 실제상으로는 비만의 주요 원인인 허증(虛證)이 대다수다. 장부 기능 저하로 수곡정미(水穀精微)가 정상적으로 생성, 변화, 수송, 분포되지 못하여 담습(痰濕)이 생성되어 체내지방으로 축적된다.

3) 보건(保健), 양생(養生) 방법

(1) 내복법(內服法)

① 미용 본초(本草)

세요신방(細: 가늘 세, 腰: 허리 요, 身: 몸 신, 方: 방제 방)

【방원(方源)】『천금요방(千金要方)』

【제조법】음력 3월 3일에 채취한 복숭아꽃(桃花) 300g을 서늘한 곳에 말리고 가는 분말로 빻아서 밀봉하여 습하지 않은 곳에 보관해둔다[그림 9-6].

【용법】매일 식사 전에 3g씩 뜨거운 물에 타서 하루에 3번 복용한다.

【효과】담(痰)을 제거하고 허리와 몸을 가늘게 하여 얼굴색을 붉고 윤기 있게 하며 광택 있게 해준다.

【적용증】체질이 튼튼한 비만 환자

그림 9-6

② 미용 식선(食膳)

동과식요방(冬瓜食療方)

- 겨울 오이(冬: 겨울 동, 瓜: 오이 과)
  - 비닐 하우스에서 나는 오이를 가리키는 것(겨울에 익는다)이 아니라 익으면 껍질에 하얀 가루가 앉아서 겨울철 서리 같다고 동과라 이름 붙였다[그림 9-7].
  - 여름에 길고 뚱뚱한 호박 모양의 큰 열매가 맺힌다.

그림 9-7

【방원(方源)】『의부전록(醫部全錄)』

【제조법】겨울 오이(冬瓜)를 탕을 끓여먹거나 무쳐서 먹는다.

【효과】사람을 기분 좋게 하고 윤택하게 만들며 얼굴이 좋아지며 오래 복용하면 몸이 가벼워지고 늙지 않게 한다.

【적용증】수습(水濕)내성(內盛)으로 인한 비만 환자

(2) 외치법(外治法)

① 미용 추나(推拿)

a. 환자는 앙와위(仰臥位: 누운 자세)를 취하고 시술자는 먼저 흉부, 복부, 하지부위에 안법(按法), 유법(揉法)을 사용하여 추나를 시술한다.

b. 곡지(曲池), 양지(陽池), 중완(中脘), 족삼리(足三里), 태계(太溪), 관원(關元) 등의 혈자리에 안법(按法), 마법(摩法)을 사용한다.

c. 복와위(伏臥位: 엎드린 자세)를 취하고 요배부, 하지 뒤측 위에 안법(按法), 유법(揉法)을 사용하여 추나를 시술하고 마지막으로 신주(身柱), 격유(膈兪)혈을 안법(按法)으로 눌러준다.

【주의사항】

- 혈자리마다 2분 정도를 소요하고 특히 관원(關元)혈은 5~10분 정도를 소요하여 총 40분 정도 소모한다.
- 특히 다이어트 크림을 함께 사용하면 효과가 더욱 높다.
- 매주 1회씩 시술한다.
- 각종 비만에 사용할 수 있다.

② 미용 침구(鍼灸)

【주요혈】 내관(內關), 수분(水分),천추(天樞), 관원(關元), 풍륭(豊隆), 삼음교(三陰交), 열결(列缺)

【주의사항】 주요 혈자리에 격일마다 1회씩 침을 놓고 유침 시간은 30분 정도가 알맞으며 총 15회씩을 치료 과정으로 정한다.

【적용증】 특히 음식물 섭취는 많지 않고 자주 피곤하고 근육이 없으며 물살이 있는 비만 환자

4) 예방

① 경도 비만인 경우, 식이요법으로 음식을 조절하면서 운동을 병행하여 에너지 대사량을 높여준다.
② 표준체중을 초과하지 않은 경우, 맹목적인 다이어트를 하지 않는다.
③ 일정한 시간에 식사를 하고 처음에는 적은 양의 음식물을 자주 먹는 방식을 선택한다.
④ 기름기가 많고 당이 많은 음식은 적게 먹고 섬유질이 풍부한 채소를 많이 섭취한다.
⑤ 커피, 술, 농도가 진한 차를 절제하여 위산 분비를 억제시켜 식욕을 감소시킨다.
⑥ 운동은 식이요법과 병행하고 규칙적으로 근육을 단련시켜서 건강한 아름다움을 추구한다.

2 주름살 예방, 제거

1) 개념

- 약물, 음식, 침구, 추나 등 보건, 양생 미용 수단들을 사용하여 얼굴과 목 부위 주름살을 예방하거나 제거하는 일종의 보건, 양생 방법을 말한다.
- 피부의 노화는 생명과정 중에서 아주 자연스러운 현상이자 규율이지만, 우리는 많은 경우에 피부 노화의 속도를 늦추고 피부의 보건, 양생을 중요시할 필요를 느낀다[그림 9-8].

▸ 주름(주름살)

- 얼굴 부위의 주름은 피부와 내장 노화로 인한 "외재적 표현"이다.
- 25세 이후부터 피부 노화과정이 시작되고 얼굴 부위에 가장 먼저 주름살이 나타나게 되는데 비교적 일정한 순서로 진행된다.
- 순서: 눈 꼬리, 눈 주위 → 입 주위→앞 이마 → 미간→ 목 부위 → 뺨
- 연령이 증가함에 따라 수분 손실과 피하 지방 조직 및 탄력 섬유가 점차 감소되어 감에 따라서 피부의 늘어짐 현상은 심해지고 주름의 깊이와 수가 증가하게 된다[그림 9-9].

그림 9-8

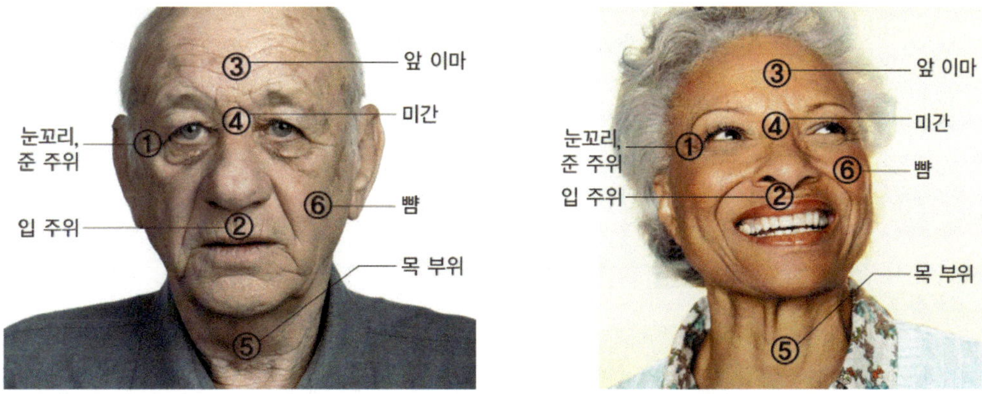

그림 9-9

2) 병인(病因), 병기(病機)

① 인체의 노화 [그림 9-10]

피부는 인체 조직의 한 부분으로 조직학적으로 살펴보면 진피의 세 가지 구성물질인 기저물질, 탄력섬유, 교원물질이 모두 퇴행성 변화함으로써 피부는 탄력을 잃게 된다. 이러한 노화 과정은 유전형질, 즉 DNA에 의해 인간은 그 "시간표"에 의해 시간이 정해져 있다.

그림 9-10

② 비위(脾胃)허약(虛弱)

비위(脾胃)의 운화(運化) 기능이 저하되어 수곡정미(水穀精微)가 기혈(氣血)을 생성, 변화할 수 없기 때문에 얼굴 피부 부위에 기혈 공급을 원활하게 할 수 없게 되어 노화속도가 빨라지고 주름살이 나타나게 된다.

③ 음식물 섭취의 불균형

굶거나 편식을 통하여 영양공급의 불균형을 초래한다. 섭취를 하지 못할 경우, 기혈(氣血)을 생성하는 원천이 부족하고 편식할 경우, 오미(五味)마다 상응하는 오장(五臟)의 편성(偏盛)으로 인하여 얼굴 부위의 주름살이 나타난다.

④ 감정(情志)조절 못함

감정을 조절하지 못하여 간의 소설(疏泄)기능에 영향을 끼쳐 기기(氣機)가 울결(鬱結)되어 혈액 순환 장애가 나타나고 맥(脈: 혈관)과 경락이 위(上)로 뭉쳐서 막혀 있기에 얼굴부위 피부, 근육에 영양을 공급할 수 없어 주름살이 나타난다.

3) 보건(保健), 양생(養生) 방법

(1) 내복법(內服法)

① 미용 본초(本草)

희춘환(熙春丸)

【방원(方源)】『수식거음식보(隨息居飮食譜)』

【제조법】구기자, 용안육(龍眼肉), 여정자(女貞子: 당광나무 열매), 음양곽(陰羊藿: 삼지구엽초), 녹두 각각 100g씩 빻아서 가는 분말로 만들어 꿀과 함께 10g씩 환제를 만든다.

【용법】아침, 저녁으로 식사 30분 전에 한 알씩 복용한다.

【효과】음(陰)을 보충해주어 혈에 영양을 공급하고 간신(肝腎)을 보익(補益)해 주어 주름을 제거한다.

【적용증】간신(肝腎)이 허(虛)하고 허리와 무릎이 시리고 아플 때

② 미용 식선(食膳)

계자병(鷄子餠)

【방원(方源)】『의부전록 (醫部全錄)』

【제조법】 밀가루, 계란흰자로 반죽을 빚어 국수나 전병(餠)처럼 만들고, 두시(豆豉)즙과 소금을 조금 넣어 끓인 후, 먹을 때 양고기로 만든 장에 찍어 먹는다.

【용법】 매일 아침 한 그릇씩 지속적으로 먹어야 효과가 있다.

【효과】 피부에 영양을 공급하여 광택 있게 해주며 얼굴 부위 주름살을 예방 및 제거해준다.

【적용증】 얼굴 부위 주름 및 신체 피부가 건조하고 튼 경우
단, 실열증(實熱證)일 때는 사용하지 않는다.

(2) 외치법(外治法)

① 미용 추나(推拿)

a. 아침에 일어나자마자 양 손을 귀에 대고 마찰 시킨 후, 귀를 약하게 잡아 당긴다.

b. 손가락으로 두피를 눌러주고 빗질을 해주듯이 머릿결을 만져준다.

c. 마지막으로 손바닥에 열을 내어 얼굴 위에서 아래로 4회씩 마찰시킨다.

【효과】 얼굴 부위 기혈(氣血)을 소통시키고 주름살을 예방한다.

【적용증】 얼굴색이 창백하고 광택이 없으며 주름이 많은 환자에게 알맞고 머리 부위 질병을 예방할 수 있다.

② 미용 침구(鍼灸)

a. 체침

- 이마주름: 두유(頭維),양백(陽白), 두임읍(豆臨泣), 인당(印堂), 국소 부위 아시혈
- 눈꼬리 주름: 태양(太陽), 동자료(瞳子髎), 사죽공(絲竹空), 각손(角孫), 국소부위 아시혈
- 코 주위 팔자주름: 영향(迎香), 거료(巨髎, 사백(四白), 하관(下關), 국소부위 아시혈
- 목 주위 주름: 풍지(風池),예풍(翳風), 부돌(扶突), 국소 부위 아시혈

【주의사항】 30~60분 정도 유침(留針) 시키고 격일로 20회가 한 치료과정이다.

b. 구법

- 명문(命門), 태계(太溪), 관원(關元), 족삼리(足三里)를 취혈하여 간접구로 매주2회씩 시행한다.

③ 미용 본초(本草)

행인고(杏仁膏) [그림 9-11]

【방원(方源)】『천금요방(千金要方)』

【제조법】 행인(杏仁)을 적당하게 갈아서 가루로 만든 다음, 달걀 흰자와 섞는다.

그림 9-11

【용법】 밤에 얼굴을 깨끗이 씻고 행인고를 바른 다음 자고 그 다음날 아침에 따뜻한 물이나 쌀뜨물로 씻는다.

【효과】 얼굴 피부의 탄력을 높여주고 윤기 있게 해주며 주름살을 제거한다.

4) 예방

① 자외선에 노출되는 것을 되도록 피하고 장시간 추운 곳이나 바람이 부는 곳에 있지 않는다.

② 운동으로 통하여 혈액 순환을 촉진하고 피부 온도를 상승시켜서 풍부한 영양 공급과 노폐물 배출을 도와주게 한다.

③ 균형 잡힌 음식물 섭취를 통하여 풍부하게 영양을 공급시킨다.

④ 규칙적인 생활습관과 수면을 취해야 한다.

⑤ 일상에서도 얼굴 부위 보건, 양생에 주의해야 한다.

⑥ 표정을 너무 과하게 짓거나 찡그리는 습관을 없애고 심리적 안정 상태를 취한다.

3 가슴 확대

1) 개념

약물, 음식, 침구, 추나 등 보건, 양생 미용 수단들을 사용하여 가슴을 풍만하게 확대하거나 대칭시키고 탄력 있게 해주는 일종의 보건 양생 방법을 말한다.

▸ 아름다운 가슴의 3대 요소

① 유방과 유두의 발육이 정상적이다.

② 충분한 지방이 축적되어 있다.

③ 흉부의 얇은 근막이 탄성이 있다[그림 9-12].

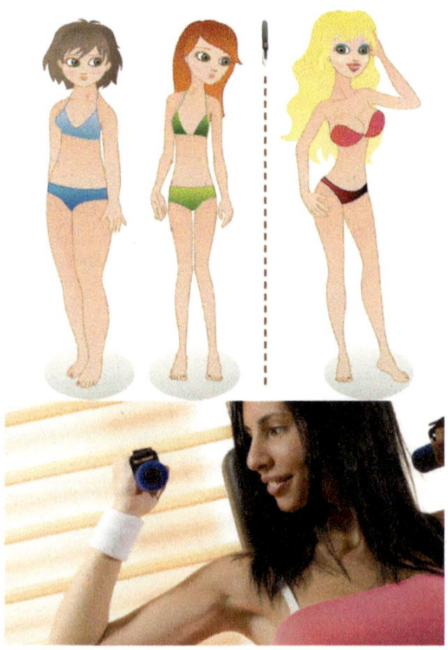

그림 9-12

2) 병인(病因), 병기(病機)

① 유두는 족궐음간경(남성, 여성)에 속하고 유방은 족양명위경(여성), 족소음신경(남성)에 속한다.

② 비위(脾胃)의 운화(運化) 기능이 저하되면 유방에 기혈(氣血)을 생성, 변화할 수 없다.

③ 감정(情志)을 조절하지 못하여 간의 소설(疏泄)기능에 영향을 끼쳐 기기(氣機)가 울결되어 가슴 성장 발육의 장애가 나타난다.

④ 신(腎)은 정(精)을 저장하는데 신정(腎精)은 성장 발육의 근본물질의 기초로서 신정(腎精)이 부족하면 가슴 성장 발육 장애가 나타난다.

3) 보건(保健),양생(養生) 방법

(1) 내복법(內服法)

① 미용 본초(本草)

인삼양영탕(人蔘養榮湯)

【방원(方源)】『화제국방(和劑局方)』

【제조법】 인삼, 백출, 진피, 당귀, 백작, 원지, 육계(肉桂)를 각각 10g씩, 숙지황, 복령, 황금 각각 15g씩, 천궁, 오미자, 감초 각각 5g씩, 생강 3쪽, 대추 3개를 물 500ml를 넣고 끓인다.

【용법】 위 제조용량은 1일 복용량으로 하루에 2~3번 식전에 복용한다.

【효과】 기혈(氣血)을 보충해주고 가슴을 확대시켜 주며 얼굴에 광택이 있고 머리가 검어 지도록 해준다.

【적용증】 체질이 약하고 가슴이 빈약하며 불면증을 동반한 경우

육군사탕(六君子湯)

【방원(方源)】『의학정전(醫學正傳)』

【제조법】 인삼, 백출, 진피, 반하를 각각 10g씩, 복령 15g, 감초 6g에 물 500ml를 넣고 끓인다.

【용법】 위 제조법에 나온 용량은 1일 용량으로 매일 2~3회씩 복용한다.

【효과】 비위(脾胃)를 건강하게 해주고 가슴을 확대시켜준다.

【적용증】 비위(脾胃)가 허약하고 가슴이 빈약하며 마르고 자주 피곤해 한다. 또한 식욕이 없고 얼굴색이 누렇게 뜨고 대변질이 무른 경우

② 미용 식선(食膳)

구기자술(枸杞子酒)

【방원(方源)】『중의미용학 (中醫美容學)』

【제조법】 구기자, 고량주 각각 1000g씩 준비하여 먼저 구기자를 믹서기에 갈아 고량주에 7일 동안 넣어둔다. 7일 후에 찌꺼기를 거르고 마시면 된다.

【용법】 매일 30g씩 2회씩 복용해야 한다.

【효과】 간신(肝腎)을 보익(補益)하여 가슴을 확대하고 노화 속도를 늦추어 준다.

【적용증】 간신(肝腎)이 부족하고 가슴이 빈약하고 허리와 무릎이 시리고 아플 때

(2) 외치법(外治法)

① 미용 추나(推拿): 경락에 따라 추나를 시행한다.

a. 폐경(肺經), 심경(心經), 심포경(心包經): 팔꿈치에서 손바닥까지 경락의 순행을 따라 위에서 아래로 사극을 준나.

b. 간경(肝經), 비경(脾經), 신경(腎經): 안쪽 복사뼈에서 무릎까지 경락의 순행을 따라 아래에서 위로 자극을 준다.

c. 대장경(大腸經), 소장경(小腸經), 삼초경(三焦經): 손등에서 어깨부위까지 경락의 순행을 따라 아래에서 위로 자극을 준다.

d. 방광경(膀胱經): 대추(大椎)혈 양 측면 요저부까지 경락을 따라 위에서 아래로 자극을 준다.

② 미용 침구(鍼灸)

체침

【주요혈】 내관(內關), 소택(少澤), 유근(乳根), 족삼리(足三里), 족임읍(足臨泣)

【가감혈】 태충(太衝), 삼음교(三陰交), 기해(氣海), 중완(中脘), 폐유(肺兪), 고황(膏肓), 대추(大椎), 유중(乳中)

【주의사항】

- 정면과 배면(등 부위)의 혈자리를 5개 정도씩 취혈하여 구법을 사용할 수도 있다.
- 격일로 30회를 치료하고 휴식기간은 10~15일 가지고 다시 치료하며, 총 90회를 치료 과정으로 본다[그림 9-13].

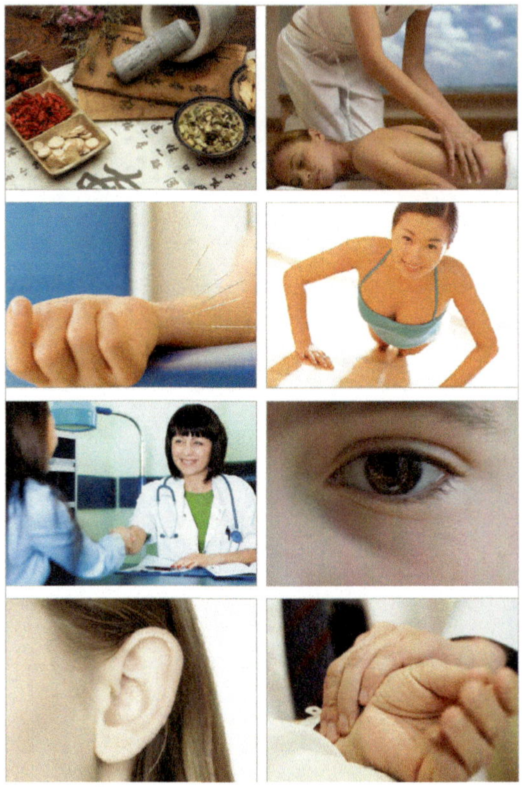

그림 9-13

4) 예방

① 고열량의 음식물을 적당히 섭취한다.
② 가슴 부위의 체력 단련을 강화한다.
③ 자주 흉부와 가슴 주위에 추나를 해준다.
④ 바른 자세를 유지한다.
⑤ 정신적 자극을 받지 않도록 심리 상태를 안정화 시킨다.

학습정리

◆ **한방 보건, 양생 미용**

- 한방 보건, 양생 미용은 한방의학 이론 기초 아래에서 식품, 약물, 보건용품 및 운동, 양생 등 다양한 방법을 통하여“체질을 개선하고 노화시기를 늦추어 주며 얼굴과 체형의 아름다움을 목적”으로 한다.
- 한방 미용학에서 매우 특색 있는 부분으로 고대에서 내려오는 비법과 생활 속 미용을 서로 결합하여 음식, 추나, 한약 화장품, 운동 등의 수단들을 사용, 일상에서 생활화할 수 있는 보건양생 미용 방법을 제시하고 있다.

1. 다이어트는 경신(輕身), 감비(減肥)라고도 한다. 체내 지방을 감소시켜 체중을 줄어들게 하여 아름답고 건강한 체형을 만들어 주는 일종의 보건, 양생 방법을 말한다.

2. 주름살 예방, 제거는 약물, 음식, 침구, 추나 등 보건, 양생 미용 수단들을 사용하여 얼굴과 목 부위 주름살을 예방하거나 제거하는 일종의 보건, 양생 방법을 말한다.

3. 가슴 확대는 약물, 음식, 침구, 추나 등 보건, 양생 미용 수단들을 사용하여 가슴을 풍만하게 확대하거나 대칭시키고 탄력 있게 해주는 일종의 보건 양생 방법을 말한다.

한방미용학

10

한방(韓方) 미용(美容) 변증(辨證)

학습목표

1. 변증, 사진의 개념에 대하여 이해하고 설명 할 수 있도록 학습한다.
2. 증(症), 증(證), 병(病)을 비교하고 변증(辨證)의 종류에 대하여 이해하고 설명할 수 있도록 학습한다.
3. 장부 변증에서 심과 소장, 비와 위, 간과 담, 신과 방광의 변증, 폐와 대장의 변증에 대하여 이해하고 설명할 수 있도록 학습한다.
4. 경락 변증을 통하여 각 십이경맥 병증의 임상증상, 피부 표현 및 증후 분석에 대하여 이해하고 설명할 수 있도록 학습한다.
5. 경락 변증을 통하여 기경팔맥 병증 중에서 독맥과 임맥 병증의 임상증상, 피부 표현 및 증후 분석에 대하여 이해하고 설명할 수 있도록 학습한다.
6. 기혈진액 변증을 통하여 기병, 혈병, 기혈동병의 병인, 임상, 피부 표현에 대하여 이해하고 설명할 수 있도록 학습한다.
7. 기혈진액 변증을 통하여 진액의 병증의 병인, 임상, 피부 표현에 대하여 이해하고 설명할 수 있도록 학습한다.
8. 피부미용 변증을 통하여 얼굴색, 피부 성질의 증후들을 분류하여 각 증후들마다 특징에 대하여 이해하고 설명할 수 있도록 학습한다.
9. 체질 변증을 통하여 각 체질마다 형성 원인, 주요 증상, 동반 증상에 대하여 이해하고 설명할 수 있도록 학습한다.
10. 체형 변증을 통하여 뚱뚱한 체질과 마른 체질의 증후들을 분류하여 각 증후들마다 특징에 대하여 이해하고 설명할 수 있도록 학습한다.

학습개요

1. 한방 미용"변증(辨證)"

2. 장부(臟腑) 변증(辨證)

1) 심(心)과 소장(小腸)의 변증
2) 폐(肺)와 대장(大腸)의 변증
3) 비(脾)와 위(胃)의 변증
4) 간(肝)과 담(膽)의 변증
5) 신(腎)과 방광(膀胱)의 변증

3. 경락(經絡) 변증(辨證)

1) 십이경맥(十二經脈)의 변증
2) 기경팔맥(奇經八脈)의 변증

4. 기혈진액(氣血津液) 변증(辨證)

1) 기병(氣病)의 병증
2) 혈병(血病)의 병증
3) 기혈동병(氣血同病)의 병증
4) 진액(津液)의 병증

5. 피부미용(皮膚美容) 변증(辨證)

1) 얼굴색(面色) 변증
2) 피부(皮膚) 성질(性質) 변증

6. 체질(體質), 체형(體形) 변증(辨證)

1) 체질(體質) 변증
2) 체형(體形) 변증

1 한방 미용"변증(辨證)"

1) 변증(辨: 판단, 분별 證: 증후(證候))

사진(四診: 네 가지 진단 방법)을 통하여 수집된 자료(症狀: 증상)를 근거로 한방 미용학 기초 이론을 분석, 종합하여 외모 손상성 질병과 생리적 결함의 원인, 성질, 부위 및, 변화 과정을 변(辨: 판단, 분별)하고 개괄하여 증(證: 증후(證候))을 변(辨: 판단, 분별, 진단)하는 진단 사유 과정을 말한다.

2) 사진(四診): 네 가지 진단 방법

① 망(望): 얼굴색, 피부, 배설물, 분비물 등 관찰한다.

② 문(問): 생활상태, 가족병력 및 증상 등 실문한다.

③ 문(聞): 소리나 냄새를 맡는다.

④ 절(切): 맥(脈)이나, 촉진(按)을 통하여 관찰한다[그림 10-1].

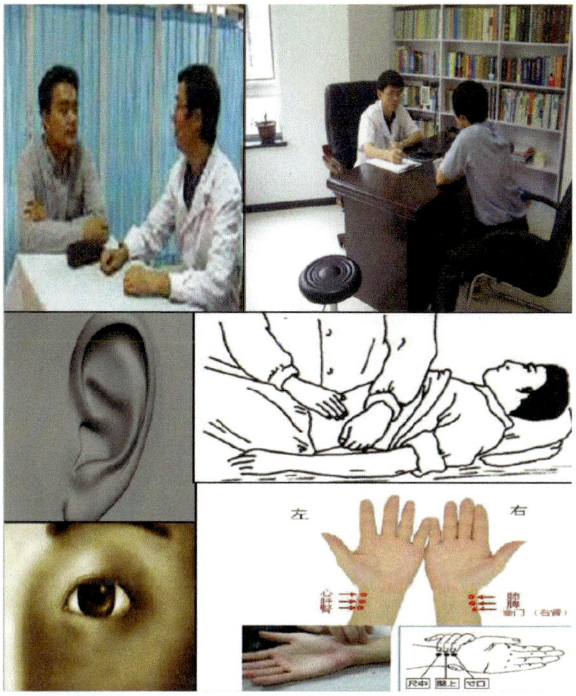

그림 10-1

3) 증(症: 증상), 증(證: 증후(證候)), 병(病: 질병)의 비교

- 증(症) ⇒ 증상(症狀): 환자가 주관적으로 불편하거나 아픈 느낌이 나고, 의사의 검사로 인해 나타나는 비정상적 현상이다.

  예) 오한(惡寒)이 심하고(重: 중), 발열(發熱)이 약하다(輕: 경), 두통, 근육통, 땀이 나지 않고 부맥(浮脈: 얕게 잡아도 잡힘)과 긴맥(緊脈: 힘이 있어서 손가락이 튈 정도)이 뛴다.

- 증(證) ⇒ 증후(證候): 질병 과정 중 일정한 단계를 나타내는 개괄적인 표현이다. 병인(病因: 질병이 일어나는 원인), 병기(病機: 질병의 발생, 발전, 변화의 원리)등을 종합적으로 포괄하고 있다.

  예) 풍한표증(風寒表證)

- 병(病) ⇒ 질병(疾病): 병인(病因: 질병이 일어나는 원인)으로 인해 정기(正氣)와 사기(邪氣)의 성쇠(盛衰), 음양(陰陽)의 불균형이 생긴 병리변화 과정이다.

  예) 감기

결론 → 증(症:증상) < 증(證: 증후) < 병(病:질병) [그림 10-2]

▶ 한방 미용학의 기본이론 = 한방의학 기본 이론 + 인체 미학이론

한방의학 기본이론 = 정체관 + 변증론치

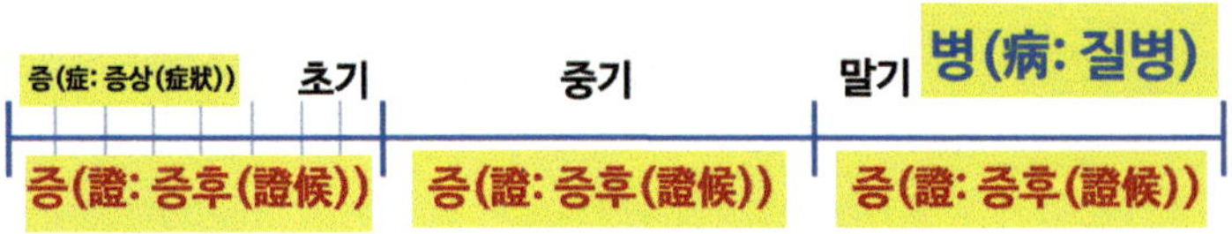

그림 10-2

한방의학 기본이론은 정체관(整體觀)과 변증론치(辨證論治)의 기본 특징들을 강조하고 있다[그림 10-3].

- 변증론치(辨證論治) = 변증(辨證) + 론치(論治) : 병의 증후(證候)을 판단, 분별 하여 치료 원칙과 방법을 적용한다.

  Q: 왜 변병(辨病)론치(論治)가 아닌 변증론치(辨證論治)인가??

  A: 변증(辨證)의 범위가 변병(辨病)보다 작아서 더 정확하게 진단하기 쉽다[그림 10-4].

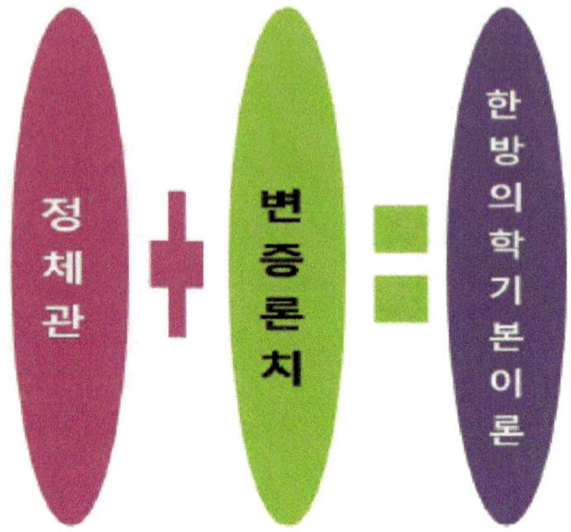

그림 10-3

그림 10-4

2 장부(臟腑) 변증(辨證)

장부의 생리기능과 병리적 표현에 근거하여 질병의 증상을 분석하고 병리변화를 연구하여 질병의 부위, 성질 등을 판단하는 변증 방법이다. 한방 미용 변증의 중요한 변증 방법으로 피부미용 질환과 장부(臟腑), 경락(經絡)의 소속 관계를 반영한다. 외모 손상성 질병과 생리적 결함을 진단하는 장부변증은 장부의 생리기능 및 병리적 변화로 표현된 체표의 미용 손상에 대하여 병인(病因), 병위(病位),병성(病性)과 사정(邪正)의 관계를 판단할 수 있다.

▸ 변증(辨證)의 중요 요소

① 병인(病因: 질병이 일어나는 원인)

육음(六淫), 칠정(七情), 병리적 생산물(담음, 어혈), 기타 요인 [음식섭취의 불균형, 불규칙적인 생활방식, 외상(칼, 총, 동물, 동상, 화상)]

② 병위(病位: 질병 발생 위치)

표(表) → 외부에서 침범하여 발생한 질병(外感病: 외감병)의 초기

리(裏) → 장부, 기혈, 골수 등으로 표현(內傷病: 내상병) 혹은 (外感病: 외감병) 중, 후기

③ 병성(病性: 질병의 성질)

한(寒) → 음(陰)이 성(盛)하거나 양(陽)이 허(虛)한 경우

열(熱) → 양(陽)이 성(盛)하거나 음(陰)이 허(虛)한 경우

④ 사정(邪正: 사기와 정기)의 관계

허(虛) → 정기(正氣)가 부족한 경우

실(實) → 정기(正氣)가 부족하지 않지만 = 정기미허(正氣未虛)

사기(邪氣)가 과도하게 강할 경우 = 사기성(邪氣盛)

▸ 장부변증(臟腑辨證)의 분류

장부 변증은 오장(五臟)의 변증으로, 육부(六腑)의 변증, 장(臟)과 부(腑)의 변증으로 분류할 수 있다. 그중에서 오장(五臟)의 변증이 가장 중요한 내용으로 장(臟)과 부(腑)는 표리관계로 병리적으로 서로 영향을 받으므로 육부(六腑)의 변증 내용은 비교적 적다[그림 10-5].

① 심(心)과 소장(小腸)의 변증

② 폐(肺)와 대장(大腸)의 변증

③ 비(脾)와 위(胃)의 변증

④ 간(肝)과 담(膽)의 변증

⑤ 신(腎)과 방광(膀胱)의 변증

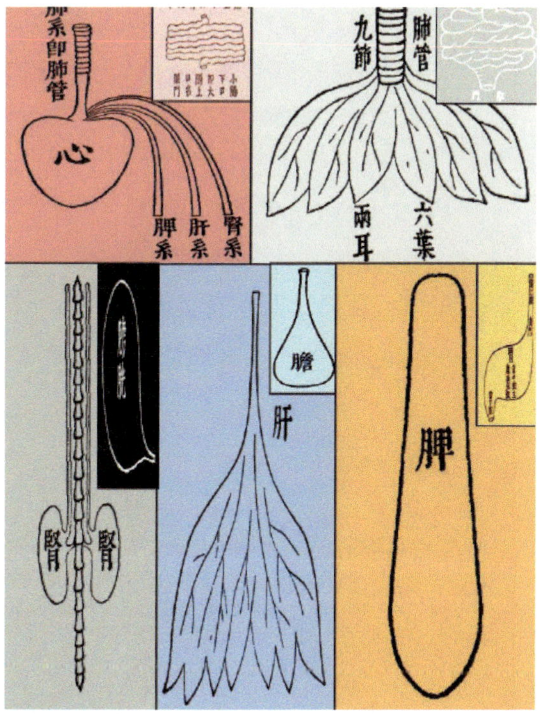

그림 10-5

1) 심(心)과 소장(小腸)의 변증 [그림 10-6]

▶ 심(心)의 생리기능

① 혈맥(血:피 혈, 脈: 혈관 맥)을 주관한다.

② 신(神: 정신=신명(神明))을 저장한다.

▶ 형체(形體), 관규(官竅)와의 관계

① 오체(五體): 맥(脈)

인체의 구조에서 심(心)과 함께 서로 통하여 하나의 밀폐된 혈액 순환 계통을 형성한다.

② 오화(五華): 얼굴(면, 面)

심(心)의 정기(精氣) 기능 강약이 인체 표면으로 나타나는 것으로, 화(華)라고 한다.

얼굴색이 붉고 윤기가 있고 광택이 있어야 정상이다.

③ 관규(官竅): 혀(설舌)

심(心)의 기혈(氣血)이 경맥(經脈)을 통하여 혀(舌)에 도달한다[그림 10-7].

▶ 오지(五志), 오액(五液)과의 관계

① 오지(五志): 기쁨(喜)

심(心)의 정서가 기쁨이라고 하는 것이다.

② 오액(五液): 땀(汗)

땀(汗)은 진액(津液)의 양기(陽氣) 증발로 땀구멍으로 배출되는 액체이고, 혈(血)과 진액(津液)은 동일한 원천에서 생기므로 땀(汗) 흘림과 동시에 심(心)의 기혈(氣血) 손상이 같이 온다.

▶ 표리(表裏)관계인 장부(臟腑)

심(心) ------------- 소장(小腸)

"모든 통증, 종기, 가려움은 모두 심(心)에 속한다." ⇒ 심(心)과 소장(小腸)의 허(虛)와 실(實)은 피부 미용 질환과 밀접한 관계가 있음을 설명한다.

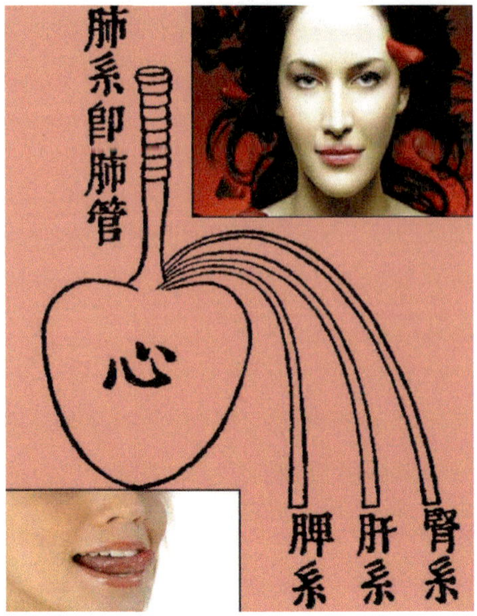

그림 10-6

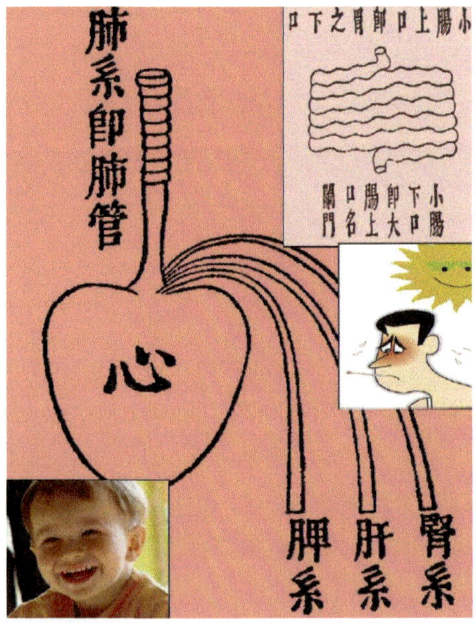

그림 10-7

(1) 심화항성증(心火亢盛證)

심(心)의 화(火)가 체내에 왕성하여 신명(神明)을 어지럽게 한 증후(證候)

① 병인(病因)

- 칠정(七情)이 응체되고 막혀서 화(火)로 변하여 심화(心火)가 왕성한 경우
- 화열(火熱)의 사기(邪氣)가 안으로 침범하여 심화(心火)가 왕성한 경우

• 장기적으로 맵고 기름진 음식 섭취, 지나친 음주, 흡연 시에 화(火)로 변하여 심화(心火)가 왕성한 경우

② 병위(病位): 리(裏)

③ 병성(病性): 열(熱) → 양(陽)이 성(盛)한 경우

④ 사정(邪正)의 관계: 실(實)

⑤ 임상증상

심계(心悸: 놀라지도 않았는데 가슴이 저절로 뛰어 편하지 못한 증상), 심번(心煩: 가슴이 답답하고 열이 남), 불면증, 구강궤양, 혀끝이 빨갛고(舌尖紅赤), 혀에 부스럼이 생기는 등의 증상들이 나타난다.

⑥ 피부증상

피부 손상은 대부분 홍반(紅斑: 충혈, 발적)으로 국소 부위에 열이 나고 붓고 가렵고 통증으로 나타나며, 심하면 화농, 궤양, 출혈을 동반한다.

(2) 심음부족증(心陰不足證)

심(心)의 음(陰)이 손상되어 심장에 영향을 주거나 또는 음(陰)이 양(陽)을 제약하지 못해 허열(虛熱)이 심신(心神)을 어지럽게 한 증후(證候)

① 병인(病因)

• 생각이 너무 많거나, 스트레스로 인하여 심음(心陰)을 소모시키는 경우
• 열병(熱病)으로 심음(心陰)이 손상된 경우
• 음혈(陰血)의 생성 부족인 경우

② 병위(病位): 리(裏)

③ 병성(病性): 열(熱) → 음(陰)이 허(虛)한 경우

④ 사정(邪正)의 관계: 허(虛)

⑤ 임상증상

심계(心悸: 놀라지도 않았는데 가슴이 저절로 뛰어 편하지 못한 증상), 심번(心煩: 가슴이 답답하고 열이 남), 오심번열(五心煩熱: 가슴, 양 손바닥, 양 발바닥에서 답답하면서 열이 남), 도한(盜汗: 밤에 잘 때 땀을 흘림) 등의 증상들이 나타난다.

⑥ 피부증상

대부분 정신(精神), 정지(情志:감정)가 원인이 되어 유발되며 구진(丘疹: 피부가 솟아오름, 지름 0.5mm), 가려움증이 저녁에 심해지며 피부가 건조해진다.

(3) 심양부족증(心陽不足證)

심(心)의 양(陽)이 부족하여 혈액을 추동(推動: 추진)하는 작용이 부족하거나 또는 양(陽)이 음(陰)을 제약하지 못해 허한(虛寒)이 안(裏)에서 생기는 증후(證候)

① 병인(病因)

• 선천적으로 허약 체질인 경우

• 오래된 병으로 몸이 허약한 경우

• 나이가 들어서 장부의 양기(陽氣)가 쇠약해진 경우

② 병위(病位): 리(裏)

③ 병성(病性): 한(寒) → 양(陽)이 허(虛)한 경우

④ 사정(邪正)의 관계: 허(虛)

⑤ 임상증상

심계(心悸: 놀라지도 않았는데 가슴이 저절로 뛰어 편하지 못한 증상), 흉민(胸悶: 가슴이 답답하고 초조한 증상), 숨이 가빠지고 호흡이 짧은 증상, 자한(自汗: 움직이지도 않았는데 저절로 땀이 나는 증상), 추위를 많이 타는 등의 증상들이 나타난다.

⑥ 피부증상

피부색이 창백하고 또는 손, 발끝이 청자색이며, 붓고, 결절(구진과 같은 형태이나 지름이 더 크다)을 동반한다.

(4) 소장실열증(小腸實熱證)

심(心)의 화(火)가 왕성하여 소장(小腸)으로 열이 전달되어 소변 색깔이 빨갛고, 배뇨 시 열이 나며 통증이 나타나는 증후(證候)

① 병인(病因): 대부분 심(心)의 화(火)가 소장(小腸)으로 이동한 경우

② 병위(病位): 리(裏)

③ 병성(病性): 열(熱) → 양(陽)이 성(盛)한 경우

④ 사정(邪正)의 관계: 실(實)

⑤ 임상증상

심번(心煩: 가슴이 답답하고 열이 남), 갈증, 구강궤양, 배뇨 시에 열감(따끔함) 및 통증이 있는 등의 증상들이 나타난다.

⑥ 피부증상

피부가 홍종(紅腫: 붉게 부어오름), 구진(丘疹: 솟아오름, 지름 0.5mm), 홍반(紅斑: 피부가 붉게 변함 = 충혈, 발적)을 동반한다.

2) 폐(肺)와 대장(大腸)의 변증 [그림 10-8]

▶ 폐(肺)의 생리기능

① 폐(肺)는 기(氣)를 주관한다.

종기(宗氣:후천의 기)의 생성에 참여하고 전신의 기기(氣機)를 조절한다.

② 폐(肺)는 선발(宣發: 승(昇), 출(出))과 숙강(肅降: 강(降), 입(入))의 기능을 주관한다.

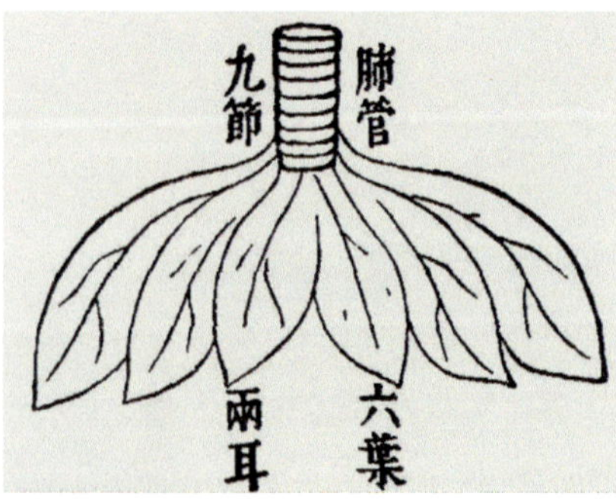

그림 10-8

선발(宣發) 기능을 통하여 탁기(濁氣)를 배출시키고 수곡정미(水穀精微:음식물이 비위를 통과한 후, 흡수 할 수 있는 영양물질)와 진액(津液)을 전신의 피모(皮毛)에 분포 시킨다. 또한 피부의 개합(開闔: 열고 닫음)을 조절하여 위기(衛氣: 방어 작용을 하는 기)를 선발시킨다.

숙강(肅降)을 통하여 청기(淸氣)를 흡수시키고 수곡정미(水穀精微: 음식물이 비위를 통과한 후, 흡수할 수 있는 영양물질)와 진액(津液)을 체내 장부 조직에 분포시킨다. 또한 이물질을 제거하여 폐와 다른 호흡 기관들도 청결을 유지한다.

③ **폐(肺)는 수도(水道: 수액대사)를 소통(疏通)하고 조절(調節)한다.**

수곡정미(水穀精微)를 전신에 분포시켜서 체내 장부 조직기관에 영양 보충하고 쓸데없는 수액을 땀이나 소변으로 배출한다.

④ **백맥(百脈)은 폐(肺)에 모이고 심장으로 와서 혈액을 운행시킨다.**

⑤ **폐(肺)는 치절(治節: 다스리고 조절)을 주관한다.**

호흡을 주관하고 심(心)을 도와 혈액 순환을 촉진한다. 또한 전신의 기기(氣機)를 조절하며 수액대사를 조절한다.

▸ **형체(形體)관규(官竅)와의 관계**

① **오체(五體): 피부(皮)**

② **오화(五華): 털(毛)**

피모(皮毛)는 피부, 땀샘, 땀구멍 등을 포함한 전신의 체표면으로 땀을 분비, 피부를 윤택하게 하며 호흡을 조절하고, 외부로부터 사기(邪氣)를 방어한다.

③ **관규(官竅): 코(鼻)**

폐(肺)의 외부와 연결된 구멍으로 사기(邪氣)가 침범하는 통로가 된다[그림 10-9] [그림 10-10].

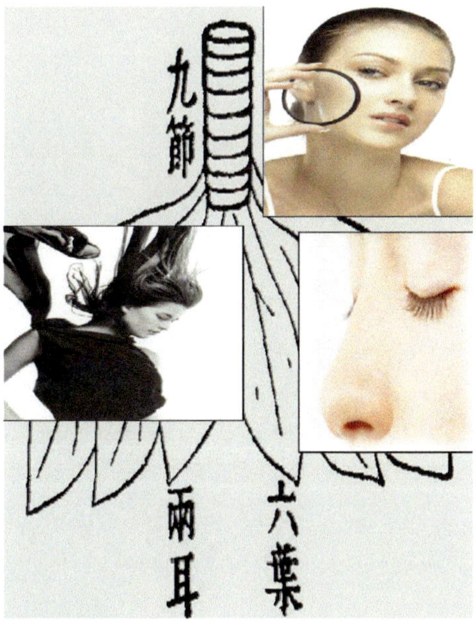

그림 10-9

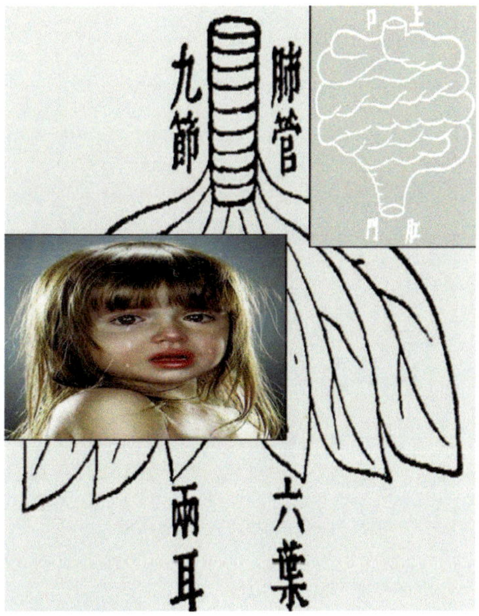

그림 10-10

▸ 오지(五志), 오액(五液) 과의 관계

① 오지(五志): 슬픔(悲), 근심(憂)

슬픔과 근심은 정서적으로 조금 다르나 인체의 생리활동에 대한 영향은 기본상 한 가지이다.

② 오액(五液): 콧물(涕)

코에서 분비되는 점액으로 콧구멍을 습윤(濕潤)시키는 작용이 있다.

▸ 표리(表裏)관계인 장부(臟腑)

폐(肺)------------- 대장(大腸)

"폐(肺)는 피모(皮毛)를 주관하며 폐(肺)의 기능은 피부의 영양, 모발의 생장과 중요한 관계가 있음을 설명한다." ⇒ 병리적으로 폐(肺)의 병리 변화는 특히 피부와 밀접한 관련이 있으며, 폐(肺)와 대장(大腸)은 서로 표리관계로써 폐(肺)와 대장(大腸)의 한열허실(寒熱虛實)은 피부에 영향을 줄 수 있다.

(1) 폐기허증(肺氣虛證)

폐(肺)의 기능 저하로 주로 기(氣)의 생성과 위기(衛氣)의 보호기능이 약해진 증후(證候)

① 병인(病因)

- 오랜 기침으로 폐(肺)의 기(氣)를 소모시킨 경우
- 비(脾)의 기(氣)가 허약하여 수곡정미를 위(上)로 폐(肺)에 영양을 공급 하지 못한 경우
- 선천적으로 신(腎)의 기(氣)가 부족하거나 나이가 들어서 폐(肺)의 기(氣)가 부족한 경우

② 병위(病位): 리(裏)

③ 사정(邪正)의 관계: 허(虛)

④ 임상증상

말하고 기침을 할 때 힘이 없고, 호흡이 약하여 숨이 차고, 자한(自汗: 움직이지도 않았는데 저절로 땀이 나는 증상) 등의 증상들 나타난다.

⑤ 피부증상

피부색은 정상인보다 하얗고, 위기(衛氣)의 기능 저하로 인하여 외사(外邪)의 침입을 받은 후 만성 피부병이 나타난다. 예를 들어 만성 두드러기, 만성 습진, 피부 가려움증, 얼굴 부종 등이다.

(2) 폐음허증(肺陰虛證)

폐(肺)의 음(陰)이 부족하여 숙강(肅降) 기능이 저하되고 허열(虛熱)이 생기는 증후(證候)

① 병인(病因)

- 오랜 기침으로 폐(肺)의 음(陰)을 소모시킨 경우
- 열병(熱病) 후기에 음진(陰津)이 소모된 경우
- 폐결핵으로 인한 폐(肺)의 음(陰)이 소모된 경우

② 병위(病位): 리(裏)

③ 병성(病性): 열(熱) → 음(陰)이 허(虛)한 경우

④ 사정(邪正)의 관계: 허(虛)

⑤ 임상증상

마른 기침이 주로 저녁이나 새벽에 심해지고, 가래가 적으며, 입안이 건조하고 갈증이 심하다. 오후에 조열(潮熱), 즉 조수(潮水)처럼 매일 일정한 시간(오후 3~5시)이 되면 발열하여 체온이 상승하는 것)이 나타나며, 도한(盜汗: 밤에 잘 때 땀을 흘림) 표현이 나타난다.

⑥ 피부증상

피부가 거칠고 건조하며, 피부 껍질이 벗겨지고 심해지면 피부가 마르고 갈라진다. 모발 또한 윤기가 없고 푸석푸석하다. 특히 신경성 피부염이 많이 나타난다.

(3) 풍한범폐증(風寒犯肺證)

풍(風), 한(寒) 사기(邪氣)가 체표에 침범하여 폐기(肺氣)의 선발(宣发)기능이 저하된 증후(證候)

① 병인(病因): 대부분 풍한(風寒) 사기(邪氣)가 침범한 경우

② 병위(病位): 표(表)

③ 병성(病性): 한(寒) → 음(陰)이 성(盛)한 경우

④ 사정(邪正)의 관계: 실(實)

⑤ 임상증상

오한(惡寒: 바람을 쐬지 않아도 갑자기 몸에 열이 나면서 추위를 느끼는 증상), 발열, 기침, 재채기, 코가 막히고 맑은 콧물 등 감기 초기 증상들이 나타난다.

⑥ 피부증상

대부분 얼굴색은 하얗고, 피부에 종창(腫脹: 염증이 나타난 경우, 조직의 비대 또는 증식에 의하여 신체의 국부가 부어오름)이 나타나며 가려움증은 차가운 것을 접촉했을 때 더욱 심해지고 두드러기 등의 증상을 동반한다.

(4) 풍열범폐증(風熱犯肺證)

풍(風), 열(熱)사기(邪氣)가 폐(肺)에 침범하여 폐기(肺氣)의 기능 장애를 일으킨 증후(證候)

① 병인(病因): 대부분 풍열(風熱) 사기(邪氣)가 침범한 경우

② 병위(病位): 표(表)

③ 병성(病性): 열(熱) → 양(陽)이 성(盛)한 경우

④ 사정(邪正)의 관계: 실(實)

⑤ 임상증상

발열, 오한 (惡寒: 바람을 쐬지 않아도 갑자기 몸에 열이 나면서 추위를 느끼는 증상), 코가 막히고 누런 콧물을 흘리며 목이 마르고 아프며 가래는 노랗고 갈증이 심하다.

⑥ 피부증상

주로 얼굴, 코 부위의 모세혈관이 확장되며 홍반(紅斑: 피부가 붉게 변함 = 충혈, 발적), 구진(丘疹: 피부가 솟아오름, 지름 0.5mm)이 나타나며 가려움증은 더운 것을 접촉했을 때 더욱 심해진다. 특히 여드름, 딸기코에서 볼 수 있다.

(5) 대장습열증(大腸濕熱證)

습(濕), 열(熱)의 사기(邪氣)가 침범하여 대장의 전도(傳導) 기능이 저하되어 나타나는 증후(證候)

① 병인(病因)

- 주로 여름철 습열(濕熱) 사기(邪氣)가 대장에 침범하여 생긴 경우
- 불결한 음식물을 섭취하여 대장에 장애를 일으켜 생긴 경우

② 병위(病位): 리(裏)

③ 임상증상

설사, 이질(발열, 구토, 복통, 잔변감이나 혈액 및 점액, 고름이 섞인 설사), 리급후중(裏急后重 : 대변을 보기 전에 배가 아프고 대변을 참기 어려운 것을 리급이라 하며, 대변 시에는 배설이 잘되지 않으며 항문이 묵직한 느낌이 나타나는 것을 후중이라 한다) 증상들이 나타난다.

④ 피부증상

홍반(紅斑: 피부가 붉게 변함 = 충혈, 발적), 구진(丘疹: 피부가 솟아 오름, 지름 0.5mm), 수포(水疱: 1cm 이상의 물집), 미란(糜爛피부, 점막의 표피가 박리되어 진피나 점막하 조직이 노출됨) 등의 증상을 동반하며 급성 두드러기, 습진, 피부 가려움증, 대상포진이나 접촉성 피부염 등 증상이 나타난다.

3) 비(脾)와 위(胃)의 변증 [그림 10-11]

▸ 비(脾)의 생리기능

① 운화(運: 운반, 化: 변화)를 주관한다.

음식물 소화, 후천적 근본이자 기혈 생성, 변화의 원천인 수곡정미(水穀精微)를 수송하고 수액(水液)을 흡수 하고 수송하여 체내의 수액대사의 평형을 유지한다.

② 혈(血)을 생성하고 통솔한다.

비(脾)로 운화된 수곡정미로 혈액을 생성하고 비(脾)가 혈액을 통솔하여 혈액을 경맥(經脈) 속에서 운행시키며 맥(脈) 밖으로 넘쳐 흐르지 않게 하는 기능을 한다.

③ 승청(昇: 오를 승, 淸: 맑을 청)을 주관한다.

가볍고 맑은 미세한 수곡정미(水穀精微)의 영양 물질을 위로 올려주어 심(心)과 폐(肺)에 운반되어 심(心)과 폐(肺)의 생리기능에 의하여 기혈(氣血)을 생산시켜 전신에 영양을 공급해준다.

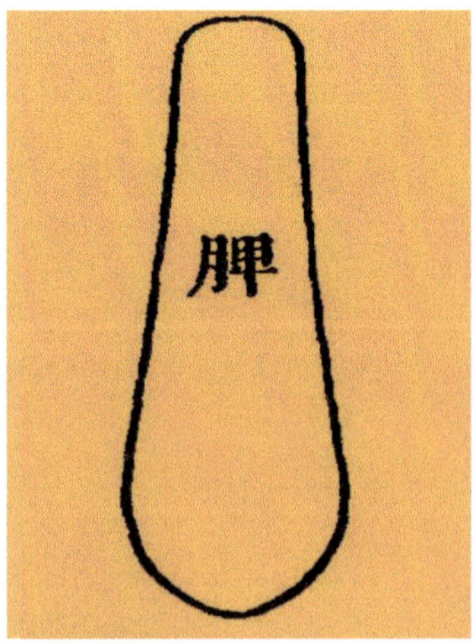

그림 10-11

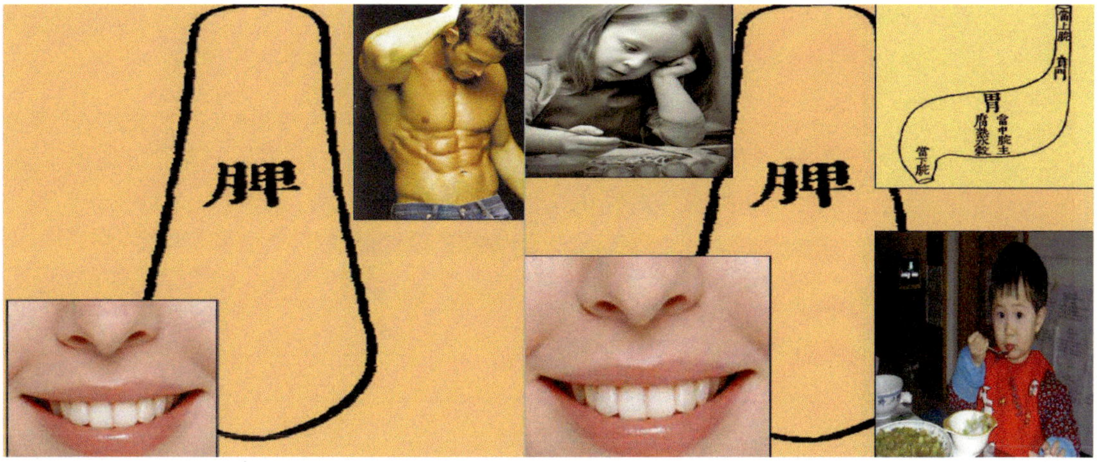

그림 10-12

▸ 형체(形體)관규(官竅)와의 관계 [그림 10-12]

① 오체(五體): 근육, 지방, 피하조직(肉)

비(脾)가 수곡정미(水穀精微)를 운화하는 기능에 의하여 영양을 흡수하여 근육이 발달되고 튼튼하나.

② 오화(五華): 입술(脣)

입술의 색이 붉고 윤기가 있는가로 전신의 기혈(氣血) 상태와 비(脾)의 운화기능으로 건강 상태를 확인할 수 있다.

③ 관규(官竅): 입(口)

식도의 제일 윗부분으로 비(脾)가 열리는 구멍이다.

▸ 오지(五志), 오액(五液) 과의 관계 [그림 10-12]

① 오지(五志): 생각(思)

생각은 비(脾)에서 시작되나 심에서 결정된다. 특히 기(氣)의 정상적인 운행에 영향을 주어서 기(氣)의 응체 및 결합이 생긴다.

② 오액(五液): 군침(涎: 연)

비(脾)의 정(精)으로 생성하고 두 빰에서 저장되어 입가에서 침을 흘리고 맑고 묽은 성질이다.

▸ 표리(表裏)관계인 장부(臟腑)

비(脾) ------------- 위(胃)

"비위(脾胃)를 후천의 근본(後天之本)이라 한다."⇒

음식물을 소화시켜 각 장부 및 전신 피부에 영양을 공급한다.

(1) 비기허증(脾氣虛證)

비(脾)의 기(氣)가 부족하여 수곡(水穀)을 운화(運化)하지 못하여 허약해지는 증후(證候)

① 병인(病因)

- 불규칙한 음식습관으로 비기(脾氣)가 손상된 경우
- 생각(思)이 너무 많거나 과로로 인하여 비기(脾氣)가 손상된 경우
- 급·만성 질환, 기타 장부 질환으로 비위(脾胃)에 영향을 미친 경우

② 병위(病位): 리(裏)

③ 사정(邪正)의 관계: 허(虛)

④ 임상증상

식욕부진과 소화불량증상이 나타나는데 특히 식사 후에 배가 더부룩해진다. 또한 대변질이 무르고, 전신에 피로감을 느끼기 쉽다.

⑤ 피부증상

수포(水疱: 1cm 이상의 물집), 미란(糜爛: 피부, 점막의 표피가 박리되어 진피나 점막하조직이 노출됨), 종창(腫脹: 염증이 나타난 경우, 조직의 비대 또는 증식에 의하여 신체의 국부가 부어오름)이 반복적으로 생기고 피부·근육이 위축되며, 상검하수(윗눈꺼풀이 아래로 처짐)등을 동반하고, 팔다리 습진에서 증상들이 나타난다.

(2) 비양허증(脾陽虛證)

비(脾)의 양기(陽氣)가 쇠약하여 수곡을 운화하지 못하고, 또한 양(陽)이 음(陰)을 제약하지 못하여 생긴 허한(虛寒) 증후(證候)

① 병인(病因)

- 대부분 비기(脾氣) 허(虛)증이 발전된 경우
- 차가운 음식을 과식한 경우
- 신양(腎陽)이 부족하여 비양(脾陽)을 따뜻하게 하지 못한 경우

② 병위(病位): 리(裏)

③ 병성(病性): 한(寒) → 양(陽)이 허(虛)한 경우

④ 사정(邪正)의 관계: 허(虛)

⑤ 임상증상

식욕부진과 소화불량 증상이 나타나며 심해지면 복통이 생기나 따뜻하게 해주고 만져주면 통증이 감소된다. 또한 대변질이 무르고 냉의 양이 많고 묽으며 추위를 많이 탄다.

⑥ 피부증상

구진(丘疹: 피부가 솟아오름, 지름 0.5mm), 수포(水疱: 1cm 이상의 물집)로 나타나며, 만성두드러기, 피부 가려움증 등 증상들이 나타난다.

(3) 비불통혈증(脾不統血證)

비(脾)의 기(氣)가 허약하여 혈액을 통솔하지 못하여 하부 출혈증상이 나타나는 증후(證候)

① 병인(病因): 대부분 비기(脾氣) 허(虛)가 발전한 경우

② 병위(病位): 리(裏)

③ 사정(邪正)의 관계: 허(虛)

④ 임상증상

식욕부진과 소화불량이 나타나고, 전신에 피로감을 느끼며, 하부 출혈[변혈(便血), 요혈(尿血), 월경과다]등의 증상들이 나타난다.

⑤ 피부증상

자반[紫斑: 피부나 점막의 출혈로 인해 발생하는 피부 홍반(붉은점) 또는 자색반(보라색점)], 혈종[血腫: 어혈(瘀血)을 위주로 하는 수종(水腫)]등의 증상들이 나타난다.

(4) 한습곤비증(寒濕困脾證)

체내에 한(寒), 습(濕)이 성(盛)하여, 비위(脾胃)의 납운(納運: 수납과 운화)기능을 제약한 증후(證候)

① 병인(病因)

- 불규칙한 식습관 또는 차가운 음식을 과식한 경우
- 거주생활과 환경이 건조하고 습(燥濕: 조습)한 경우

② 병위(病位): 리(裏)

③ 병성(病性): 한(寒) → 음(陰)이 성(盛)한 경우

④ 사정(邪正)의 관계: 실(實)

⑤ 임상증상

위(胃)와 완복부(脘腹部)가 답답하게 아프며, 식욕부진과 소화불량이 나타나며 심해지면 복통이 생기며, 대변질이 무르고, 전신이 무기력하다.

⑥ 피부증상

피부가 축 처지며 피부 접촉 시, 수포(水疱: 1cm 이상의 물집) 를 일으키며 가렵다. 특히 만성 두드러기, 습진, 아토피 등 증상이 나타난다.

(5) 습열온비증(濕熱蘊脾證)

습열(濕熱)이 중초(中焦)에 쌓여 비위(脾胃)의 납운(納運: 수납과 운화) 기능이 저하된 경우

① 병인(病因)

- 습열(濕熱) 사기(邪氣)가 침범한 경우
- 맵고 기름진 음식을 과식하거나 지나친 음주·흡연으로 인한 경우

② 병위(病位): 리(裏)

③ 병성(病性): 열(熱) → 양(陽)이 성(盛)한 경우

④ 사정(邪正)의 관계: 실(實)

⑤ 임상증상

식욕부진과 소화불량이 나타나고 오심구토 및 입이 쓰거나 느끼하고 대변을 본 후, 시원하지 않거나 냄새가 심한 증상들이 나타난다.

⑥ 피부증상

피부색이 노랗고 수포(水疱), 홍반(紅斑)을 동반하며, 나타나며 급성 습진, 급성 피부염, 탈모 등 증상들이 나타난다.

(6) 위열증(胃熱證)

위중(胃中)에 화열(火熱)이 왕성하여 수납(受)과 화강(和降)기능이 저하된 증후(證候)

① 병인(病因)

- 평소 맵고 짜고 기름진 음식을 과식한 경우
- 스트레스로 인하여 화열(火熱)로 변한 경우

② 병위(病位): 리(裏)

③ 병성(病性): 열(熱) → 양(陽)이 성(盛)한 경우

④ 사정(邪正)의 관계: 실(實)

⑤ 임상증상

위완(胃脘)부위가 타는 듯한 아픔이 느껴지고 음식을 많이 먹는데도 쉽게 배가 고프다. 또한 구취와 치은 출혈 및 변비 등의 증상들이 나타난다.

⑥ 피부증상

구진(丘疹), 수포(水疱), 미란(糜爛), 궤양(潰瘍), 가려움증이 동반되며 주로 코, 입술 부위의 단순포진(疱疹), 딸기코, 입술 염증에서 증상들이 나타난다.

(7) 위음허증(胃陰虛證)

위(胃)의 음(陰)이 부족하여 위음(胃陰)의 자윤(滋潤)과 화강(和降)기능이 저하된 증후(證候)

① 병인(病因)

- 스트레스로 인하 화(火)로, 위음(胃陰)을 소모시킨 경우
- 구토, 설사로 인하여 위음(胃陰)이 부족한 경우
- 맵고 짠 음식을 장기간 섭취 시 화(火)로 변하여 위음(胃陰)을 소모시킨 경우

② 병위(病位): 리(裏)

③ 병성(病性): 열(熱) → 음(陰)이 허(虛)한 경우

④ 사정(邪正)의 관계: 허(虛)

⑤ 임상증상

배가 고파도 입맛이 없고, 헛구역질이 난다. 또한 변비가 생기기 쉽다.

⑥ 피부증상

홍반(紅斑), 수포(水疱), 미란(糜爛), 가려움증이 나타나며 대부분 급성 열(熱)증 피부질환의 회복기에 증상들이 나타난다.

4) 간(肝)과 담(膽)의 변증 [그림 10-13]

▸ 간(肝)의 생리기능

① 소설(疏: 트이다, 泄: 통하다)을 주관한다.

⇒ "기기(氣機) 조절"

a. 정서 변화를 조절한다.

b. 소화, 흡수를 촉진한다.

c. 기혈(氣血)의 운행을 유지시킨다.

d. 수액대사를 조절한다.

e. 생식(生殖)기능을 조절한다.

② 혈액을 저장한다 = 장혈(藏血)

a. 혈액을 저장한다.

b. 출혈을 방지한다.

c. 혈류량을 조절한다.

⇒ 간(肝)에 충분한 혈액이 저장되면 간(肝) 자체에 영양을 줄 뿐 아니라 양기(陽氣)가 너무 지나치게 항진하는 것을 억제하여 간(肝)의 소설(疏泄) 기능을 유지하여 출혈을 방지하고 간(肝)의 음양(陰陽) 평형을 유지시킨다.

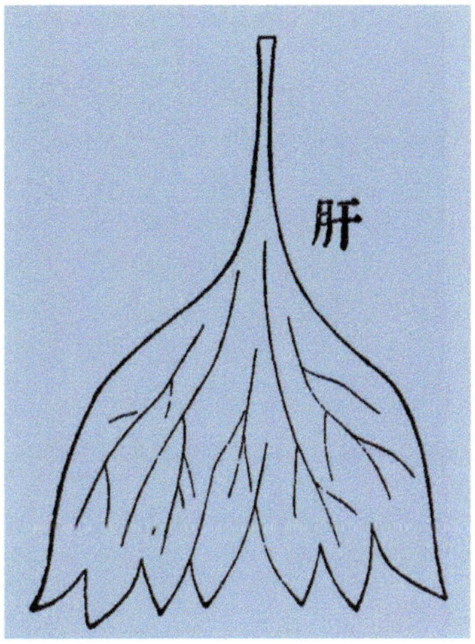

그림 10-13

▸ 형체(形體)관규(官竅)와의 관계 [그림 10-14]

① 오체(五體): 힘줄, 인대, 근막(筋)

근(筋)은 뼈와 관절에 붙어서 관절과 근육을 연결하는 조직으로 간(肝)은 운동을 주관한다.

② 오화(五華): 손톱, 발톱(爪)

손톱과 발톱은 근(筋)을 공급하고 남은 간혈(肝血)로 공급시킨다.

③ 관규(官竅): 눈(目)

오장(五臟) 육부(六腑)의 정기(精氣)가 혈액을 통해서 눈에 들어간다.

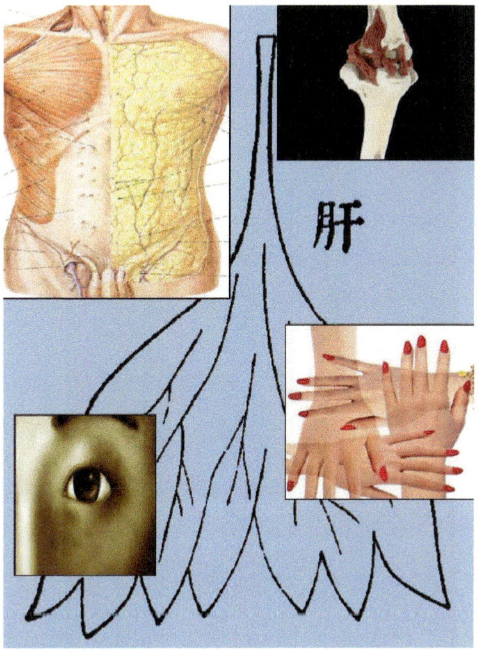

그림 10-14

▸ 오지(五志), 오액(五液) 과의 관계 [그림 10-15]

① 오지(五志): 분노(怒)

기기(氣機)의 평형을 깨뜨림으로 인해 양기(陽氣)가 승발되어 각혈 혹은 혼미상태가 된다.

② 오액(五液): 눈물(淚: 누)

간(肝)의 관규(官竅)는 눈에서 열리는 구멍으로 눈물은 눈에서 나오고 눈을 윤택하게 해주며 보호해 주는 기능을 가진다.

▸ 표리(表裏)관계인 장부(臟腑)

간(肝)------------- 담(膽)

"간(肝)은 소설(疏泄)을 주관하고 혈액을 저장한다."

⇒ 간담(肝膽)의 허실(虛實)은 주로 정지(情志: 감정)활동과 관련이 있다.

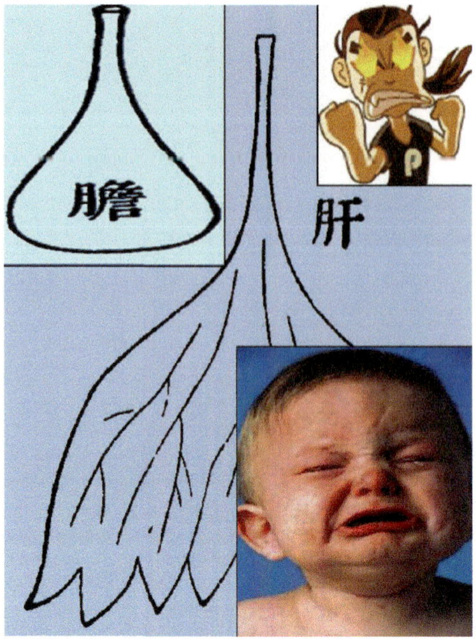

그림 10-15

(1) 간기울결증(肝氣郁結證)

간의 소설(疏泄)기능이 저하되어 기기(氣機)가 응체된 증후(證候)

① 병인(病因)

대부분 스트레스 또는 갑작스런 정신적 충격으로 인하여 간(肝)의 소설(疏泄)기능이 저하되어 간(肝)의 기(氣)가 응체, 응결된다.

② 병위(病位): 리(裏)

③ 사정(邪正)의 관계: 실(實)

④ 임상증상

마음이 우울하고 화를 잘 내며, 매핵기(梅核氣: 목 안에 매실이 걸린 것 같은 이물감)증상이 나타나고 간의 경락이 지나가는 협늑(脇肋)부위가 팽창되는 느낌 혹은 통증이 있으며, 가슴이 답답하여 자주 한숨을 쉰다. 여성의 경우, 월경 시에 가슴 부위가 아프고 월경 주기가 고르지 못하고 생리통 등의 증상들이 나타난다.

③ 피부증상

간의 경락이 순행하는 얼굴 부위의 광대뼈, 입술, 코, 앞이마, 눈 부위의 가려움증, 통증, 결절(구진과 같은 형태이나 지름이 더 크다)로 나타나며, 대부분 정신 자극으로 유발시킨다. 특히 여드름, 딸기코, 가려움증, 만성 두드러기, 황갈반(노년성 기미)에서 볼 수 있다.

(2) 간단습열증(肝膽濕熱證)

- 습(濕), 열(熱)의 사기(邪氣)가 간(肝)과 담(膽)에 맺히어 소설(疏泄) 기능이 저하된 증후(證候)
- 습(濕), 열(熱)의 사기(邪氣)가 간(肝)의 경락에 맺히고 끓어져서 표현된 증후(證候)

① 병인(病因)

- 습열(濕熱) 사기(邪氣)가 침범하여 생긴 경우
- 기름진 음식 섭취와 과도한 음주로 습열(濕熱)이 생긴 경우
- 비위(脾胃)의 납운(納運: 수납, 운화)기능이 저하되어 습열(濕熱)이 생긴 경우(목승토)

② 병위(病位): 리(裏)

③ 임상증상

협늑부위가 팽창하면서면서 통증을 동반하고 식욕부진, 소화불량이 나타나며, 입이 쓰고 황달증상이 나타난다. 또한 남성은 고환 통증, 습진, 여성은 음부 가려움증, 냉의 색깔이 노랗고 냄새가 난다.

④ 피부증상

작열감(피부가 타는 듯한 느낌의 통증, 화끈거림)과 붓고 아프며, 홍반(紅斑), 구진(丘疹), 수포(水疱) 등이 동반되며, 대상포진, 음낭습진, 음부습진에서 증상들이 나타난다.

(3) 간양상항증(肝陽上亢證)

간(肝)과 신(腎)의 음(陰)이 부족하여 간(肝)의 양(陽)이 항진되어 인체의 상부를 어지럽히는 상실하허(上實下虛)의 증후(證候)

[신(腎=水)이 간(肝=木)에 영양을 공급하지 못한다.

수생목 ⇒ 자수함목법[(滋水涵木法): 신음(腎陰) 보충, 간음(肝陰) 자양(滋養)]

① 병인(病因)

- 장기간 근심·걱정으로 간기(肝氣)가 응체, 응결이 오래되어 화(火)로 변하여 간음(肝陰)을 손상시켜 간양(肝陽)을 수렴하지 못한 경우
- 나이가 들어서 신음(腎陰)이 부족하여 간음(肝陰)을 자양(滋養)하지 못해 간양(肝陽)이 항진된 경우

② 병위(病位): 리(裏)

③ 사정(邪正)의 관계: 실(實), 허(虛)

④ 임상증상

현기증, 두통 증상이 나타나고 머리는 무겁고 다리는 힘이 없어 쓰러질 것 같고 허리가 시큰거린다.

⑤ 피부증상

주로 두면부 발진(發疹: 피부 부위에 작은 종기가 광범위하게 돋음), 통증이 동반되며 알레르기성 피부혈관 염증에서 증상들이 나타난다.

(4) 간혈허증(肝血虛證)

간(肝)의 혈(血) 부족으로 조직 및 기관에 영양을 공급해 주지 못한 증후(證候)

① 병인(病因)

- 비위(脾胃)가 허약하여 기혈생성 부족으로 간혈(肝血)이 부족한 경우
- 오랜 병으로 혈을 소모시켜 간혈(肝血)이 부족한 경우

② 병위(病位): 리(裏)

③ 사정(邪正)의 관계: 허(虛)

④ 임상증상

빈혈로 어지럽고, 팔다리가 저리고 감각이 없으며, 얼굴·손발톱의 색깔이 창백하다.

⑤ 피부증상

피부가 건조하고 거칠며 껍질이 떨어진다. 또한 모발은 건조하고 모근에 힘이 없어서 머리숱이 빠진다. 손·발톱 역시 쉽게 부서지고 부러지며 피부 가려움증, 신경성 피부염, 탈모, 손발톱 질병에서 나타난다.

5) 신(腎)과 방광(膀胱)의 변증 [그림 10-16]

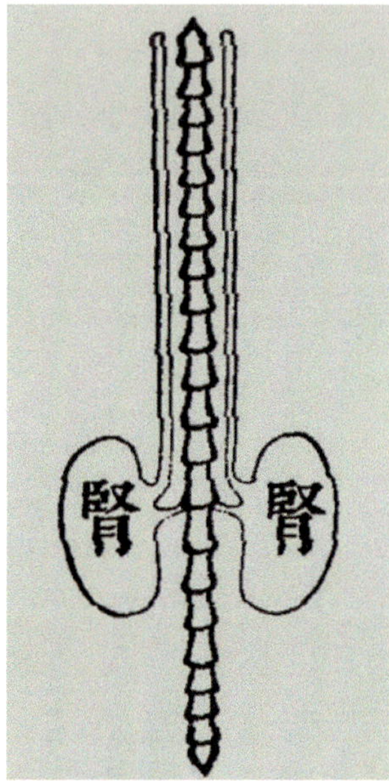

그림 10-16

▸ 신 (腎)의 생리기능

① 정(精)을 저장한다. (=藏精)

정(精)은 넓은 의미로 인체를 구성 하고 인체의 성장, 발육, 생식 및 장부 기능 활동의 미세한 영양물질이자 좁은 의미로는 부모에게 물려받고 신(腎)에 저장되어 생식 및 번식작용을 하는 미세한 영양 물질이다.

a. 성장, 발육 기능을 촉진한다.

b. 생식 기능을 주관한다.

c. 혈액을 생성한다.

d. 외부의 사기에 대하여 방어함

② 수액(水液)을 주관한다.

신(腎)의 정기(精氣)의 기화(氣化: 기의 변화)를 통해서 체내의 진액을 수송, 분포 및 배설을 진행한다.

a. 음식물 중에서 영양 공급을 할 수 있는 진액(津液)을 흡수하여 전신에 수송, 분포한다.

b. 각 장부 조직 기관 대사에서 사용 후, 쓸모없는 진액들을 체외로 배출시켜서 소변의 생산과 배출은 체내의 진액대사 균형 유지한다.

③ 신(腎)은 납기(納氣)를 주관한다.

호흡 운동은 폐(肺)가 주관하나 수납된 기(氣)는 신(腎)에 귀속된다. 신(腎)의 납기 작용이 원활하지 않으면 폐(肺)의 호흡 작용에 문제가 생긴다.

▸ 형체(形體)관규(官竅)와의 관계 [그림 10-17]

① 오체(五體): 뼈(骨)

신(腎)의 정(精)은 골수(髓)를 생산하고 골수(髓)는 뼈(骨)에 영양을 보충한다.

② 오화(五華): 머리털(髮)

신(腎)의 정(精)은 혈(血)을 생산하여 모발에 영양을 보충한다. 그러므로 모발의 근원은 신(腎)이다.

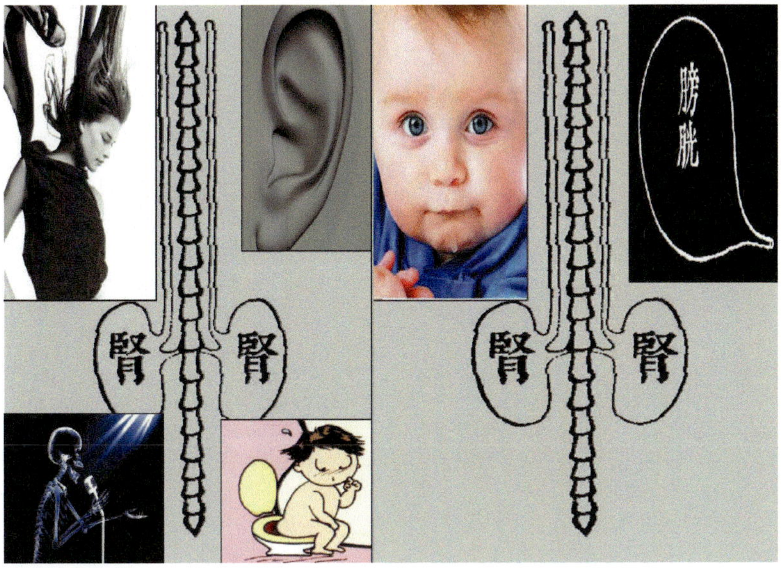

그림 10-17

③ 관규(官竅): 귀, 전음(前陰: 배뇨 및 생식기관), 후음(後陰: 대변 배설 통로)

전음(前陰) + 후음(後陰) = 이음(二陰)

▸ 오지(五志), 오액(五液)과의 관계

① 오지(五志): 두려움(恐), 놀람(驚)

공(恐)은 사람이 어떤 것에 대하여 무서워하고 경(驚)은 자기도 모르게 갑자기 놀라는 것을 말한다.

② 오액(五液): 침(唾液)

신(腎)의 정(精)에서 생성되어 혀 밑에 저장되고, 입으로 뱉어 배출하고, 연(涎)과 반대로 끈적끈적하고 걸쭉하다. 음식물을 습윤시키고 용해시키며 구강을 청결히 하고 보호 역할을 한다.

▸ 표리(表裏)관계인 장부(臟腑)

신(腎)------------- 방광(膀胱)

"신의 오화(五華: 영화로움)은 모발에 나타나며, 신음(腎陰)과 신양(腎陽)은 모든 음양(陰陽)의 근본이며, 색깔은 검은색으로 표현된다."⇒모발과 피부색의 변화는 신장과 밀접한 관련이 있다.

(1) 신음허증(腎陰虛證)

신(腎)의 음(陰)부족으로 뇌, 골수, 뼈에 자양(滋養)을 하지 못하고, 허열(虛熱)이 생기는 증후(證候)

① 병인(病因)

- 선천적으로 신음(腎陰)이 부족한 경우
- 과도한 성생활로 신음(腎陰)이 부족한 경우
- 오랜 병(만성 질환)으로 신음(腎陰)이 부족한 경우

② 병위(病位): 리(裏)

③ 병성(病性): 열(熱) → 음(陰)이 허(虛)한 경우

④ 사정(邪正)의 관계: 허(虛)

⑤ 임상증상

허리와 무릎이 시큰거리며 아프고 머리가 어지러우며 이명(耳鳴: 귀 울림), 오심번열(五心煩熱: 가슴, 양 손바닥, 양 발 바닥에서 답답하면서 열이 남), 도한(盜汗: 밤에 잘 때 땀을 흘림),입이 마르고 갈증이 있다.

⑥ 피부증상

얼굴색은 검고, 광대뼈 부위에 홍반(紅斑: 출혈, 발적)이 나타나며, 황갈반(노년성 기미), 노년성 피부 가려움증에서 증상들이 나타난다.

(2) 신양허증(腎陽虛證)

신(腎)의 양기(陽氣)부족으로 온후, 기화 기능이 상실되어 전신의 기능이 쇠퇴하여 허한(虛寒)이 생기는 증후(證候)

① 병인(病因)

- 선천적으로 신양(腎陽)이 부족한 경우
- 과도한 성생활로 신양(腎陽)이 부족한 경우
- 오랜 병(만성 질환)으로 신양(腎陽)이 부족한 경우

② 병위(病位): 리(裏)

③ 병성(病性): 한(寒) → 양(陽)이 허(虛)한 경우

④ 사정(邪正)의 관계: 허(虛)

⑤ 임상증상

허리와 무릎이 차갑고 시큰거리며 추위를 잘 탄다. 이명(耳鳴: 귀울림), 이롱(耳聾: 소리를 듣지 못하는 증상으로 환자 자신의 느낌이나 검사상에서 모두 청각기능에 어느 정도의 장애가 나타나는 것), 생식기능이 감퇴(남자-조루, 양위 /여자-불임증, 성욕 감퇴)되는 증상들이 나타난다.

⑥ 피부증상

피부색은 흑색이나 암갈색으로 변하며 만성 피부 가려움증 등의 증상이 나타난다.

(3) 방광습열증(膀胱濕熱證)

습(濕), 열(熱) 사기(邪氣)가 방광에 쌓여서 방광의 기화(氣化) 기능이 저하되어 나타나는 증후(證候)

① 병인(病因)

- 습열(濕熱) 사기(邪氣)가 방광에 침범한 경우
- 불규칙한 식습관, 과도한 음주로 인해 생긴 습열(濕熱)이 방광에 침투한 경우

② 병위(病位): 리(裏)

③ 임상증상

소변이 급하고 자주 마려우며, 배뇨 시 불에 덴 것같은 통증이 있으며, 소변색이 황적색이며 양이 적고 아랫배가 빼근하고 답답하며 요통 등의 증상들이 나타난다.

④ 피부증상

외음부 습진 등의 증상이 생긴다.

3 경락(經絡) 변증(辨證)

▸ 경락(經絡)의 개념

경맥(經脈)과 락맥(絡脈)의 총칭으로 전신의 기혈(氣血)을 운행 하고 장부(臟腑)와 사지(四肢: 팔, 다리)를 연결하여 상하(上下)와 내외(內外)를 소통시켜 인체 기능을 조절하는 "특수한 네트워크(통신 그물망) 계통"을 말한다[그림 10-18].

그림 10-18

▸ 경락(經絡)의 작용

(1) 장부 조직기관을 연결하며 표리상하를 소통시킨다.

① 장부들은 연결된다.

a. 십이경맥은 모두 각각 하나의 장(臟) 하나의 부(腑)에 락속(絡屬)되어 서로 표리(表裏) 관계인 장부를 연결한다.

b. 어떤 경맥은 여러 개의 장부를 연결한다.

예) 족궐음간경은 간(肝)에 속(屬)하고 담(膽)에 락(絡)하며 위(胃)를 끼고 돌아 폐(肺)에 주입된다.

c. 어떤 장부는 여러 개의 경맥이 연결된다.

예) 수태음폐경은 폐(肺)에 속(屬)하고, 수양명대장경은 폐(肺)에 락(絡)하고, 족궐음간경은 폐(肺)에 주입되고, 족소음신경은 폐(肺)에 들어가고, 수소음심경은 위(上)로 폐(肺)에 들어간다.

② 장부와 사지(四肢)·관절(關節) 사이를 연결된다.

- 주로 십이경맥을 통하여 이루어지며 십이경맥은 안으로는 오장육부를 락속(絡屬)하고 그 경맥의 기(氣)는 또 경근(經筋)에 흩어지고(散), 이어지며(絡), 결합되고(結), 모이게(聚)되어 피부에 퍼진다.

⇒ 피부, 사지관절과 장부는 경맥을 통하여 소통되고 연결된다.

- 장부와 오관구규(五官九竅) 사이를 연결하고 눈, 코, 귀, 입, 혀, 전음(前陰), 후음(後陰)은 모든 경맥이 운행하는 부위이며 모든 경맥 또한 장부에 속한다.

예) 수소음심경은 눈과 연결되며 그 별락(別絡)을 혀(舌)로 상행하고 족궐음간경은 음기(陰器: 생식기)로 눈에 연결된다.

(2) 기혈(氣血)을 운행시켜 장부조직을 자양(滋養)한다.

- 인체의 각 조직기관은 기혈의 자양을 받아야만 비로소 정상적인 생명활동을 유지할 수 있다.
- 이처럼 기혈(氣血)은 인체생명활동의 기초물질로써 기(氣)의 추진 작용에 의한 경락 운행을 통하여 전신에 분포되어 장부조직 기관에 영양물질을 공급하고, 외부로부터 들어오는 사기(外邪)를 방어하여 우리 몸을 보호한다.

(3) 감응전도(感應傳導) 작용을 한다.

- 감응전도란? 경락계통이 침이나 기타 자극에 대한 감각전달 작용을 말한다.
- 예를 들어 경락의 해당 혈을 자극하면 시큰거리거나 저리고, 뻐근하며 묵직한 느낌이 발생하는데 이러한 현상들이 바로 경락의 감응전도 작용의 표현이다.

(4) 평형(平衡)조절(調節) 작용을 한다.

- 경락은 기혈(氣血)을 운행하고 음양을 조화시켜 인체의 기능 활동이 상대적으로 평형 상태를 유지하도록 한다.
- 인체에 질병이 생기면 기혈이 조화롭지 못하고 음양(陰陽)이 고르지 못한 현상이 나타나는데, 이때 침이나 뜸, 추나 등으로 경락을 자극하면 쌍방향 조절 작용을 일으켜 우리 몸이 회복되도록 유리한 방향으로 전환시킨다.
- 예를 들면 위(胃)의 유동운동과 위산분비 조절기능이 있는 족삼리(足三里)를 침자하면 위(胃)기능이 감소된 환자는 위(胃)의 수축기능이 증가하며 위산 분비가 촉진된다.
- 반대로 위(胃)기능이 항진된 환자는 위(胃)의 수축기능이 감소되며 위산 분비가 억제된다.

◆ 경락변증(經絡辨證)은 한방 미용 변증의 중요한 변증 방법으로 피부 미용질환과 장부(臟腑), 경락(經絡)의 소속 관계를 반영한다.

외사(外邪: 외부에서 들어오는 사기)는 인체 표면으로부터 경락을 통하여 체내의 장부에 침범하여 질병을 일으키고, 반대로 체내에 있는 장부의 질병은 경락을 통하여 인체 표면으로 나타난다.

⇒ 이를 기초로 외모 손상성 질병과 생리적 결함의 장부변증은 장부의 생리기능 및 병리적 변화로 표현된 체표의 미용 손상에 대하여 병인(病因: 질병이 일어나는 원인), 병위(病位: 질병 발생 위치), 병성(病性: 질병의 성질)과 사정(邪正: 사기와 정기)의 관계를 판단할 수 있다[그림 10-19] [그림 10-20].

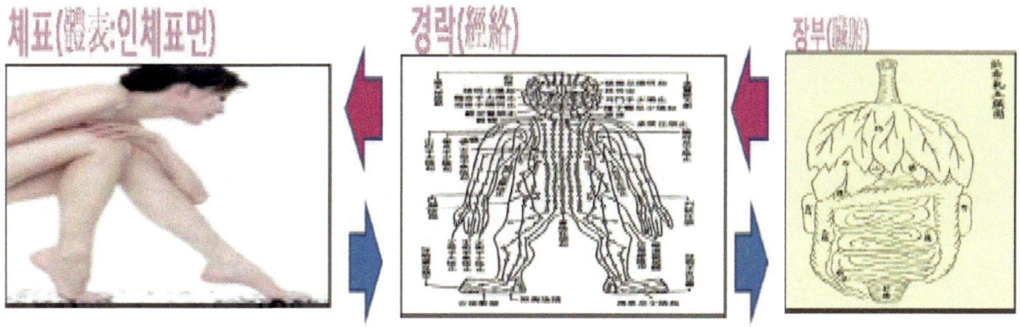

그림 10-19

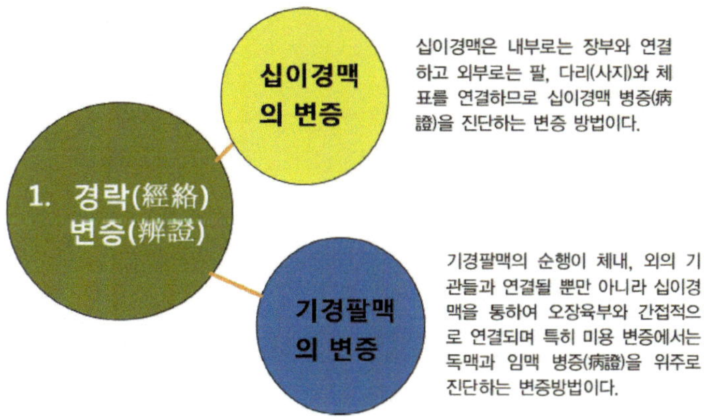

그림 10-20

1) 십이경맥(十二經脈)의 변증

▸ 십이경맥의 변증 분류

[유주(流注) 순서로 변증 분류를 나열]

(1) 수태음폐경(手太陰肺經) 병증(病證)

(2) 수양명대장경(手陽明大腸經) 병증(病證)

(3) 족양명위경(足陽明胃經) 병증(病證)

(4) 족태음비경(足太陰脾經) 병증(病證)

(5) 수소음심경(手少陰心經) 병증(病證)

(6) 수태양소장경(手太陽小腸經) 병증(病證)

(7) 족태양방광경(足太陽膀胱經) 병증(病證)

(8) 족소음신경(足少陰腎經) 병증(病證)

(9) 수궐음심포경(手厥陰心包經) 병증(病證)

(10) 수소양삼초경(手少陽三焦經)병증(病證)

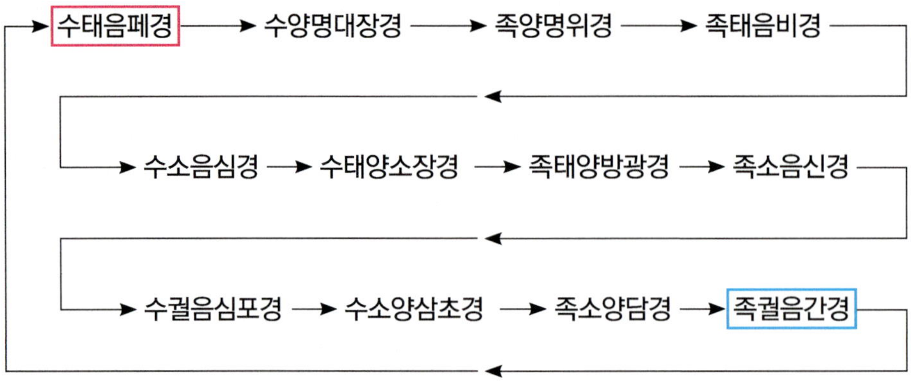

그림 10-21

(11) 족소양담경(足少陽膽經) 병증(病證)

(12) 족궐음간경(足厥陰肝經) 병증(病證) [그림 10-21]

Q. 십이경맥의 유주(流注) 순서

→ 기혈(氣血)이 유주되는 순서는 수태음폐경에서 시작하여 족궐음간경에 이르러서 다시 수태음 폐경으로 흘러 끊임없이 순환한다.

(1) 수태음폐경(手太陰肺經) 병증 [그림 10-22]

▸ 순행

① 중초(中焦)에서 시작하여 아래로 대장(大腸)에 연락되고 다시 돌아와 위(胃)의 분문(糞門)을 따라서 올라간다.

② 횡경막을 뚫고 들어가 폐장(肺臟)에 귀속한다.

③ 폐계(肺系: 기관, 인후부)에서 좌우로 갈라져 겨드랑이 밑으로 나온다.

④ 상완 내측 전연을 타고 내려와 팔꿈치 안쪽(주와)을 지나 요골동맥 박동처의 촌구(寸口)로 들어간다.

⑤ 어제혈(魚際穴)을 지나 엄지손가락 내측 끝 소상혈(少商穴)로 나온다.

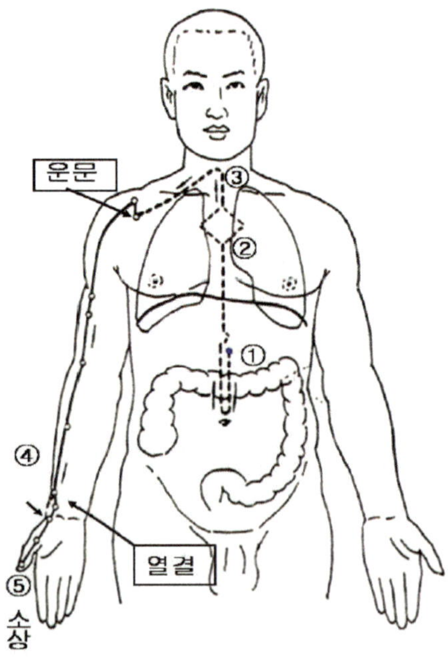

그림 10-22

▸ 병증 [그림 10-23]

① 임상증상

가슴이 답답하고 가득 찬 느낌이 나고 기침과 천식이 생기고 결분(缺盆) 부위와 견배(肩背) 부위 통증과 코피가 난다. 또한 소기(少氣: 말에 힘이 없고 숨이 약하고 짧으면서 촉박한 증상), 자한(自汗: 움직이지도 않았는데 저절로 땀이 나는 증상), 팔꿈치와 상완 내측에 통증이 나타나고 저리다.

② 피부증상

얼굴 부위 색소 침착, 각 부위 피부 발진(피부 부위에 작은 종기가 광범위하게 돋는 질환), 피부 껍질이 벗겨지고 여드름, 딸기코, 비염, 축농증 등 증상들이 나타난다.

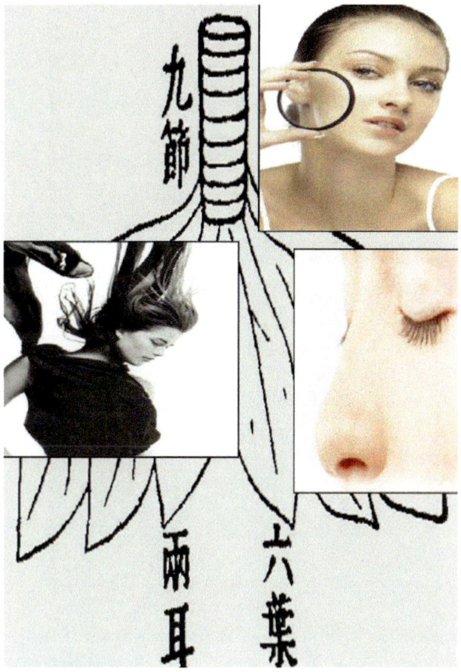

그림 10-23

③ 증후(證候)분석

a. 폐(肺)는 종기(宗氣)를 생성하는 원천이며 오장(五臟)의 화개(華蓋)로서 경맥의 순행은 중초(中焦)로부터 위(胃)를 돌고 횡경막(가로막)을 지나 폐(肺)로 들어가므로 가슴이 답답하고 가득 찬 느낌이 나고 기침과 천식이 생긴다.

b. 폐열(肺熱)이 왕성하여 폐경(肺經)을 따라 위(上)로 올라가면 코피가 나고 결분(缺盆)의 통증을 유발한다. 결분혈은 십이경맥의 통락(通絡: 락맥을 소통시키는 효능)으로서 특히 폐(肺)와 가까우므로 폐병(肺病)일 때에는 결분(缺盆) 부위가 통증으로 나타나는 것이다.

c. 수태음폐경은 중부(中府)혈부터 시작되어 겨드랑이 아래로 빠져나와 팔꿈치와 상완을 순행하므로 폐(肺)의 경기(經氣)가 소통되지 못하면 팔꿈치와 상완 내측 통증이 나타난다.

d. 한사(寒邪)가 피모(皮毛)와 연결되는 폐(肺)의 경락을 침범하면 위기(衛氣)가 속박을 받게 되어 한열(寒熱: 오한, 발열 증상을 합해서 말함)증상이 나타난다.

e. 풍사(風邪)가 침범하면 자한(自汗: 움직이지도 않았는데 저절로 땀이 나는 증상)이 생긴다.

f. 폐(肺)가 허(虛)하면 소기(少氣: 말에 힘이 없고 숨이 약하고 짧으면서 촉박한 증상)가 나타난다.

g. 폐(肺)의 오체(五體), 오화(五華)는 피모(皮毛: 피부와 털)이고 폐(肺)의 선발(宣發) 기능이 저하되어 탁기(濁氣)를 배출하고 수곡정미(水穀精微)와 진액(津液)을 전신의 피모(皮毛)에 분포시키지 못하게 된다. 이 때를 틈타 외사(外邪)가 침범하게 되어 얼굴 부위 색소 침착, 각 부위 피부 발진(피부 부위에 작은 종기가 광범위하게 돋는 질환), 피부 껍질이 벗겨지고 여드름 등 다양한 외모 손상성 질병이 나타나게 된다.

h. 폐(肺)의 관규(官竅)인 코(鼻)는 폐경에 열(熱)이 쌓이게 되거나 폐기(肺氣)가 운행하지 못하면 딸기코, 비염, 축농증 등의 질환으로 나타난다.

(2) 수양명대장경(手陽明大腸經) 병증 [그림 10-24]

▶ 순행

① 집게손가락 상양혈(商陽穴)에서 시작하여 집게손가락 요골측을 따라 올라와 제 1, 2 중수골(合谷穴: 합곡혈)로 나온다.

② 장무지신근건과 단무지신근건의 중간으로 들어와서 전완의 요골 측을 따라 위(上)로 팔꿈치 안쪽(주와)외측으로 진입하여 상완 외측전연을 따라 견관절에 이른다.

③ 뒤로 견봉(肩峰) 부위로 나와서 위(上)로 독맥의 대추혈(大椎穴)과 교회(交會) 한다.

④ 앞으로 나와서 결분(缺盆)으로 들어가 폐(肺)에 연락하고 횡격막을 통과하여 대장(大腸)에 귀속한다.

⑤ 결분(缺盆)에서 목으로 올라가 뺨을 지나 인중혈(人中穴)에서 좌측 경맥은 우측으로, 우측 경맥은 좌측의 코 옆의 영향혈(迎香穴)을 거쳐 눈으로 올라간다.

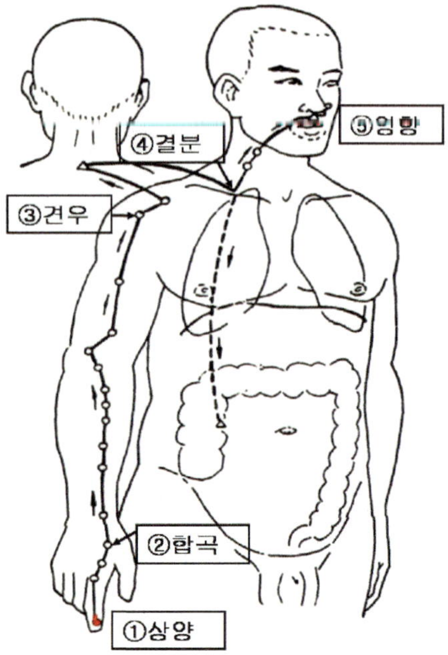

그림 10-24

▶ 병증 [그림 10-25]

① 임상증상

치통, 경종(頸腫: 목의 앞과 옆이 붓는 증상), 후비(喉痹: 목구멍이 붓고 아프며 무언가 막혀 있는 느낌이 들어 답답한 등의 증상이 있는 인후병을 통틀어 이르는 말), 목황(目黃: 두 눈의 공막(鞏膜)이 누렇게 되는 증상)이 나타나고 갈증이 심하며 코피가 난다. 또한 변비 혹은 설사가 나타나고 어깨 앞과 팔꿈치 부위가 아프고 저려서 엄지손가락과 집게손가락이 아프고 운동 장애가 생긴다.

② 피부증상

주름이 생기고 피부가 건조해지며 구안와사(口眼喎斜:안면 근육의 마비로 입이 한쪽으로 비뚤어지고 눈이 잘 감기지 않는 증상), 입술 경련, 구취가 나타나고 비만환자가 많다.

그림 10-25

③ 증후(證候)분석

a. 수양명대장경의 지맥(支脈)은 결분(缺盆)으로부터 위(上)로 경부(頸部)를 지나고 아랫니로 들어가므로 치통, 경종(頸腫), 후비(喉痹) 증상표현이 나타난다.

b. 폐(肺)는 기(氣)를 주관하고 진액(津液)을 수송, 분포하는데 갈증이 심하고 변비 혹은 설사 증상은 모두 대장(大腸)의 병리 변화로서 진액(津液)의 기능 저하에 의해 생긴다.

c. 엄지 손가락과 집게 손가락이 아프고 운동 장애가 생기는 것은 수양명 대장경의 경기(經氣)가 통하지 못하므로 발생한다.

d. 열(熱)이 수양명 대장경의 순행을 따라 위(上)로 올라가서 입이 마르고 코피가 나며 구취가 생긴다.

e. 풍(風), 한(寒), 습(濕) 사기(邪氣)가 외부에서부터 침범하여 경맥이 막히고 상완 외측전연 부위에 통증이 나타나고 마비증상이 나타나서 팔을 들어 올리지 못한다. 또한 엄지손가락과 집게손가락이 아프고 기능 장애가 생긴다.

f. 대장은 진액(津液: 영양물질 < 액체)을 주관하여 대장(大腸)에서 흡수한 수분은 체내의 수액대사 기능 조절에 참여하는데, 진액(津液)이 부족하면 주름이 생기고 피부가 건조해진다.

g. 경맥(經脈)이 입 주위를 둘러싸서 구안와사(口眼喎斜: 안면 근육의 마비로 입이 한쪽으로 비뚤어지고 눈이 잘 감기지 않는 증상)와 입술 경련이 나타난다.

h. 대장(大腸)은 찌꺼기[조박(糟粕): 고체]를 전달하고 변화시키는 것이 저하되어 대장(大腸)의 기능에 장애가 발생하고 대변의 질과 양 변화, 대변횟수에 장애가 오게 되는 비만 환자가 많다.

(3) 족양명위경(足陽明胃經) 병증 [그림 10-26]

▶ 순행

① 코 옆의 영향혈(迎香穴)에서 시작하여 비근(鼻根)을 따라 올라가 족태양방광경의 정명혈(睛明穴)과 만난다.

② 코의 바깥쪽을 따라 아래로 윗니로 들어갔다가 입술을 감싸고 돌아 나와서 아래의 승장혈(承漿穴)에서 좌우가 상교(相交)한다.

③ 뒤로 아래턱을 따라 대영혈(大迎穴)로 나와서 협거혈(頰車穴)을 지나 위(上)로 귀 앞의 하관혈(下關穴)을 지나 이마 모서리[두유혈(頭維穴)]에서 이마[신정혈(神庭穴)]에 이른다.

④ 지맥(支脈)은 대영혈(大迎穴)의 앞에서 인영혈(人迎穴)로 내려가 결분(缺盆)에

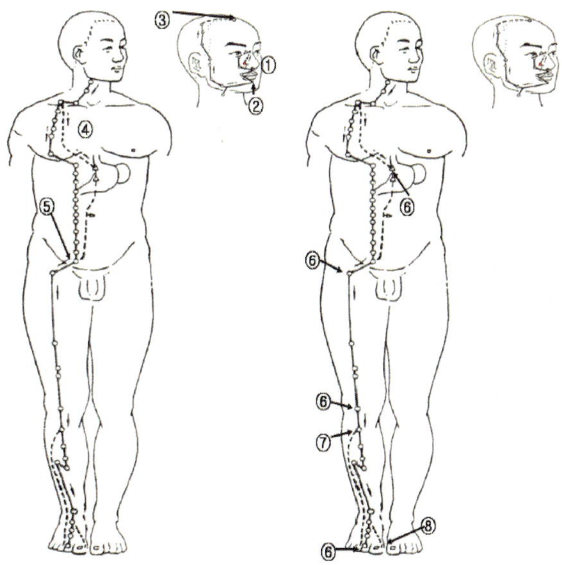

그림 10-26

들어가며 횡격막을 뚫고 내려가 위(胃)에 속하고 비(脾)에 연락(聯絡)된다.

⑤ 직행하는 경맥은 결분(缺盆)에서부터 흉부를 거쳐 복부로 내려가 기충혈(氣衝穴)로 들어간다.

⑥ 다른 지맥은 위(胃)의 입구(양문 부위)에서 시작하여 아래로 뱃속을 순행하여 기충혈(氣衝穴)까지 내려와 직행하는 경맥과 회합하여 아래로 비관혈(髀關穴)을 지나 무릎 부위의 독비혈(犢鼻穴)을 거쳐 경골 외측을 따라서 해계혈(解溪穴)를 거쳐 발등의 충양혈(衝陽穴)을 지나 둘째 발가락 외측단의 형태로 들어간다.

⑦ 또 다른 지맥은 무릎아래에서 3촌 아래 되는 곳에서 갈라져 나와 가운데 발가락 바깥쪽으로 들어간다.

⑧ 또 다른 지맥은 발등에서 갈라져 나와 엄지발가락 끝으로 나와 족태음경과 접합(接合)한다.

▸ **병증** [그림 10-27]

① 임상증상

발열이 나타날 때, 특히 신체의 앞 부분에서 심하고 코가 아프며 코피, 치통, 후비(喉痹: 목구멍이 붓고 아프며 무언가 막혀 있는 느낌이 들어 답답한 등 증상이 있는 인후병)가 생기며 서혜부와 하지의 전외측, 족배부 및 둘째, 셋째 발가락이 아프거나 운동 장애가 생긴다.

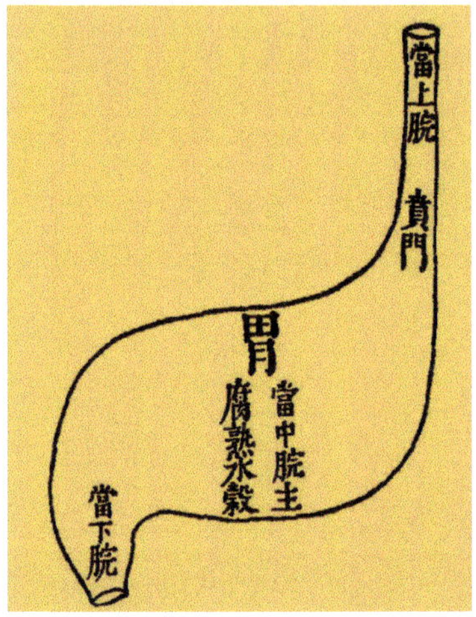

그림 10-27

② 피부증상:

피부가 건조해지고 얼굴색 어둡고 칙칙하며 입 주위에 두드러기가나고 구안와사(口眼喎斜: 안면 근육의 마비로 입이 한쪽으로 비뚤어지고 눈이 잘 감기지 않는 증상), 구취가 발생한다. 또한 모발이 갈라지고 푸석푸석해지고 유방이 작고 늘어진다. 체형적으로 너무 뚱뚱하거나 너무 마른 환자들이 많다.

③ 증후(證候)분석

a. 양명의 경맥은 신체의 앞 부분을 순행하므로 기(氣)가 성(盛)하여 발열이 나타날 때에는 몸의 앞 부분에서 심하다.

b. 이 경맥은 코에서 시작하여 코를 끼고 나와 입술을 돌며 지맥(支脈)은 후두를 순행하고 결분으로부터 가슴(유방)을 지나 배로 가면서 기충(氣衝)혈로 들어가고 다리로부터 발로 내려가 가운데(셋째) 발가락 끝에서 끝난다. 그렇기 때문에 앞서 서술한 임상증상이 나타나게 된다.

c. 위(胃)는 후천의 근본이자 기혈(氣血) 진액(津液) 생성의 원천으로서 위경의 경기(經氣)가 소통되지 못하면 피부가 건조해지고 얼굴색이 어둡고 칙칙해진다.

d. 특히 위경은 얼굴 부위와 흉부 및 유방을 순행하기 때문에 미용 상에서 중요한 경락이다.

e. 위경이 막히게 되면 구안와사(口眼喎斜)가 발생하고 모발이 갈라지고 푸석푸석 해지고 유방이 작고 늘어진다.

f. 위화(胃火)가 경맥을 따라 상염(上炎)하면 코가 아프고 코피, 치통, 후비(喉痹)가 생기며 구취가 발생한다.

g. 위경은 소화흡수를 촉진하는데 경기(經氣)가 부족하게 되면 소화불량, 식욕부진으로 인한 저체중이거나 식욕이 과도한 비만이 발생한다.

(4) 족태음비경(足太陰脾經) 병증 [그림 10-28]

▸ 순행

① 엄지발가락 끝[은백혈(隱白穴)]에서 시작하여 엄지발가락 내측의 적백육제(赤白肉祭) 라인을 따라 제1 중족골의 원형돌기를 지나 위로 안쪽 복사뼈 앞쪽[상구혈(商丘穴)]을 지나 삼음교혈(三陰交穴)로 나온다.

② 이곳에서 비복부 내측을 지나서 경골 뒤쪽을 따라 족궐음간경의 앞쪽으로 나와 음릉천혈(陰陵泉穴)을 지나 상행한다.

③ 위(上)로 슬개골, 대퇴부 내측전연을 따라 복부로 들어가서 비(脾)에 귀속되고 위(胃)에 연락(聯絡)된다.

④ 위(上)로 횡격막을 지나 식도를 끼고 올라가 설근에 이어진 다음 혀 아래로 분포된다.

⑤ 또 다른 지맥은 복애혈(腹哀穴)에서 갈라져 중완혈(中脘穴)의 좌우 외측에서 흉부의 횡격막을 상행하여 심장 부위에서 수소음심경과 교차하여 끝난다.

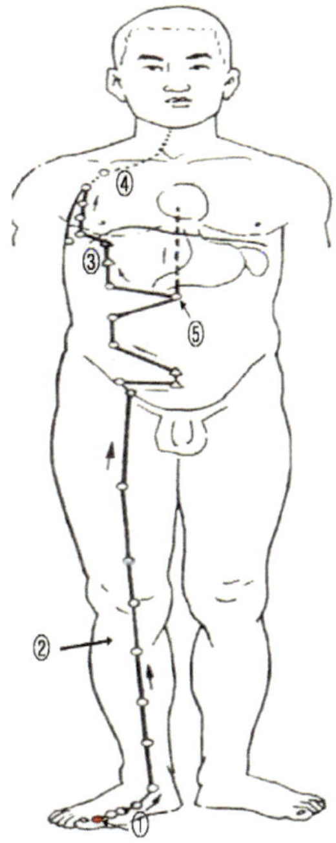

그림 10-28

▸ 병증 [그림 10-29]

① 임상증상

혀가 뻣뻣해지고 아프며 먹으면 바로 토하고 위완(胃脘)부 통증 및 배가 항상 더부룩하고 소화불량이 되어 자주 트림을 하거나 방귀를 뀐다. 또한 몸이 축축 늘어지고 넓적다리와 무릎의 내측이 붓거나 엄지발가락의 운동 장애가 나타난다.

② 피부증상:

입술이 창백하고 얼굴색이 누렇게 뜨고 광택이 없으며 피부가 건조하다. 전신 무기력감과 모발이 푸석푸석하고 갈라지고 탈모가 나타난다. 근육이 없어서 운동장애가 나타난다. 체형적으로는 너무 마르거나 허(虛)로 인한 비만환자가 많다.

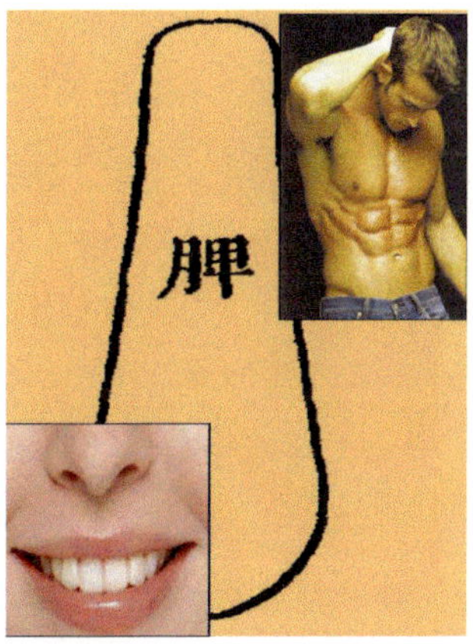

그림 10-29

③ 증후(證候)분석

a. 비(脾)의 경맥은 혀 밑 뿌리와 연결되므로 혀가 뻣뻣해지고 아프다.

b. 비병(脾病)으로 기(氣)의 운행이 막히게 되면 토하고 비(脾)의 경맥은 배로 들어가서 비(脾)와 위(胃)를 연결하므로 배가 더부룩하며 아프다.

c. 비기(脾氣)의 운화기능이 저하되면 위기(胃氣) 역시 저하되어 소화가 되지 못하고 자주 트림을 하거나 방귀를 뀐다.

d. 비(脾)는 습(濕)을 싫어하는데 습이 체내에 쌓이게 되면 몸이 축축 늘어지고 붓는다.

e. 비(脾)의 경맥은 엄지발가락으로부터 시작되어 무릎과 넓적다리 내측으로 순행하므로 경맥의 순행에 이상이 생기면 넓적다리와 무릎의 내측이 붓고 엄지발가락의 운동 장애가 나타난다.

f. 비(脾)는 후천의 근본이자 기혈진액 생성의 원천이기 때문에 전신에 영양을 공급하는 중요한 장(臟)으로 오화(五華)인 입술의 색과 광택을 통해 영양 상태를 판단할 수 있다.

g. 비허(脾虛)로 인하여 수곡정미를 운화하지 못하면 입술이 창백하고 얼굴색이 누렇게 뜨고 광택이 없으며 피부가 건조하다. 또한 전신 무기력감과 모발이 푸석푸석하고 갈라지고 탈모까지 나타난다.

h. 비(脾)의 오체(五體)인 근육, 지방, 피하조직은 비기(脾氣)가 부족하여 비(脾)가 수곡정미(水穀精微)를 운화하는 기능이 저하되면 발달되지 못하고 운동 장애가 나타난다.

i. 비(脾)의 운화 기능이 떨어져서 습(濕)이 운화하지 못하고 체내에 쌓이게 되면 부어서(수종) 생기는 비만 혹은 저체중이 발생한다.

(5) 수소음심경(手少陰心經) 병증 [그림 10-30]

▸ 순행

① 심중(心中)에서 시작하여 심계[心系: 심과 폐장이 서로 이어진 조직으로 심과 기타 장부가 서로 이어진 조직]를 거쳐 나와 아래로 횡격막을 지나 소장(小腸)에 연락(聯絡)된다.

② 나른 지맥은 심상에서 상방(上方)으로 향하여 임맥의 밖에서 인후(咽喉)의 양측을 지나 눈(目)으로 이어진다.

③ 다른 지맥은 심장에서 나와 심계(心系)를 따라 상방(上方)으로 진행하여 폐장으로 들어가 액와(腋窩)로 천출(淺出)하여 극천혈(極泉穴)에 도달하고, 상완(上腕)의 전내측을 지나 주와의 소해혈(小海穴)를 지나 전완(前腕)의 내측을 순행하여 소지(小指) 끝 요골 측의 소충(少衝)에 이르러 끝난다.

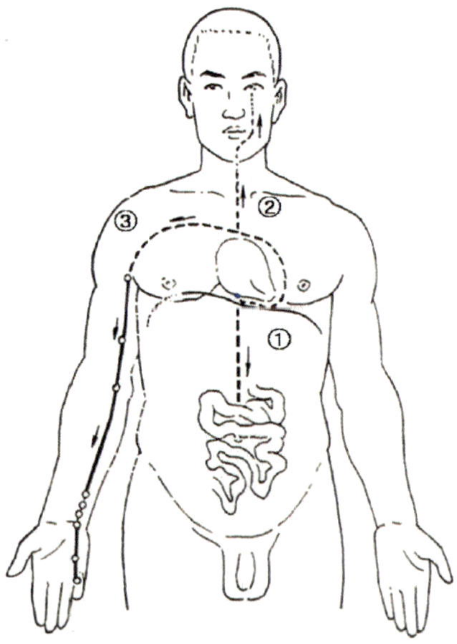

그림 10-30

▸ 병증 [그림 10-31]

① 임상증상

갈증이 심하여 물을 자주 마시고 심장 부위와 옆구리 및 상완 전내측이 아프고 손바닥이 뜨겁다.

② 피부증상

신경쇠약, 불면증, 정서불안, 얼굴색이 어둡거나 창백하며 광택이 없다. 입술색이 청자색이거나 창백하고 구강궤양이나 혀에 부스럼이 생긴다.

③ 증후(證候)분석

a. 심경(心經)의 지맥(支脈)은 심으로부터 위(上)로 목구멍을 순행하므로 심열(心熱)이 있을 때에는 목이 마르고 심장 부위가 아프다.

b. 심화(心火)가 상염(上炎)하여 심의 액을 소모하기 때문에 갈증으로 물을 자주 마시고 구강궤양이나 혀에 부스럼이 생긴다.

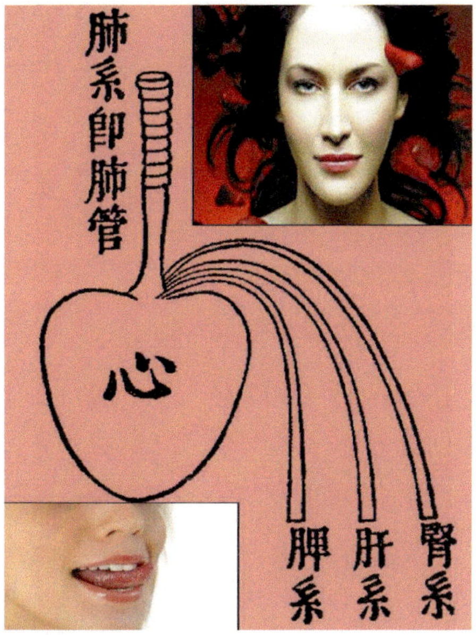

그림 10-31

c. 심맥(心脈)은 겨드랑이로부터 순행되어 나오므로 옆구리가 아프다.

d. 상완 전내측이 아프고 손바닥이 뜨거운 것은 경기(經氣)가 소통하지 못하고 막혀 있기 때문이다.

e. 심(心)의 화(火)가 체내에 왕성하여 신명(神明)을 어지럽게 하면 외모 손상성 질병을 유발하는 신경쇠약, 불면증, 정서불안이 나타나게 된다.

f. 심(心)은 혈맥(血: 피 혈, 脈: 혈관 맥)을 주관하는데 혈(血)이 부족하거나 혈맥(血脈)이 막힌 경우, 혈액 순환이 원활하지 못하여 얼굴색이 어둡거나 창백하며 광택이 없고 입술색 역시 청자색이거나 창백하다.

(6) 수태양소장경(手太陽少腸經) 병증 [그림 10-32]

▸ 순행

① 새끼손가락 외측 끝[소택혈(少澤穴)]에서 시작하여 손등과 손바닥 경계선을 따라 손목으로 가서 척골 경상돌기로 나온다.

② 계속 척골 아래 부분을 타고 팔꿈치 뒤로 올라가 상완골의 상과와 척골의 주두 사이[소해혈(小海穴)]로 나온다.

③ 상지 외측 후면을 타고 견관절로 나와서[견정혈(肩貞穴)] 견갑 부위를 돌아 어깨에서 대추혈(大椎穴)과 만난다.

④ 결분(缺盆)으로 들어가 심장으로 연락되고 식도를 따라 횡격막을 통과하여 위(胃)에 이르며 소장(小腸)에 귀속한다.

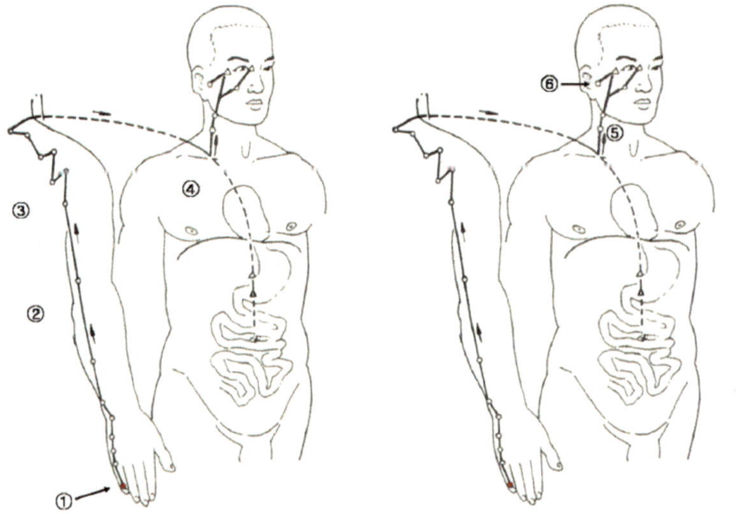

그림 10-32

⑤ 다른 지맥은 결분(缺盆)을 상행해서 천창혈(天窓穴), 천용혈(天容穴)을 순행하여 뺨을 향해 상행하여 권료혈(顴髎穴)에서 동자료혈(瞳子髎穴)을 거쳐 귓속(耳中)으로 진입하여 청궁혈(聽宮穴)을 순행하며 끝난다.

⑥ 또 다른 지맥은 권료혈(顴髎穴)에서 갈라져 빰(頬)을 지나고 눈 밑(目下)을 지나 코(鼻)에서 되돌아 상행하여 정명혈(睛明穴)에서 끝난다.

▸ **병증** [그림 10-33]

① **임상증상**

목이 아프고 빰이 붓고 머리를 뒤로 돌리지 못할만큼 아프고 이명(耳鳴: 귀울림), 이롱(耳聾: 소리를 듣지 못하는 증상으로 환자 자신의 느낌이나 검사상에서 모두 청각기능에 어느 정도의 장애가 나타나는 것)이 발생하며 목, 어깨, 팔꿈치 및 상지 외측 후면이 아프고 운동 장애가 나타난다.

② **피부증싱**

눈이 충혈되고 빰 주위가 붓고 피부색이 어둡고 건조하며 광택이 없다. 체형적으로는 너무 마르거나 허(虛)로 인한 비만환자가 많다.

③ **증후(證候)분석**

a. 소장경(小腸經)은 목구멍을 순행하고 아래로 횡경막을 지나며 지맥(支脈)은 장부를 따라 위(上)로 빰을 순행하므로 목구멍이 아프고 빰이 붓고 머리를 뒤로 돌리지 못할 만큼 아프다.

b. 또 다른 소장경(小腸經)의 지맥(支脈)이 귓 속으로 들어가기 때문에 막히게 되면 이명(耳鳴), 이롱(耳聾)이 나타난다.

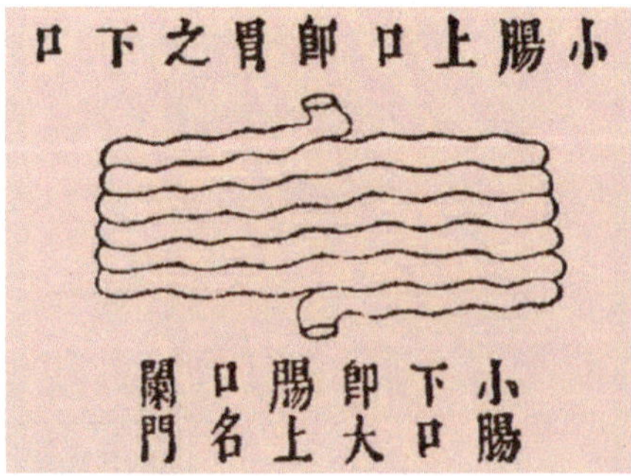

그림 10-33

c. 목, 어깨, 팔꿈치 및 상지 외측 후면이 아프고 운동 장애가 나타나게 되는 것은 소장경(小腸經)의 경기(經氣)가 소통되지 못하기 때문이다.

d. 소장경(小腸經)의 경기(經氣)가 소통되지 못하면 소장경(小腸經)이 지나가는 뺨 주위가 붓고 피부색이 어둡고 건조하며 광택이 없으며 눈은 충혈된다.

e. 소장(小腸)은 식미(食糜)를 받아 담고(受盛) 물질을 변화시키기(化物) 때문에 기능 장애가 올 경우, 체형적으로 너무 마르게 된다.

f. 소장(小腸經) 역시 수액대사에 관여하기 때문에 수액대사 장애로 수종이 발생하여 허(虛)로 인한 비만이 발생하게 된다.

(7) 족태양방광경(足太陽膀胱經) 병증 [그림 10-34]

▶ 순행

① 눈 안쪽 꼬리부근의 정명혈(睛明穴)에서 기시하여 이마로 상행하여 백회혈(百會穴)에서 교회(交會)한다.

② 정수리에서 나와 귀(耳) 상부 모서리로 가서 귀(耳) 뒤쪽을 감싼다.

③ 지행하는 것은 통천혈(通天穴)의 뒤에서 뇌(腦)와 연결(絡)하고 다시 천출(淺出)하여 후발제로 하행하여 대추혈(大椎穴) 등을 지나 견갑내각을 순행하고 척추의 양측을 사이에 끼면서 하행하여 허리의 가

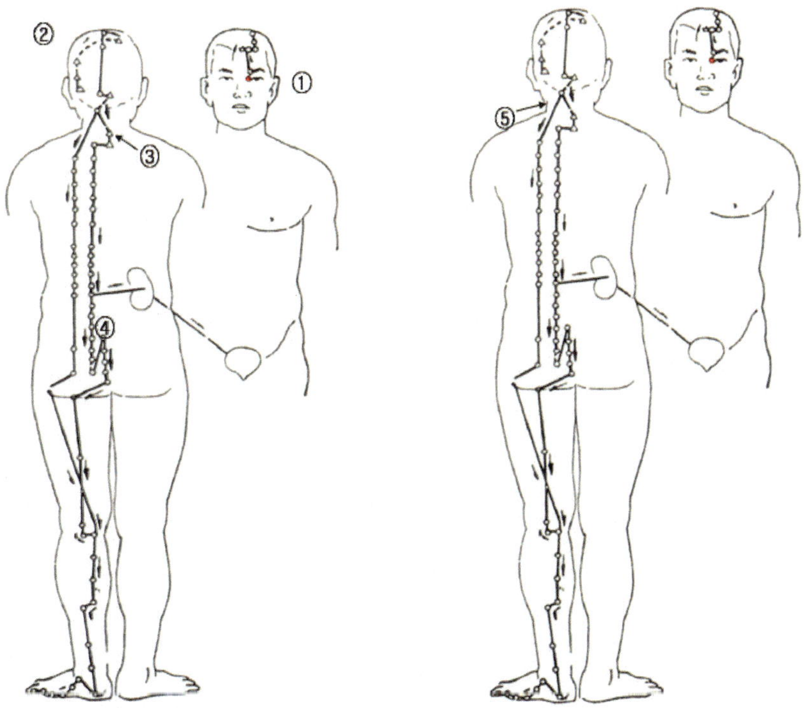

그림 10-34

운데에 이르러 추골의 양측을 순행하여 신(腎)에 연결(絡)하고 방광에 도달하는 가지도 있다.

④ 다른 지맥은 허리에서 갈라져 등 부위 중앙을 사이에 끼고 엉덩이를 뚫고 위중혈(委中穴)로 내입(內入)한다.

⑤ 또 다른 지맥은 천주혈(天柱穴)에서 갈라져 좌우의 견갑골에서 척추를 사이에 끼고 하행하여 외과로 천출(淺出)하여 새끼발가락의 외측 지음혈(至陰穴)에서 끝난다.

▸ 병증 [그림 10-35]

① 임상증상

한열(寒熱: 오한과 발열)이 생기고 코가 막히고 두통이 나타나며 눈이 빠지는 것처럼 아프다. 또한 목, 등, 허리, 다리, 오금, 발 뒤꿈치, 발 부위에 통증과 함께 운동 장애가 나타난다.

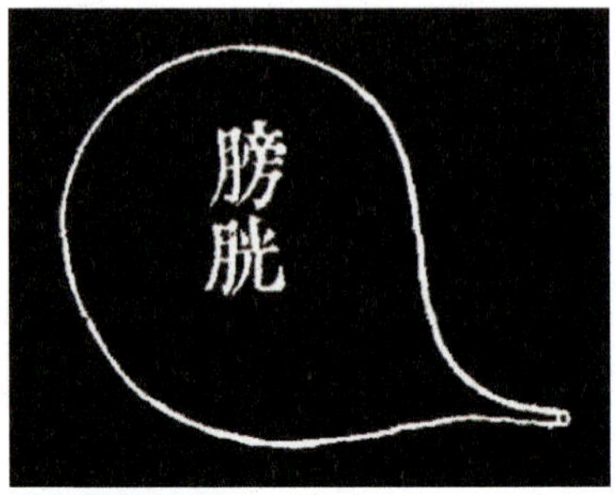

그림 10-35

② 피부증상

주근깨, 호접반(蝴蝶斑: 얼굴에 얼룩 얼룩한 나비 모양의 기미가 끼는 증상), 피부 알레르기 증상이 생기고 내장과 관련된 다양한 외모 손상성 질병이 발생한다. 체형적으로는 비만이 발생한다.

③ 증후(證候)분석

a. 방광은 체표의 기와 통하므로 외사(外邪)의 침입을 받으면 오한과 발열이 나타나고 코가 막힌다.

b. 경기(經氣)가 위(上)로 올라가서 막히게 되면 순행부위인 머리와 눈이 아프다.

c. 사기(邪氣)가 체표에 응체, 응결되어 기(氣)의 운행이 순조롭지 못하므로 방광경이 순행하는 부위인 목, 등, 허리, 다리 , 오금, 발 뒤꿈치, 발 부위가 아프고 운동장애가 나타난다.

d. 방광경(膀胱經) 위(上)로 각 장부의 배유혈(背兪穴)이 있기 때문에 방광경(膀胱經) 경기(經氣)의 운행에 장애가 생기면 내장과 관련된 다양한 외모 손상성 질병이 발생한다.

e. 또한 인체 면역력 저하와 내분비 계통의 장애로 주근깨, 호접반(蝴蝶斑: 얼굴에 얼룩 얼룩한 나비 모양의 기미가 끼는 증상), 피부 알레르기 증상이 나타난다.

f. 방광(膀胱)은 신(腎)과 표리 관계로 방광 역시 체내의 기화(氣化)와 수액대사를 관여하기 때문에 방광(膀胱)의 기화(氣化) 기능 저하로 수종이 발생하여 허(虛)로 인한 비만이 발생하게 된다.

(8) 족소음신경(足少陰腎經) 병증 [그림 10-36]

▸ 순행

① 새끼발가락 끝의 지음혈(至陰穴)에서 시작하여 비스듬히 족심(足心)의 용천혈(龍泉穴)으로 들어와 주상골의 융기된 부분 아래로 나와서 안쪽 복사뼈를 한바퀴 돌아서 상행한다.

② 소퇴 내측을 따라 올라가 오금 안쪽으로 나와서, 위(上)로 대퇴 내측 후연을 지나 척주를 통과하여, 신장(腎)에 귀속되고 방광에 연락(聯絡)된다.

③ 다른 지맥은 황수, 즉 신(腎)에 속하는 곳에서 상행하여 간장(肝)을 뚫고 유문(幽門)을 거쳐 폐(肺)로 진입하여 후두(喉頭)를 순행하고 인영혈(人迎穴)과 나란히 설(舌)에 분포한다.

④ 또 다른 지맥은 신장(神藏)에서 갈라져 심장(心)을 순행하고 가슴으로 들어간다.

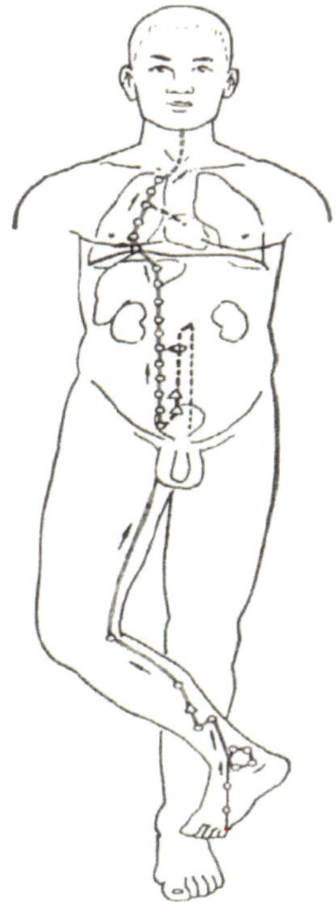

그림 10-36

▸ **병증** [그림 10-37]

① 임상증상

숨이 차고 심장이 매달리고 속이 빈 것처럼 입에 열이 나고 혀가 마르며 목구멍이 붓고 가슴이 아프며 각혈이 나타난다. 또한 등과 넓적다리 내측 후연이 아프고 허리와 무릎이 시큰거리고 아프며 다리가 무겁다.

② 피부증상

얼굴색이 암흑색이고 광택이 없으며 얼굴과 팔, 다리가 붓는다. 피부는 건조하고 자주 튼다. 또한 노화속도가 빠르고 새치가 생기며 탈모가 진행된다. 이가 흔들리고 이명(耳鳴: 귀울림), 이롱(耳聾: 소리를 듣지 못하는 증상으로 환자 자신의 느낌이나 검사상에서 모두 청각기능에 어느 정도의 장애가 나타나는 것)이 나타나며 체형적으로는 나뭇가지처럼 삐적 마른다.

③ 증후(證候)분석

a. 신(腎)은 원음(元陰)과 원양(元陽)이 들어있는 장(臟)으로 양(陽)이 허(虛)하면 얼굴색이 암흑색이고 광택이 없으며 정기(精氣)가 모자라고 숨이 차다.

b. 음허(陰虛)일 때에는 내열(內熱)이 생기기 때문에 목이 마르고 가슴이 답답하며 폐(肺)까지 손상시켜서 각혈증상이 나타난다.

c. 등, 허리, 넓적다리, 무릎, 발에 신경(腎經)이 순행하므로 경기(經氣)가 소통하지 못하면 아프거나 운동 장애가 나타난다.

d. 풍(風), 한(寒), 습(濕) 사기(邪氣)가 경맥(經脈)에 침입하여 경맥이 막히면 허리와

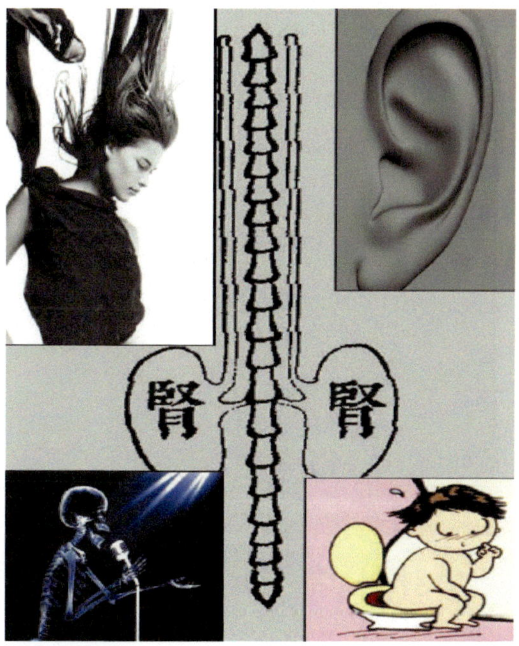

그림 10-37

무릎이 시큰거리고 아프며 다리가 무겁다.

e. 신(腎)은 오장(五臟)에서 수(水)의 색깔인 검은색을 띄고 있기 때문에 사기(邪氣)가 얼굴에 침범한 경우, 얼굴색이 암흑색으로 변한다.

f. 신(腎)의 기화(氣化)기능 저하로 수액대사가 원활하지 못하여 얼굴과 발, 다리가 붓고 피부는 건조해지고 자주 튼다.

h. 신(腎)은 생식, 성장, 발육을 주관하기 때문에 신(腎)이 허(虛)할 경우, 노화속도가 가속화되고 새치가 생기며 탈모까지 진행되고 이가 흔들린다.

i. 신(腎)의 관규는 귀로서 신이 허할 경우, 이명(耳鳴), 이롱(耳聾)이 나타난다.

j. 신(腎)은 정(精)을 저장하는데 정(精)이 소모되면 체형적으로는 나뭇가지처럼 삐적 마른다.

(9) 수궐음심포경(手厥陰心包經) 병증 [그림 10-38]

▸ 순행

① 흉중[胸中: 심경(心經)과 교회(交會)]에서 시작하여 밖으로 나와 심포(心包)에 귀속하고 횡격막을 통과하여 흉부, 상복부, 하복부를 지나면서 상초, 중초, 하초에 연락한다.

② 다른 지맥은 흉부를 순행하여 횡측(橫側)으로 나와서 3촌을 하행해서 천지(天池)로 진입하고, 다시 상행하여 액와에 이르러 상완(上腕) 내측을 지나 팔꿈치의 중간[곡택혈(曲澤穴)]으로 내입하여 전완(前腕)을 하행하여 손바닥의 노궁혈(勞宮穴)로 진입하여 3지 끝의 중충혈(中衝穴)로 천출(淺出)하여 끝난다.

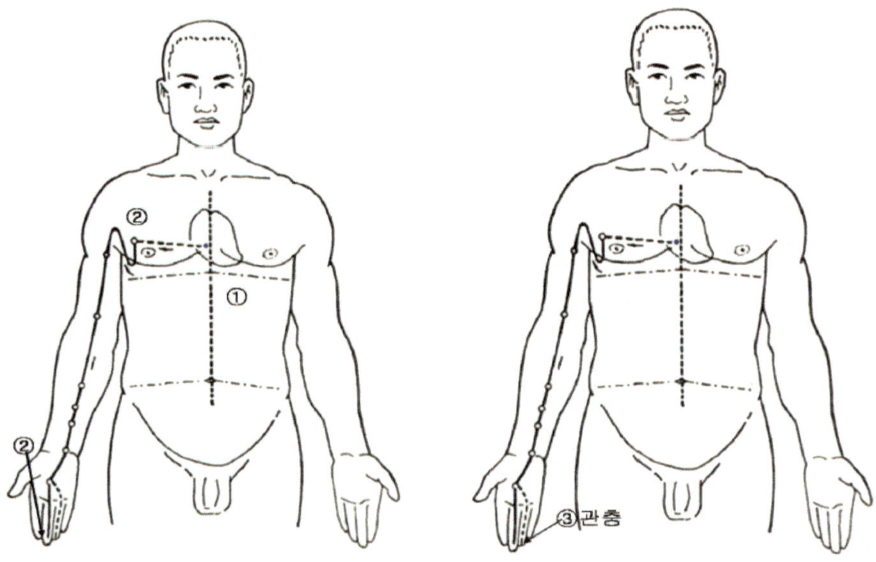

그림 10-38

③ 다른 지맥은 노궁혈(勞宮穴)에서 갈라져 제 4 중수골을 순행하여 네 번째 손가락으로 나와서 수소양삼초경과 섞인다.

▸ **병증** [그림 10-39]

① **임상증상**

심계(心悸: 놀라지도 않았는데 가슴이 저절로 뛰어 편하지 못한 증상), 심번(心煩: 가슴이 답답하고 열이 남)이 나타나며 심장 부위가 아프다. 얼굴색이 붉고 혹은 정신 이상자처럼 웃음이 멈추질 않는다. 겨드랑이 부위가 붓고 통증이 나타나며 손바닥이 뜨겁다. 흉협부(胸狹部) 통증과 상완 내측 통증과 저림 증상이 나타난다.

② **피부증상**

얼굴색이 붉고 눈이 충혈되고 각종 피부가 대부분 홍반(紅斑: 충혈, 발적)으로 국소 부위에 열이 나고 붓고 가렵고 통증으로 나타나며, 심하면 화농, 궤양, 출혈을 동반한다.

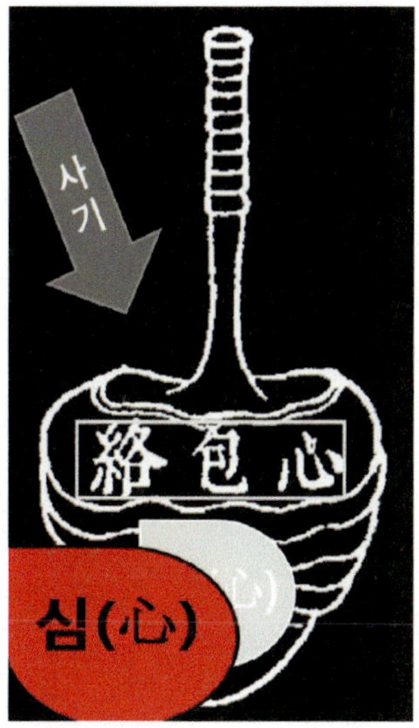

그림 10-39

③ **증후(證候)분석**

a. 심포락(心包絡)은 심을 보호하는 막으로 심의 기능과 밀접하게 연관되어 있다.

b. 심(心)의 혈(血)이 허(虛)하면 가슴이 두근거리고 심(心)의 화(火)가 성하면 얼굴색이 붉고 심신(心神)을 어지럽게 하여 정신없이 웃게 된다.

c. 심맥(心脈)이 막히면 심장부위가 아프며 통증이 겨드랑이, 상완 내측 부위까지 뻗치는 데 이 부위가 경맥이 순행하는 곳이기 때문이다.

d 심(心)의 오화(五華)는 얼굴(면面)로 심(心)의 정기(精氣)의 기능 강약은 인체 표면으로 나타나는데 모든 통증, 종기, 가려움은 모두 심(心)에 속하기 때문에 얼굴색이 붉고 눈이 충혈되고 각종 피부가 대부분 홍반(紅斑: 충혈, 발적)으로 국소 부위에 열이 나고 붓고 가렵고 통증으로 나타나며, 심하면 화농, 궤양, 출혈을 동반한다.

(10) 수소양삼초경(手少陽三焦經) 병증 [그림 10-40]

▸ **순행**

① 네 번째 손가락 척골 측 끝에서 시작하여 새끼 손가락과 넷째 손가락 사이로 상행하여 손등을 따라 전완 척골과 요골사이로 나와 위로 팔꿈치를 지나서 상지 외측 중앙을 따라 어깨부위[견료혈(肩髎穴)]에 이르고 족소양담경의 뒤쪽으로 교차하여 앞으로 나와, 결분(缺盆)으로 들어간다.

② 결분(缺盆)에서 단중으로 들어가, 심포경과 연락되고 아래로 횡격막을 통과하여 상초, 중초, 하초에 귀속한다.

③ 다른 지맥은 단중에서 상행하여 결분(缺盆)으로 천출(淺出)하며 뒷목(項)으로 상행해서 귀 뒤로 연결

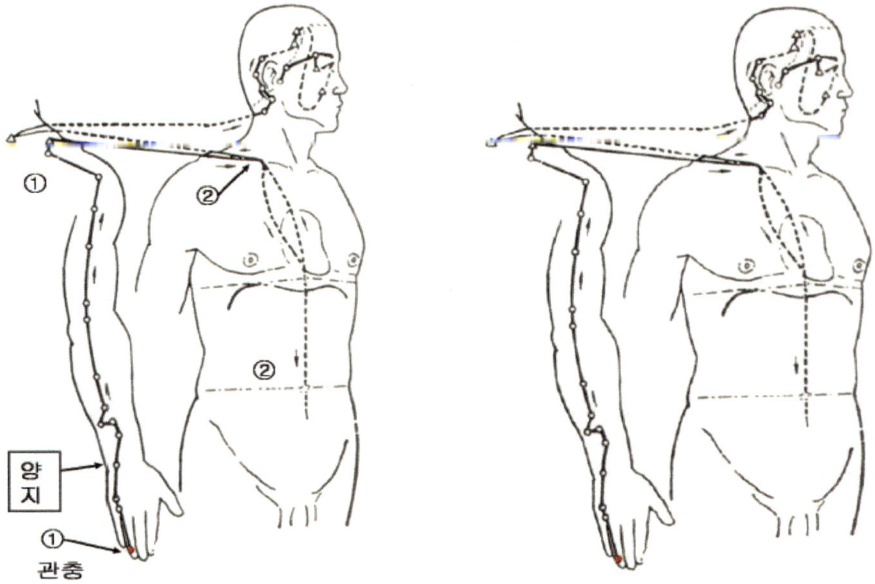

그림 10-40

되고 직상하여 이상각(耳上角)으로 나왔다가 다시 돌아가 빰(頰)으로 하 행해서 입꼬리 아래쪽에 이른다.

④ 다른 지맥은 귀 뒤쪽에서 귀속으로 내입하였다가 천출(淺出)에서 귀 앞으로 주행하며 상관혈(上關穴)의 앞을 지나 빰(頰)에서 교차하여 눈의 바깥쪽에 이른다.

▸ **병증** [그림 10-41]

① 임상증상

이명(耳鳴: 귀울림), 인후가 붓고 아프다.

눈이 아프고 귀 뒤, 어깨, 팔꿈치, 상지의 외측의 통증과 운동장애가 나타난다. 변비가 생기고 소변색이 노랗고 붉다.

② 피부증상

눈이 충혈되고 빰이 붓고 부종으로 인한 비만이 나타난다.

③ 증후(證候)분석

a. 삼초경(三焦經)은 귀의 뒤를 지나 귀로 들어가고 귀 앞으로 나오므로 외부 사기(邪氣)에 침범하면 경기(經氣)가 순조롭지 못하게 되어 이명(耳鳴: 귀울림), 이롱(耳聾: 소리를 듣지 못하는 증상으로 환자 자신의 느낌이나 검사상에서 모두 청각기능에 어느 정도의 장애가 나타나는 것)이 나타난다.

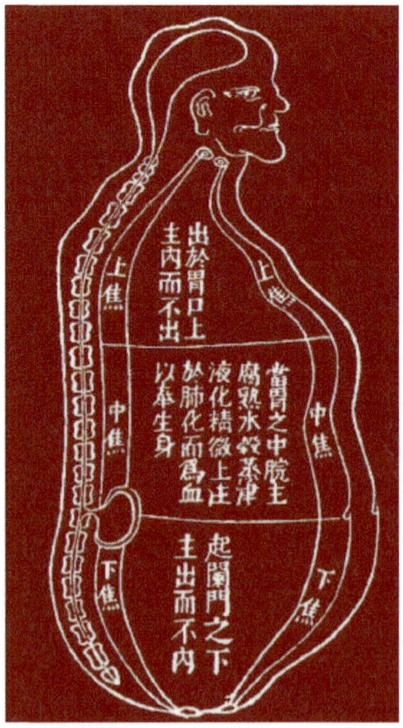

그림 10-41

b. 화열(火熱) 사기(邪氣)가 침범하면 인후 부위가 붓고 통증이 생긴다.

c. 경맥이 지나가는 눈, 뺨, 귀 뒤, 상지의 외측 부위에 통증 혹은 운동 장애가 나타나는데 사기(邪氣)가 경맥에 응체, 응결하여 경기가 소통하지 못하기 때문이다.

d. 삼초(三焦)는 수액대사의 통로로서 수액대사 기능 장애로 변비가 생기고 소변색이 노랗고 붉으며 부종으로 인한 비만이 나타난다.

(11) 족소양담경(足少陽膽經) 병증 [그림 10-42]

▶ 순행

① 눈이 바깥쪽에서 기시하여 상행해서 두각(頭角)으로 하행하여 귀 뒤로 내려간다. 목을 따라 순행하여 수소양삼초경의 앞을 주행하여 어깨 위에 도달하여 다시 돌아나가 소장(小腸)의 뒤쪽으로 나와서 결분(缺盆)으로 내입한다. 직행하는 지맥은 결분(缺盆)에서 겨드랑이로 하행하다가 가슴의 측면을 따라 하행해서 넓적다리 뼈의 바깥쪽을 순행하여 무릎의 바깥 모서리로 천출(淺出)한다. 대퇴골 외과의 앞으로 하행해서 외과의 앞으로 나와서 넷째 발가락의 외측 끝[족규음혈(足竅陰穴)]로 간다.

② 다른 지맥은 귀 뒤에서 귀 속으로 진입하여 귀 앞으로 주행해서 다시 눈의 바깥쪽에 이른다.

③ 다른 지맥은 눈의 바깥쪽에서 갈라져 대영혈(大迎穴)에 이르러 수소양삼초경과 합해져서 눈 아래에 이르고 하행하여 협거혈(頰車穴)을 지나 목으로 하행해서 결분(缺盆)에서 합쳐져서 가슴 속으로 하행하여 횡격막을 뚫고 간(肝)에 연결(絡)하고 담(膽)에 속한다. 협복(脇腹) 부위의 안쪽을 따라가서 기충혈(氣衝穴)로 나와서 음모 부위를 끼고 돌아 옆으로 주행하여 고관절 부위에 진입한다.

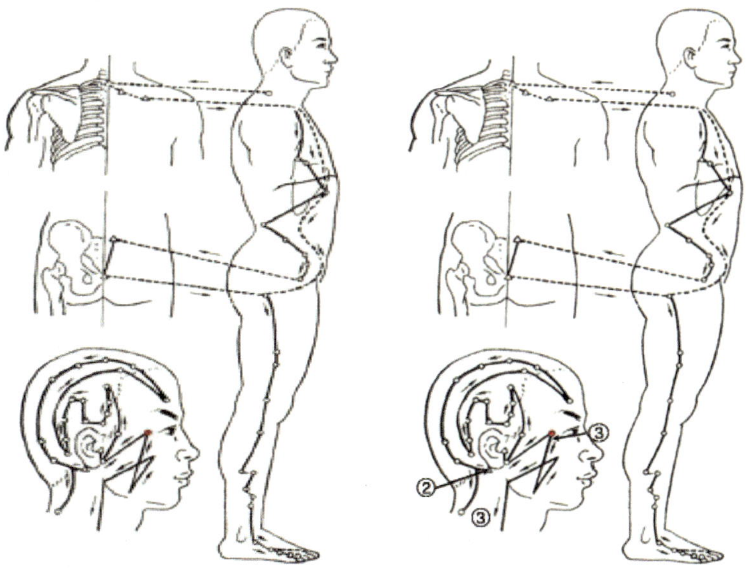

그림 10-42

▸ **병증** [그림 10-43]

① 임상증상

한열(寒熱: 오한과 발열)이 교차적으로 나타나고 입이 쓰며 자주 한숨을 쉰다. 흉협부(胸狹部)에 통증과 편두통이 생기며 학질(말라리아로 반복되는 오한, 발열, 구역, 빈혈증상이 나타남)이 나타난다. 또한 겨드랑이 아래가 붓고 흉협부, 다리, 무릎 외측으로부터 경골, 넷째, 다섯째 발가락 부위에 운동 장애가 나타난다.

② 피부증상

얼굴색이 먼지가 낀 것처럼 뿌옇고 광택이 없으며 눈이 붓고 아프며 눈 주위에 주름이 생기기 쉽다. 이명(耳鳴), 이롱(耳聾), 탈모가 발생하고 대상 포진, 가려움증, 황달이 발생한다.

그림 10-43

③ 증후(證候)분석

a. 소양경은 반표반리[半表半里: 병변부위가 표(表: 겉) 부위에 있는 것도 아니고 리(里: 안) 부위에 있는 것도 아니며 표리의 사이에 존재된 상태를 말함]로서 사기(邪氣)가 소양경을 침범하면 학질과 같이 한열이 교차적으로 나타난다.

b. 담낭의 기체(氣滯: 기가 응체)로 인해 체내로 담즙을 분비하지 못하면 담즙이 밖으로 배설되어 입이 쓰게 된다.

c. 담경(膽經)의 기(氣)가 응체, 응결되므로 흉협부가 아프다.

d. 담경(膽經)은 몸의 옆구리 부위로 순행하는데 담(膽)의 화(火)가 위(上)로 올라가면 편두통이 생기고 경기가 소통하지 못하여 흉협부, 하지, 무릎의 외측, 새끼 발가락, 둘째 발가락 등 경맥이 지나가는 부위들에 통증 혹은 운동장애가 발생한다.

e. 담경(膽經)의 경기가 소통하지 못하면 순행하는 부위인 눈이 붓고 아프며 눈 주위에 주름이 생기기 쉽고 이명(耳鳴), 이롱(耳聾)이 생긴다. 또한 탈모가 발생한다.

f. 담(膽)은 간(肝)과 표리관계로 간담(肝膽)에 습열(濕熱)이 있으면 대상포진, 가려움증, 황달이 발생한다.

(12) 족궐음간경(足厥陰肝經) 병증 [그림 10-44]

▸ **순행**

① 엄지발가락 끝[대돈혈(大敦穴)]에서 시작하여 위(上)로 발등 내측을 지나 올라가 안 쪽 복사뼈 앞 1촌 부위[중봉혈(中封穴)]을 지나, 위(上)로 소퇴 내측으로 주행한다.

② 안쪽 복사뼈 위로 8촌 부위에서 족태음비경과 만난 다음, 그 뒤로 나와 오금의 내측으로 올라가, 대퇴 내측[음포혈(陰包穴)]을 따라 음모로 들어가서 생식기를 돌아 소복부에 이른다.

③ 위(胃)의 양 옆을 끼고 순행하여 간(肝)에 귀속하고 담(膽)에 연락된다.

④ 위(上)로 횡격막을 통과하여 협늑부에 분포된다.

⑤ 기관지의 뒤를 따라 위(上)로 후두와 비강 부위로 들어가서, 목계(目系: 눈, 뇌)에 이어지고 이마로 나와 정수리에서 독맥과 만난다.

▸ **병증** [그림 10-45]

① 임상증상

흉협부가 뻐근하게 아프고 복통과 구역질이 생기며 설사가 나고 오줌이 적어지며 허리가 아프다. 또한 생식기 부위에 통증을 느낀다.

② 피부증상

얼굴색이 거무스름하고 손, 발톱이 쉽게 부스러진다. 노년성 기미가 생기며 눈꺼풀이 떨리고 얼굴 경련이 일어나며 구안와사(口眼喎斜: 안면 근육의 마비로 입이 한쪽으로 비뚤어지고 눈이 잘 감기지 않는 병증)가 나타나게 된다.

③ 증후(證候)분석

a. 간기(肝氣)가 응체, 응결하면 순행부위인 흉협부가 뻐근하게 아프다.

b. 간기(肝氣)는 위(胃)를 끼고 순행하므로 간기(肝氣)가 위(胃)와 비(脾)를 침범하게 되면 배가 아프고 구역질이 생기며 설사가 난다.

c. 간경(肝經)은 아랫배와 생식기를 순행하므로 간기(肝氣)가 응체, 응결되면 기(氣)의 운행이 순조롭지 못하여 아랫배가 아프고 생식기의 통증과 배뇨가 힘들다.

d. 간(肝)은 혈(血)을 저장하는데 혈이 부족하면 얼굴색이 거무스름하고 손발톱이 쉽게 부스러지기 쉽다.

e. 간(肝)의 소설(疏泄) 기능이 저하되어 얼굴에 기혈(氣血)을 운행하지 못하여 어혈(瘀血)이 생기게 되면 노년성 기미가 나타난다.

f. 간풍(肝風)이나 간열(肝熱)이 위(上)로 침범하게 되면 눈꺼풀이 떨리고 얼굴 경련이 일어나며 구안와사(口眼喎斜)가 나타나게 된다.

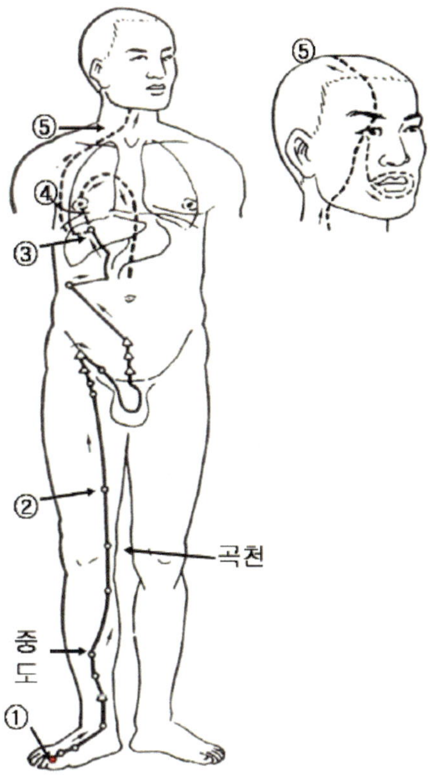

그림 10-44

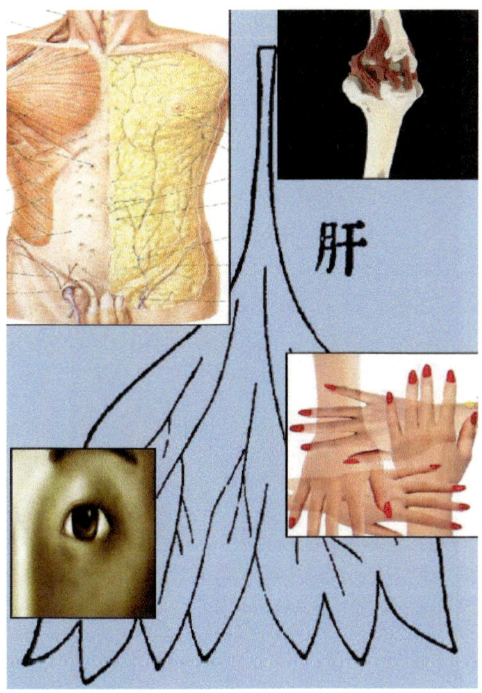

그림 10-45

2) 기경팔맥(奇經八脈)의 변증

◆ 기경팔맥의 변증

기경팔맥의 순행이 체내, 외의 기관들과 연결될 뿐만 아니라 십이경맥을 통하여 오장육부와 간접적으로 연결되어 기경팔맥 병증을 진단하는 변증 방법이다[그림 10-46].

◆ 기경팔맥의 변증 분류

특히 미용 변증에서는 주로 양맥의 바다(陽脈之海)인 독맥과 음맥의 바다(陰脈之海)인 임맥 병증(病證)을 진단하는 변증 방법이다. 그밖에 충맥, 대맥, 음유맥, 양유맥, 음교맥, 양교맥의 병증도 있다.

(1) 독맥(督脈)의 병증 = (督: 감독, 통솔 독, 脈: 맥 맥)

일신(一身)의 양경(陽經)을 감독하고, 통솔한다[그림 10-47].

▸ 순행

① 자궁(胞中)에서 시작하여 아래로 회음부로 나와 장강혈(長强穴)을 지나 후배(後背) 부위 정중앙을 따라 풍부혈(風府穴)에 이르러 뇌(腦)로 들어가 연락(聯絡)한다.

② 위(上)로 정수리, 이마, 콧대를 지나 인중혈(人中穴)에 이르러서 윗 입술의 은교혈(齦交穴)로 들어간다.

▸ 연결된 장부기관

자궁(女子胞), 신장(腎), 뇌(腦), 목구멍, 눈

▸ 독맥의 생리기능

① 양경(陽經)의 기혈(氣血)을 조절하여 양맥의 바다(陽脈之海)라 한다.

- 독맥은 등 부위의 정중앙을 순행하며 뇌로 들어간다. 머리는 모든 양경(陽經)이 모이는 곳이며, 등 부위는 양에 속한다.

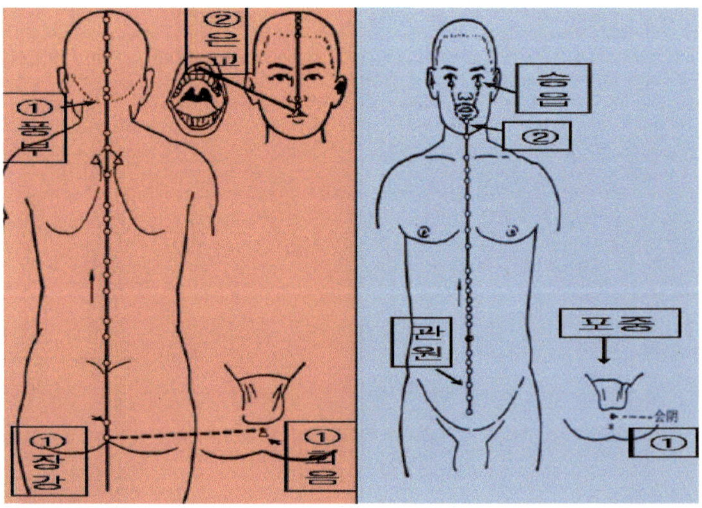

그림 10-46

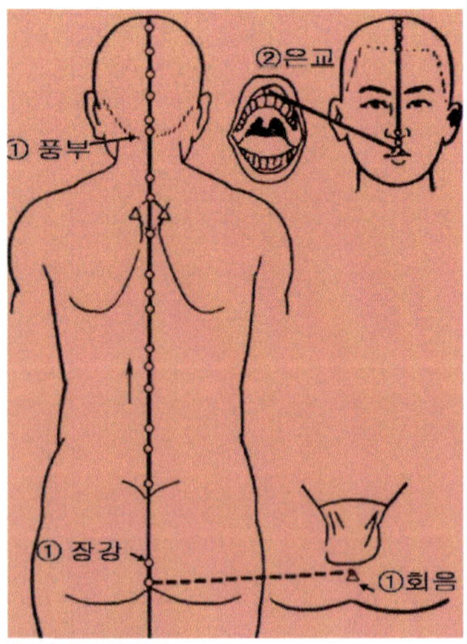

그림 10-47

- 독맥의 대추혈(大椎穴)에서 수족(手足) 삼양경(三陽經)이 만난다.
  ⇒ 독맥은 전신의 양경(陽經)을 통솔한다.

② 신장(腎) 및 골수(髓)기능을 반영한다.
- 독맥은 뇌(腦)에서 연락하고 신장(腎)에 귀속된다.
- 신장은 골수(髓)를 생성하며 뇌를 "골수의 바다(髓海)"라 한다.
  ⇒ 독맥은 뇌, 신장, 골수와 밀접한 관계가 있다.

③ 생식(生殖)기능을 주관한다.
- 독맥은 신(腎)에 귀속되고 신기(腎氣)와 서로 통하고, 신(腎)은 생식을 주관하기에 생식 기능과 관련이 있다.
  예) 남자 - 발기부전, 여자 - 불임증

▶ 병증

① 임상증상

실증(實證)은 척추가 뻣뻣하게 굳어지며 뒤틀려지고 허증(虛症)은 머리가 무겁고 현기증이 나타나고 의지와 상관없이 몸이 움직인다. 전증(癲證: 정신 이상이 생긴 병증, 우울하고 외적 자극에 대한 반응이 둔하며, 웃거나 울기도 하고 때로 노래 부르거나 혼자 중얼거리기도 한다.) 혹은 간증(癎症: 발작 시 의식 장애, 근육경련 일으키거나 감각과 행동에 이상이 생기는 병증)이 나타난다.

② 피부증상

딸기코, 비염 축농증이 나타나고 얼굴색이 좋지 못하고 각종 양허(陽虛) 혹은 양성(陽盛)으로 인해 나타나는 외모 손상성 질병이 발생한다. 또한 체형적으로는 키가 작고 왜소하고 등이 구부러지고 허리가 뒤틀려지는 등 자세가 올바르지 않다.

③ 증후(證候)분석

a. 독맥(督脈)은 회음부로터 시작되고 척주로 들어가 위(上)로 풍부(風府)로 순행하여 뇌(腦)로 들어가고 머리 끝까지 올라가며 이마를 순행하기 때문에 실증(實證)은 척추가 뻣뻣하게 굳어지며 뒤틀려지고 허증(虛症)은 뇌의 골수에 영양 공급이 부족하기 때문에 머리가 무겁고 현기증이 나타나고 의지와 상관없이 몸이 움직인다.

b. 풍사(風邪)가 풍부(風府)혈을 통해 뇌(腦)로 들어가서 전증(癲證) 혹은 소아 간증(癎症: 간질)을 발생시킨다.

c. 독맥의 순행이 정수리, 이마, 콧대를 지나기 때문에 딸기코, 비염 축농증이 발생하기 쉽고 콧대를 지나 인중(얼굴 정중앙)에 이르기 때문에 독맥에 영양공급이 되지 못하면 얼굴색이 좋지 못하다.

d. 독맥은 양경(陽經)의 기혈을 조절하여 양맥의 바다(陽脈之海)이기 때문에 각종 양허(陽虛) 혹은 양성(陽盛)으로 인해 나타나는 외모 손상성 질병이 발생하기 쉽다.

e. 일신(一身)의 양경(陽經)을 감독, 통솔하기 때문에 인체의 성장, 발육과 밀접하기 때문에 체형적으로는 키가 작고 왜소하고 등이 구부러지고 허리가 뒤틀려지는 등 올바르지 않은 자세가 발생하기 쉽다.

(2) 임맥(任脈)의 병증(病證) = (任: 맡길 임, 脈: 맥 맥)

일신(一身)의 음경(陰經)을 맡는다[그림 10-48].

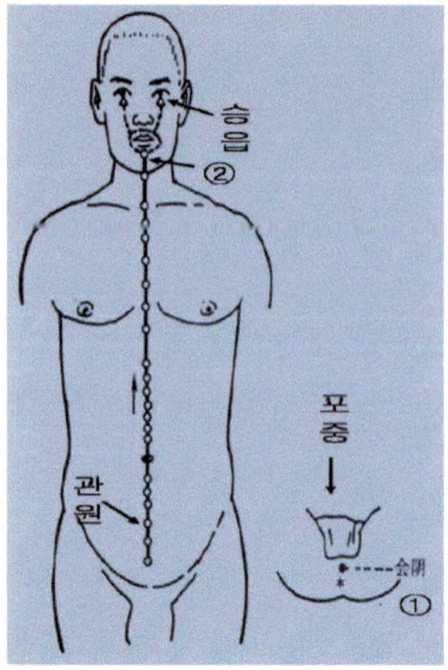

그림 10-48

▸ 순행

① 자궁(胞中)에서 시작하여 아래로 회음부로 나와 생식기를 거쳐 음모에 이른 다음, 복부, 흉부 정중선을 따라 상행한다.

② 인후를 지나 아래턱에 이르러 입술을 감싼 다음, 독맥의 은교혈(齦交穴)과 만난 후, 다시 양쪽 얼굴을 지나 눈 밑에 이른다.

▸ 연결된 장부기관

자궁(女子胞), 인후, 입술, 눈

▸ 임맥의 생리기능

① 음경(陰經)의 기혈을 조절하여 "음맥의 바다(陰脈之海)"라 한다.

- 임맥은 복부 정중앙을 운행하며, 족삼음경은 직접 아랫배(관원혈)에서 임맥과 이어진다.
- 수삼음경은 족삼음경의 도움을 받아 임맥과 이어진다.

⇒ "모든 음경을 맡아 총괄하고 있다.(總任諸陰: 총임제음)"

② 월경을 조절하며 여성의 임신과 생식기능을 촉진 시킨다.

⇒ "임맥은 자궁과 태아를 주관한다.(任主胞胎: 임주포태)"

▸ 병증

① 임상증상

남자에게는 산기(疝氣: 고환이나 음낭이 커지면서 아랫배가 당기고 아픈 병증), 여성에게는 대하(帶下: 여성 생식기에서 흘러나오는 묽은 점액으로, 대하는 월경 전, 배란기, 임신 때에 생리적으로도 약간 많아질 수 있고, 대하가 비정상적으로 많거나 수반증상들은 병리적 상태임), 하취[瘕聚: 하(瘕)와 취(聚)를 합해서 이른말. 징하(癥瘕)의 하증(瘕證)과 적취(積聚)의 취증(聚證)은 다 뱃속에서 생긴 종양인데 이것이 생긴 원인과 이동성, 아픈 부위의 특성들이 서로 비슷하기 때문에 같은 뜻으로도 쓰인다]가 나타난다.

② 피부증상

얼굴색이 광택이 없고 창백하며 피부는 건조하여 주름이 생기기 쉽다. 또한 얼굴에 색소반점이 생기며 복부비만이 발생하며 월경 불순, 유방 성장과 발육 장애와 유방이 늘어지고 노화 속도가 빠르다.

③ 증후(證候)분석

a. 임맥(任脈)은 음경의 기혈을 조절하여 "음맥의 바다(陰脈之海)"라 하기 때문에 인체의 앞부분의 음(陰)을 주관한다. 그리하여 음한(陰寒)이 응체되거나 응결되었을 경우, 남자에게는 산기(疝氣), 여성에게는 대하(帶下), 하취(瘕聚)가 발생한다.

b. 임맥(任脈)은 자궁(胞中)에서 시작하여 아래로 회음부로 나와 생식기를 거쳐 음모에 이른 다음, 복부, 흉부 정중선을 따라 상행하기 때문에 일신(一身)의 음경(陰經)을 감독하고, 통솔한다.

c. 음혈(陰血) 부족으로 얼굴색이 광택이 없고 창백하다.

d. 진액(津液)이 부족하면 피부는 건조하여 주름이 생기기 쉽다.

e. 경맥(經脈)에 어혈(瘀血)이 생기면 얼굴에 색소반점이 생긴다.

f. 임맥의 경기(經氣)가 소통하지 못하면 복부 비만이 발생한다.

g. 임맥의 생리기능은 월경을 조절하며 여성의 임신과 생식기능을 촉진하고 있다. 하지만 임맥의 기능이 저하되면 월경 불순, 유방 성장과 발육 장애와 유방이 늘어지고 노화 속도가 빨라지게 된다.

4 기혈진액(氣血津液) 변증(辨證)

◆ 기혈진액(氣血津液) 변증

장부학설에서 기혈진액(氣血津液)과 관계되는 이론을 응용하여 기(氣), 혈(血), 진액(津液)의 병리 변화를 분석하고 이들에 의하여 형성되는 증(證: 증후(證候))을 판별하는 변증 방법이다. 기혈진액(氣血津液)은 장부 기능 활동의 물질 기초이며 이들의 형성과 운행 또한 장부의 기능 활동에 의한 것으로 장부의 병리변화가 발생하면 기혈진액(氣血津液)의 변화를 일으키며 기혈진액(氣血津液)의 병리변화도 장부의 기능에 영향을 미치게 되는 것이다.

⇒ 기혈진액(氣血津液)의 병리 변화는 장부와 밀접한 관계를 가지고 있으며 기혈진액(氣血津液) 변증은 장부 변증과 서로 연결하여 진행한다[그림 10-49].

1) 기병(氣病)의 병증

(1) 기허증(氣虛證)

장부(臟腑) 조직 기능이 쇠퇴되어 나타나는 증후(證候)

① 병인(病因)

오래 앓거나 나이가 들어서 신체가 허약해지거나 과로하는 경우

② 임상, 피부 증상

a. 소기(少氣: 말에 힘이 없고 숨이 약하고 짧으면서 촉박한 병증)가 나타나고 말하기 귀찮아한다.

b. 맥(脈)에 힘이 없고 어지럽고 눈앞이 아찔하며 식은 땀이 나는데 움직이면 증상들이 보다 심해진다.

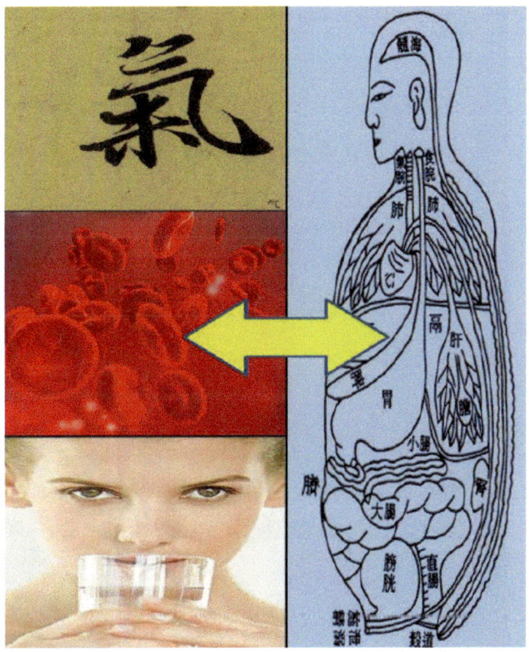

그림 10-49

c. 얼굴색이 창백하고 면역력이 저하되어 감기에 잘 걸린다.

d. 만성 습진, 전신성 홍반성 낭창, 탈모에서 볼 수 있다.

e. 만약 수액대사까지 영향을 주게 되면 얼굴이 붓고 다리 부위에 부종이 나타난다.

(2) 기함증(氣陷證)

기허(氣虛)로 인해 기(氣)를 올려 받드는 힘이 모자라 아래로 함몰되는 증후(證候)

① 병인(病因)

기허증(氣虛證)이 더욱 발전되거나 지나치게 과로 혹은 산후 조리를 잘 하지 못하여 장부(臟腑)의 기(氣)가 손상되어 형성되는 경우

② 임상, 피부 증상

a. 어지럽고 눈앞이 아찔하며 숨이 짧고 피로하다.

b. 설사가 오래 지속되며 배가 묵직하게 내려앉는 느낌이 들고 위하수, 탈항, 혹은 자궁탈수 등이 나타난다.

c. 안검하수(눈꺼풀처짐), 이명(耳鳴: 귀울림)이 나타난다.

(3) 기체증(氣滯證)

인체의 특정 장부 혹은 부위의 기(氣)의 운행이 정체되어 원활하지 못하게 되어 형성되는 증후(證候)

① 병인(病因)

여러 가지 병사(病邪)가 체내에 침범하거나 칠정(七情)이 정체되고 기(氣)가 허약해져서 운행이 원활해지지 않는 경우

② 임상, 피부증상

a. 흉협부가 묵직하고 답답하며 아프다.

b. 정신이 우울해지고 자주 한숨을 쉰다.

c. 잘 먹지 못하고 입이 쓰다.

d. 생리불순이 나타난다.

e. 피부는 홍종(紅腫: 피부가 붉게 부어오름), 구진(丘疹: 피부가 솟아오름, 지름 0.5mm), 홍반(紅斑: 피부가 붉게 변함=충혈, 발적)이 나타난다.

2) 혈병(血病)의 병증

(1) 혈허증(血虛證)

혈액이 모자라 장부(臟腑)와 백맥(百脈)이 영양 공급을 받지 못하여 전신이 허약해지는 증후(證候)

① 병인(病因)

a. 선천의 부족, 비위(脾胃)의 허약으로 후천의 원천이 부족한 경우

b. 각종 급, 만성 출혈 혹은 정신적 스트레스를 받아서 음혈(陰血)이 손상 받은 경우

c. 어혈(瘀血)이 경맥(經脈)에 정체되어서 새로운 혈이 생산되지 못하는 경우

② 임상, 피부 증상

a. 얼굴색이 약간 누렇고 광택이 없으며 피부가 건조하고 가렵다.

b. 입술, 손발톱의 색깔이 연하고 창백하며 윤기가 없다.

c. 현기증, 심계(心悸: 놀라지도 않았는데 가슴이 저절로 뛰어 편하지 못한 증상), 불면증이 생긴다.

d. 월경량이 적어지고 색이 연해지며 주기가 길어지면서 폐경이 온다.

(2) 혈어증(血瘀證)

혈맥(血脈)을 떠난 혈이 제때에 배출되지 못하거나 흩어지지 못하여 체내에 몰리거나 혹은 혈액의 운행이 순조롭지 못하여 경맥(經脈) 혹은 장부 조직 기관 속에서 쌓이고 정체되는 병리적 생산물을 "어혈(瘀血)"이라 한다. "어혈(瘀血)"이 체내에 엉키게 되어 생기는 병리 변화를 혈어증(血瘀證)이라 한다.

① 병인(病因)

a. 한(寒) 사기(邪氣)가 침범하거나 열(熱) 사기(邪氣)가 체내에서 쌓인 경우.

b. 기기(氣機)가 정체되거나, 기허(氣虛)로 인해서 기의 운행이 순조롭지 못한 경우.

c. 외상(外傷)으로 인해 어혈이 형성된 경우 .

② 임상, 피부 증상

a. 통증 부위가 부어 오르고 바늘로 찌르고 칼로 베는 것 같이 아프며 밤에 증상이 더 심해진다.

b. 얼굴색은 검고 황갈반(노년성 기미)이 발생한다.

c. 피부는 건조하고 까칠까칠하며 입술과 손발톱은 청자색을 띠며 갈라지고 부러진다.

d. 피부에 결절(구진과 같은 형태이나 지름이 더 크다), 자반[紫斑: 피부나 점막의 출혈로 인해 발생하는 피부 홍반(붉은점) 또는 자색반(보라색점을 말함)]이 발생한다.

(3) 혈열증(血熱證)

장부(臟腑)의 화열(火熱)이 왕성해져서 혈분[血分: 온병(溫病)의 진행과정을 위(衛)와 영(營), 기(氣)와 혈(血)의 4 단계로 나누어 변증(辨證)한 온병(溫病)변증에서 혈에 해당한 부분과 거기에 병이 생기는 단계를 이르는 말]을 침범하여 나타나는 증후(證候)

① 병인(病因)

a. 과로하거나 지나친 음주와 스트레스로 간(肝)을 손상한 경우

b. 방실(房室: 성 생활)이 지나친 경우

② 임상, 피부 증상

a. 얼굴이 붉어지고 눈이 충혈된다.

b. 심번(心煩: 가슴이 답답하고 열이 남)과 구갈이 나타난다.

c. 피부에 홍반(紅斑: 충혈, 발적)으로 국소 부위에 열이 나고 붓고 가렵고 통증이 나타나며, 심하면 화농, 궤양, 출혈을 동반한다.

d. 각혈(咯血), 혈뇨, 코피가 나고 혀 색이 심홍색이다.

3) 기혈동병(氣血同病)의 병증

(1) 기체혈어증(氣滯血瘀證)

기(氣)의 운행이 정체되면서 혈(血)의 운행 역시 정체되어 나타나는 증후(證候)

① 병인(病因)

a. 정서적으로 스트레스를 받은 경우

b. 외사(外邪)의 침범으로 간기(肝氣)가 오랫동안 정체된 경우

② 임상, 피부 증상

a. 흉협부가 답답하고 아프다.

b. 성질이 조급해지고 자주 화를 낸다.

c. 늑골 아래 부위가 탱탱한 것이 만져지고 바늘로 찌르는 것처럼 아프다.

d. 월경색이 암자색이고 핏덩어리가 섞여 나온다.

e. 피부에 결절(구진과 같은 형태이나 지름이 더 크다), 자반[紫斑: 피부나 점막의 출혈로 인해 발생하는 피부 홍반(붉은 점) 또는 자색반(보라색 점)을 말함]이 발생한다.

(2) 기혈양허증(氣血兩虛證)

기허증(氣虛證)과 혈허증(血虛證)이 동시에 나타나는 증후(證候)

① 병인(病因)

a. 오랜 병으로 기(氣)가 허(虛)하여 혈(血)을 생성시키지 못한 경우

b. 혈(血)이 허(虛)하여 기(氣)를 생성시키지 못한 경우

② 임상, 피부 증상

a. 머리가 어지럽고 눈이 아찔하며 숨이 모자라고 말하기 싫어한다.

b. 맥(脈)이 잘 뛰지 않고 식은 땀이 나며 얼굴색은 담백색 또는 담황색이다.

c. 심계(心悸: 놀라지도 않았는데 가슴이 저절로 뛰어 편하지 못한 증상), 불면증이 생긴다.

d. 피부에 각질이 일어나고 가려우며 손발톱이 부서진다.

e. 만성 습진, 피부염, 가려움증 등이 나타난다.

(3) 기불섭혈증(氣不攝血證)

기허(氣虛)로 인해 기(氣)의 기능인 고섭(固攝)작용이 저하되어 혈(血)이 비정상적으로 유실되어 출혈이 나타나는 증후(證候).

① 병인(病因)

a. 오랜 병으로 인해 기허(氣虛)가 발생하여 혈을 통솔해주지 못해서 나타나는 경우

b. 만성 출혈로 기(氣)가 혈(血)을 따라 소모되어 기허(氣虛)가 발생하고 기허(氣虛)로 인해 혈을 통솔하지 못해서 나타나는 경우

② **임상, 피부 증상**

a. 각혈(咯血), 혈변, 피하 자반(紫斑), 코피가 발생한다.

b. 여성의 경우, 월경량이 비정상적으로 많고 주기가 길다.

c. 숨이 짧고 피곤하고 힘이 없다.

d. 얼굴색이 새하얗고 광택이 없다.

4) 진액(津液)의 병증

(1) 진액(津液)부족(不足)

진액이 소모되고 적어져서 전신 또는 장부 조직 기관들에 영양공급과 습윤 시키지 못하여 나타나는 증후(證候)

① **병인(病因): 진액의 형성 부족과 과도한 소모 두 방면으로 나눈다.**

a. 비위(脾胃)가 허약하고 운화의 기능이 저하되어 진액 형성이 감소되고 음식을 지나치게 제한하거나 각종 소화기계 질환으로 장기적으로 음식 섭취량이 감소된 경우

b. 체내에 열(熱)이 왕성하여 진액을 손상, 소모 시키거나 땀을 많이 흘리고 지나치게 토하거나 설사를 하게 되어 진액이 대량으로 손실한 경우.

② **임상, 피부 증상**

a. 목이 마르고 입술이 갈라지고 트며 피부는 광택이 없으며 주름이 생기기 쉽다.

b. 소변량이 적으며 변비가 생기고 혀가 붉다.

(2) 수액(水液)정취(停聚)

육음(六淫)이 침범하거나 칠정(七情)이 손상을 받게 되어 폐(肺), 비(脾), 신(腎)이 수액을 수송, 분포하고 배설하는 기능에 영향을 받게 되어 체내에 쌓이게 된 병증을 말한다.

◆ 수액(水液) 정취(停聚)는 크게 수종(水腫)과 담음(痰飮)으로 분류할 수 있다.

① **수종(水腫)**: 체내에 수액이 몰리고 피부에 범람하여 얼굴, 눈, 사지(팔, 다리), 흉복부 나아가서는 전신 부종을 일으키는 것을 수종이라 한다.

⇒ 임상에서는 우선 양수(陽水)와 음수(陰水)를 구분하고 허(虛)와 실(實)을 판단하여야 한다.

- **양수(陽水)**: 수종의 성질이 표(表), 열(熱), 실증(實證)에 속하는 것을 양수(陽水)라 한다.
  - 병인(病因): 풍(風), 습(濕) 등 외사(外邪)의 침범을 받아 생긴 경우
  - 임상, 피부 증상

    a. 두면부가 붓는데 일반적으로 눈에서부터 시작된다.

    b. 나아가서는 전신이 붓고 소변량이 적으며 병세가 급속히 악화된다.

c. 피부는 광택이 없다.

d. 바람과 추위를 싫어하고 발열이 생긴다.

e. 사지(四肢)와 관절(關節)이 뻐근하다.

f. 인후가 붓고 아프며 혀(舌)색이 붉다.

- 음수(陰水): 수종의 성질이 리(里), 한(寒), 허증(虛證)에 속하는 것을 음수(陰水)라 한다.
  - 병인(病因): 오랜 병으로 인해 정기(精氣)의 허약과 지나친 과로 및 성생활로 생긴 경우.
  - 임상, 피부 증상

a. 허리 아래부터가 붓는데 손으로 피부를 누르면 움푹하게 들어가서 나오지 않는다.

b. 소변량이 적으며 위완부가 답답하고 더부룩하며 식욕이 없다.

c. 얼굴색이 새하얗고 피부는 광택이 없다.

d. 허리와 무릎이 시큰거리고 아프다.

e. 사지(四肢)와 관절(關節)이 뻐근하며 자주 피로해 한다.

f. 어지럽고 자주 추위를 탄다.

② **담음(痰飮)**: 장부 기능이 저하되어 수액대사에 장애가 오게 되어 형성된다.

⇒ 담음(痰飮)은 담증(痰證), 음증(飮證)으로 구분한다.

- **담증(痰證)**: 수액이 끈끈하게 응체되어 장부, 경락, 조직 사이에 쌓이게 되어 형성된 증후(證候)
  - 병인(病因): 육음(六淫)이 침범하거나 칠정(七情)이 손상을 받게 되어 생긴 경우
  - 임상, 피부 증상

a. 기침과 가래가 생기고 가슴이 답답하다.

b. 위완부가 더부룩하고 식욕이 없으며 어지럽고 팔, 다리가 저리다.

c. 정신 이상자처럼 미친 듯이 웃고 울며 쉰 목소리가 난다.

d. 인후부에 매핵기(梅核氣: 목구멍에 매실의 씨와 같은 것이 걸린 것처럼 삼켜도 내려가지 않고 뱉어도 나오지 않는 병증)가 나타난다.

e. 목에 종양, 혹이 생긴다.

- 음증(飮證): 맑고 묽은 수음(水飮)이 장부, 조직 사이에 쌓이게 되어 형성된 증후(證候)
  - 병인(病因): 장부(臟腑) 기능이 저하되어 생긴 경우.
  - 임상, 피부 증상

a. 기침과 가래가 생기고 가슴이 답답하다.

b. 가래는 맑고 묽으며 색깔은 희고 양이 많다.

c. 인후부에서 가래 소리가 들리고 반듯하게 눕지도 못하며 심하면 가슴이 두근거리고 하지가 붓는다.

d. 위완부가 더부룩하고 맑은 물을 토하여 식욕도 감소된다.

e. 그 외에 흉협부도 더부룩하고 답답하며 기침할 때마다 통증이 심해진다.

5 피부미용(皮膚美容) 변증(辨證)

장부, 경락, 기혈진액 이론을 모두 결합한 한방 미용 변증에서만 볼 수 있는 특색 있는 변증 방법이다[그림 10-50].

◆ 피부 미용(皮膚美容) 변증(辨證)의 종류

1) 얼굴색(面色) 변증
 (1) 창백한 얼굴색
 (2) 누런 얼굴색
 (3) 어둡고 칙칙한 얼굴색

2) 피부(皮膚) 성질(性質) 변증
 (1) 중성 피부
 (2) 건성 피부
 (3) 지성 피부
 (4) 민감성 피부

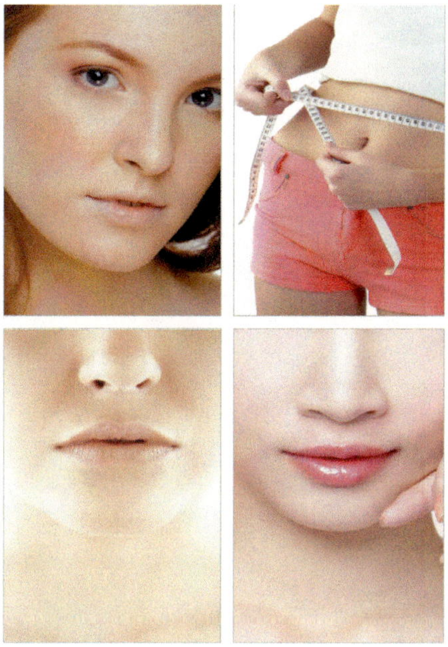

그림 10-50

1) 얼굴색(面色) 변증

- 얼굴색은 색깔뿐만 아니라 광택까지도 포함한다.
- 얼굴(面)은 심(心)의 오화[五華:정기(精氣)의 강약을 인체 표면으로 나타남]이면서 기타 장부(臟腑)의 정기(精氣) 역시 경락을 통하여 반영한다.
- 건강한 사람의 얼굴색은 홍윤(紅潤: 얼굴색이 붉고 윤기가 있음)하고 광택이 있다.
- 선천적 이유와 계절의 변화로 얼굴색이 약간의 변화를 가져올 수는 있다[그림 10-51].

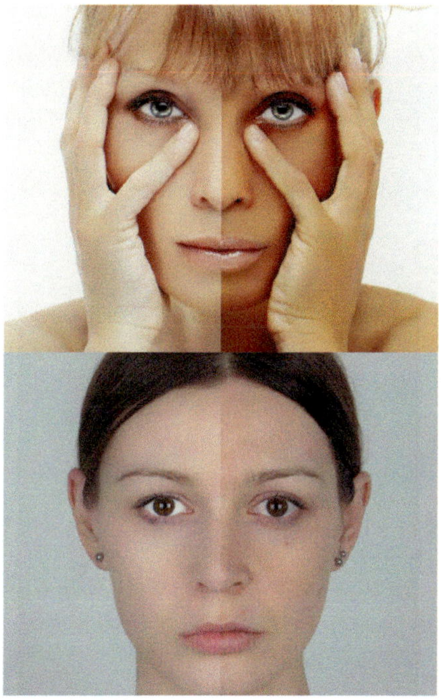

그림 10-51

(1) 창백한 얼굴색

① 양기허증(陽氣虛證)

a. 전신이 무기력하고 쉽게 피로하다.

b. 추위를 잘 타고 손, 발이 차가우며 자한(自汗: 움직이지도 않았는데 저절로 땀이 나는 증상)이 나타난다.

c. 소변량이 많고 소변색이 맑으며 입술색 역시 연하다.

② 영혈부족증(營血不足證)

a. 머리가 어지러우며 현기증이 나타난다.

b. 불면증, 심계(心悸: 놀라지도 않았는데 가슴이 저절로 뛰어 편하지 못한 증상)가 나타나고 기억력이 저하된다.

c. 손, 발이 저리고 월경량이 적으며 입술색이 연하다.

(2) 누런 얼굴색

① 비위기허증(脾胃氣虛證): → 영혈부족(營血不足)

a. 식욕이 부진하고 식후에 배가 더부룩하다.

b. 몸이 무겁고 축축 늘어진다.

c. 대변질이 무르거나 딱딱하다.

d. 머리카락이 푸석푸석하고 갈색으로 변하며 입술색 역시 연하다.

② 비허불운증(脾虛不運證): → 수습내성(水濕內盛)

a. 얼굴과 눈이 붓는다. (수종: 水腫)

b. 팔, 다리가 무겁고 늘어진다.

c. 대변질이 무르고 소변량이 적으며 대하(帶下)량이 많다.

③ 빈혈(貧血)

a. 머리카락 색깔이 갈색으로 변색된다.

b. 팔, 다리가 저리고 감각이 없다.

c. 손발톱이 얇고 쉽게 부러지며 월경량이 적다.

(3) 어둡고 칙칙한 얼굴색

① 신양허증(腎陽虛證)

a. 허리와 무릎이 시리고 아프다.

b. 이명(耳鳴: 귀울림), 이롱(耳聾: 청각장애)이 나타난다.

c. 추위를 잘 타고 소변량이 많고 대변질이 무르다.

d. 남성은 양위(陽萎: 발기부전), 여성은 불임이 나타난다.

② 신정허증(腎精虛證)

a. 피부가 건조하고 특히 귓바퀴 부위가 심하다.

b. 신체적으로 삐적 마르고 탈모가 나타난다.

c. 이가 흔들리고 입이 마르며 오심번열(五心煩熱: 가슴, 양 손바닥, 양 발바닥에서 답답하면서 열이 남)이 나타난다.

③ 어혈내조증(瘀血內阻證)

a. 피부가 건조하고 트며 가렵다.

b. 머리카락이 푸석푸석하고 갈라진다.

c. 생리불순이 나타나고 입술과 혀 색이 어둡다.

2) 피부(皮膚) 성질(性質) 변증

(1) 중성(中性) 피부(皮膚)

▶ 특징

① 가장 이상적인 피부로 피부 보습 상태가 적절하여 육안으로 보아도 거칠어 보이지 않고 전반적으로 피부가 부드러워 보이고 깨끗하다.

② 피지 분비상태가 정상적이어서 피부 표면이 번들거리지 않으며 피부 조직이 약간 섬세해 보인다.

③ 피부가 부드럽고 매끄러우며 약간 통통해 보이고 탄력이 있다.

④ 자외선이나 기후 변화에 비교적 민감하지 않으며 주근깨, 황갈반(노년성 기미), 여드름 등 피부 질환이 비교적 적다.

⑤ 중성 피부는 성장 발육단계인 청소년기나 건강한 성인에게서 많이 볼 수 있다.

▶ 변증

- 음양(陰陽) 평형(平衡) 상태이며 오장(五臟)의 협조로 기혈(氣血)의 순행이 원활하며 칠정(七情) 역시 안정되어 있다.
- 중성 피부는 건강한 내장(內臟)의 기혈(氣血)을 반영한다.

(2) 건성(乾性) 피부(皮膚)

▶ 특징

① 모공이 작거나 거의 보이지 않는다.

② 피부결이 일반적으로 섬세하다.

③ 각질이 들뜨는 경우가 있다.

④ 광택이 없고 탄력이 부족하다.

⑤ 주름 발생이 빠르고 노화가 쉽다.

⑥ 예민성을 띠기 쉽다

▶ 변증

① 기혈허약증(氣血虛弱證)

a. 피부색이 연하고 창백하다.

b. 머리카락이 푸석푸석하고 갈라지며 변색된다.

c. 입술과 손발톱에 윤기가 없고 건조하다.

d. 신체적으로 마르고 자주 피로감을 느낀다.

e. 면역력이 저하되어 감기가 잘 걸린다.

② 기체혈어증(氣滯血瘀證)

a. 성격이 우울하고 내성적이다.

b. 흉협부가 붓고 자주 한숨을 쉰다.

c. 생리불순이 생기고 입이 쓰고 위완부 통증이 나타난다.

③ 음허화왕증(陰虛火旺證)

a. 성격이 급하고 다혈질이다.

b. 입술색이 약간 빨갛고 신체적으로는 마른 체형이다.

c. 머리카락이 건조하고 탈모가 나타나며 불면증까지 동반한다.

d. 입이 마르고 오심번열(五心煩熱: 가슴, 양 손바닥, 양 발바닥에서 답답하면서 열이 남)이 나타난다.

e. 대변질이 딱딱하고 소변색이 약간 붉다.

(3) 지성(油性) 피부(皮膚)

▸ 특징

① 피부 두께가 일반적으로 두껍다.

② 모공이 보이며 코 부위에는 블랙헤드가 발생한다.

③ 피부결이 일반적으로 거칠다.

④ 여드름 발생 가능성이 높다.

⑤ 피부가 번들거리는데 특히 코, 이마, 턱 부위가 심하다.

⑥ 탄력이 뛰어나서 주름이 쉽게 생기지 않는다.

⑦ 온도 변화나 계절 변화에 적응력이 뛰어나다.

▸ 변증

① 비위건운증(脾胃健運證)

a. 피부가 특히 봄, 여름에 번들거린다.

b. 신체가 건강하며 뚱뚱하지도 마르지도 않다.

c. 소화력이 뛰어나다.

d. 대변도 정상이다.

② 비위습열증(脾胃濕熱證)

a. 피부색이 뿌옇고 번들거린다.

b. 양성(陽盛), 담습(痰濕) 체질에서 많이 나타난다.

c. 비만이 발생하고 기름지고 튀긴 음식을 좋아한다.

d. 구강궤양, 구취, 암내가 발생한다.

e. 대변을 본 후, 시원하지 않으며 소변색이 붉고 여성의 경우, 대하(帶下)색이 노랗다.

③ 간기울결증(肝氣鬱結證)

a. 항상 억압되고 긴장하며 불면증이 나타난다.

b. 입이 마르고 쓰다.

c. 옆구리와 복부가 더부룩하고 잘 먹지 않는다.

d. 대변질이 딱딱하고 생리불순이 나타난다.

(4) 민감성(敏感性) 피부(皮膚)

▶ 특징

① 화장품, 목욕용품, 해산물 등 쉽게 트러블이 발생한다.

② 장시간 자외선이나 찬바람에 노출되면 간지럽고 트러블이 발생한다.

③ 모세혈관 확장이 눈에 보인다. 심하게 예민해지면 피부의 열 반응에 의하여 수분을 잃어버려 피부가 당기고 시간이 지나면서 각질이 들뜰 수 있다.

④ 예민이 반복되면서 색소 침착이 발생한다.

▶ 변증

① 습열내온증(濕熱內蘊證)

a. 음식 섭취가 규칙적이지 않고 과도한 음주와 매운 음식을 즐긴다.

b. 피부가 번들거리고 가려우며 각질이 일어난다.

c. 쉽게 트러블이 발생한다.

d. 변비 혹은 설사가 발생한다.

② 혈허풍조증(血虛風燥證)

a. 피부색은 창백하고 건조하다.

b. 모세혈관이 확장된다.

c. 신체적으로 마르고 대변질이 딱딱하다.

③ 어혈내조증(瘀血內阻證)

a. 피부색은 어둡고 칙칙하며 건조하고 가렵다.

b. 입술, 손발톱 색이 어둡고 광택이 없다.

c. 각질이 들뜬다.

6 체질(體質), 체형(體形) 변증(辨證)

1) 체질(體質) 변증(辨證)

- 체질(體: 몸, 質: 바탕, constitution)
  - 인체가 형태 구조상, 기능 활동상에서 고유적이고 상대적으로 안정적인 특성을 말한다.
  - 날 때부터 지니고 있는 몸의 생리적 성질이나 건강상의 특이한 성질이 바탕이 되며 선천적 유전과 후천적 발전에 의해서 결정된다[그림 10-52].
- 체질(體質) 변증(辨證)
  - 장부(臟腑)의 기혈(氣血)성쇠(盛衰)를 기초로 사람마다 체형, 얼굴색, 피부, 모발, 소변, 대변 등을 근거로 하여 아홉 종류의 체질로 분류하여 변증하는 방법이다.
  - 같은 병이라도 환자의 체질에 따라서 그 증세가 다르게 나타나기 때문에 본초, 약선, 추나, 침구, 심리, 음악, 운동을 다르게 응용할 수 있다[그림 10-53].
- 체질(體質) 변증(辨證)의 분류

  (1) 음허(陰虛) 체질

  (2) 양허(陽虛) 체질

  (3) 양성(陽盛) 체질

  (4) 기허(氣虛) 체질

  (5) 기허(氣虛) 담습(痰濕) 체질

  (6) 기울(氣鬱) 체질

  (7) 습열(濕熱) 체질

  (8) 혈허(血虛) 체질

  (9) 혈어(血瘀) 체질

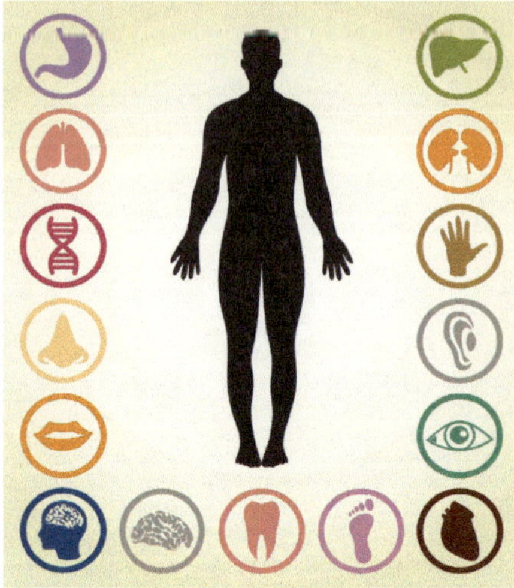

그림 10-52

그림 10-53

(1) 음허(陰虛) 체질

▸ 형성 원인

① 매운 음식을 즐겨 먹고 심신(心神) 및 신체를 과로시킨 경우

② 과도한 출혈 혹은 임산부는 유산한 경우

▶ 임상, 피부 증상

① 주요 증상

입이 마르고 조열[潮熱: 조수(潮水)처럼 매일 일정한 시간(오후 3~5시)이 되면 발열되어 체온이 상승]이 나타난다.

② 동반 증상

a. 신체적으로 보통 팔, 다리, 목이 길고 마른 사람들이 음허(陰虛)체질이 많다.

b. 얼굴색이 붉거나 뺨 주위가 붉으며 코와 인후가 건조하며 입술이 자주 트고 갈라진다.

c. 눈이 자주 충혈되고 안구 건조증이 있으며 사물을 볼 때 흐릿하다.

d. 탈모, 변비가 나타나며 소변량이 적고 소변색이 붉다.

e. 삐적 마르거나 주름이 생기고 불면증, 사춘기 여드름, 황갈반(노년성 기미)가 발생한다.

f. 성격이 급하고 자주 화를 낸다.

(2) 양허(陽虛) 체질

▶ 형성 원인

- 선천적이거나 나이가 들면서 양기(陽氣)가 점점 소모되고, 약물 혹은 차가운 음료를 과도하게 섭취한 경우
- 체내에 한(寒), 습(濕), 담(痰) 사기(邪氣)가 머물러 있는 경우

▶ 임상, 피부 증상

① 주요 증상

추위를 자주 타고 소변량이 많고 소변색이 맑다.

② 동반 증상

a. 신체적으로 보통 목이 짧고 뚱뚱한 사람들이 양허체질이 많다.

b. 얼굴색이 새하얗고 광택이 없으며 머리카락이 빠진다.

c. 코 끝이 차갑고 색이 약간 파랗다.

d. 눈이 자주 붓고 다크써클이 생기며 입술색이 연하다.

e. 손, 발이 차갑고 자주 웅크리며 등이나 배 부위에 추위를 자주 탄다.

f. 성 욕구가 감퇴하고 따뜻한 음식을 좋아하며 대변질이 무르다.

g. 성격은 차분하고 내성적이다.

(3) 양성(陽盛) 체질

▶ 형성 원인

- 선천적으로 양(陽)이 성(盛)한 경우
- 매운 음식을 즐겨먹고 술이나 담배를 하는 경우

▶ 임상, 피부 증상

① 주요 증상

변비가 나타나고 입이 쓰며 혀가 빨갛다.

② 동반 증상

a. 얼굴색이 약간 붉고 피부가 후끈후끈거리며 뜨겁다.

b. 마음이 답답하고 조급하게 돌아다닌다.

c. 목소리가 크고 숨이 가쁘다.

d. 식욕이 왕성하다.

e. 구취가 심하고 사춘기 여드름, 지루성 피부염, 비만 등이 나타난다.

(4) 기허(氣虛) 체질

▶ 형성 원인

• 오랫동안 병으로 인해서 누워있거나 나이가 들어서 체력이 약해진 경우

• 과로한 경우

▶ 임상, 피부 증상

① 주요 증상

전신이 무기력하고 피로감이 쉽게 온다.

② 동반 증상

a. 얼굴색이 창백하거나 혹은 누렇다.

b. 지성 피부가 많고 코 끝이 약간 노랗고 입술이 윤기가 없다.

c. 머리카락이 푸석푸석하고 윤기가 없다.

d. 눈과 얼굴에 수종(水腫)이 생긴다.

e. 음식을 먹고 잘 소화시키지 못하나 단 음식을 좋아한다.

f. 변비나 설사를 하고 대변을 본 후, 시원하지 않으며 소변량이 많다.

g. 춥거나 더운 것 모두 잘 견디지 못하나 특히 추위를 견디지 못한다.

h. 안정된 것을 선호하고 말하기 귀찮아한다.

(5) 기허(氣虛) 담습(痰濕) 체질

▶ 형성 원인

① 장기간 규칙적이고 균형 잡힌 음식을 섭취하지 않은 경우(기름지고 단 음식 위주로 음식을 섭취함)

② 밤을 새고 운동을 하지 않는 등 규칙적인 생활을 하지 않은 경우

▶ 임상, 피부 증상

① 주요 증상

뚱뚱하고 호흡이 짧다.

② 동반 증상

a. 얼굴색이 약간 누렇고 칙칙하고 어둡다.

b. 코 주위 색이 약간 검고 목이 자주 쉬고 목소리에서 가래 섞인 소리가 난다.

c. 먹고 자는 것을 좋아한다.

d. 몸이 무겁고 찌뿌둥하며 쉽게 피로해진다.

e. 술과 차의 애호가들이 많고 기름지고 단 음식을 좋아한다.

f. 대변이 보통 정상적이나 소변색이 약간 혼탁하다.

(6) 기울(氣鬱) 체질

▶ 형성 원인

- 선천적으로 성격이 우울하고 생각이 많거나 스트레스를 받은 경우
- 정신적 자극을 받거나 직장 내 작업 스트레스를 받은 경우

▶ 임상, 피부 증상

① 주요 증상

성격이 내성적이고 심번(心煩: 가슴이 답답하고 열이 남), 흉민(胸悶: 가슴이 답답하고 초조한 증상)이 나타나며 자주 화를 낸다.

② 동반 증상

a. 신체적으로는 뚱뚱하지 않고 마르다.

b. 얼굴색이 누렇고 광택이 없다.

c. 인후부에 매핵기(梅核氣: 목구멍에 매실의 씨와 같은 것이 걸린 것처럼 삼켜도 내려가지 않고 뱉어도 나오지 않는 병증)가 나타난다.

d. 목에 종양 혹이 생긴다.

(7) 습열(濕熱) 체질

▶ 형성 원인

- 과도한 정신적 스트레스를 받은 경우
- 기름지고 튀긴 음식을 섭취한 경우

▶ 임상, 피부 증상

① 주요 증상

목, 등 쪽과 두피 등 다양한 부위뿐만 아니라 얼굴에서도 턱, 이마, 볼 등 한 군데만 집중적으로 나는 여드름이 발생한다.

② 동반 증상

a. 신체적으로는 큰 특징이 없다.

b. 얼굴이 뿌옇거나 반지르르하게 기름기가 있다. 특히 코 주위에 기름이 많고 코 주위 모공이 크다.

c. 게으르고 더위를 참지 못한다.

d. 성격이 급하고 자주 화를 낸다.

e. 기름지고 튀긴 고열량 음식을 좋아한다.

f. 대변질이 딱딱하고 소변량이 적고 소변색이 붉다.

(8) 혈허(血虛) 체질

▶ 형성 원인

- 선천적으로 혈(血)이 부족하거나 비위(脾胃)의 기능이 저하되어 후천적으로도 혈(血)이 생성되지 못한 경우
- 급, 만성 출혈 혹은 오랫동안 병으로 인하여 음혈(陰血)이 손상된 경우

▶ 임상, 피부 증상

① 주요 증상

a. 입술색이 연하고 윤기가 없으며 손발톱 및 모발이 건조하고 푸석푸석하다.

b. 불면증, 심계(心悸: 놀라지도 않았는데 가슴이 저절로 뛰어 편하지 못한 증상), 현기증이 발생한다.

② 동반 증상

a. 신체적으로 뚱뚱하지 않고 마르다.

b. 얼굴색이 약간 누렇고 건성 피부가 많고 눈에 총기가 없으며 안구 건조증이 있다.

c. 식욕이 없고 식사 후, 배가 더부룩하다.

d. 가려움증, 불면증, 탈모, 주름, 다크써클, 유방이 늘어지고 위축된다.

(9) 혈어(血瘀) 체질

▶ 형성 원인

- 장기간 스트레스를 받거나 생각이 많아진 경우
- 운동 부족과 차가운 음료를 즐겨 많이 마신 경우

▶ 임상, 피부 증상

① 주요 증상

얼굴색이 청자색이거나 어둡다.

② 동반 증상

a. 신체적으로 보통 마른 사람이 많다.

b. 피부가 건조해지고 살이 트고 광택이 없다.

c. 머리카락이 빠지며 탈모가 진행된다.

d. 피부에 반흔과 결절이 생긴다.

e. 눈이 움푹 들어가고 다크써클이 생긴다.

f. 딸기코, 황갈반(노년성 기미)가 생긴다.

g. 성격이 급하나 그렇게 특이하게 나타나지 않는다.

2) 체형(體形) 변증(辨證)

◆ **체형(體: 몸 形: 형태, body type)**

체격에 나타나는 특징으로 분류되는 일정한 부류이다[그림 10-54].

◆ **체형(體形) 변증(辨證)**

장부(臟腑)의 기혈(氣血)성쇠(盛衰)를 기초로 사람을 뚱뚱한 체형과 마른 체형으로 분류하여 건강하고 아름다운 체형을 위하여 변증하는 방법이다.

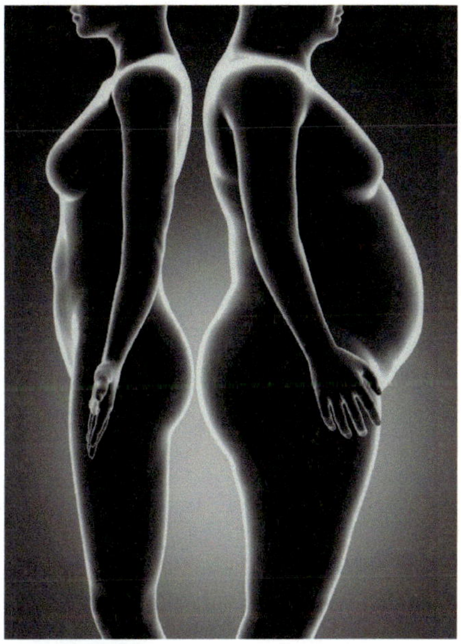

그림 10-54

◆ **체형(體形) 변증(辨證)의 분류[그림 10-55]**

(1) 뚱뚱한 체형

(2) 마른 체형

(1) 뚱뚱한 체형 → (건강한 체중 감소)

① 비허담습증(脾虛痰濕證)

a. 중년 여성에게 많이 나타난다.

b. 몸이 축축 늘어지며 움직이는 것을 싫어한다.

c. 얼굴이 붓고 광택이 없으며 현기증이 심해진다.

d. 식사 후에는 배가 더부룩하고 변비 혹은 설사가 나타나며 대하(帶下)량이 많아진다.

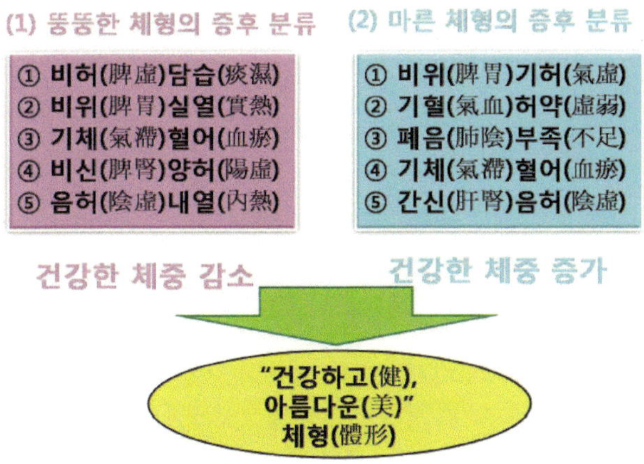

그림 10-55

② 비위실열증(脾胃實熱證)

a. 청장년층에게 많이 나타난다.

b. 근육량이 많고 활동이 자유롭다.

c. 얼굴색이 홍윤(紅潤)하여 소화력이 좋아서 자주 배고프다.

d. 입, 혀가 마르고 변비가 생긴다.

e. 고혈압이 있고 자주 화를 낸다.

③ 기체혈어증(氣滯血瘀證)

a. 여성에게 많이 나타난다.

b. 신경질을 자주 부리고 화를 낸다.

c. 식욕이 왕성하고 생리불순이 나타난다.

d. 대변질이 약간 딱딱하다.

④ 비신양허증(脾腎陽虛證)

a. 근육량이 없고 피부색이 창백하다.

b. 추위를 잘 타고 피로감이 쉽게 온다.

c. 성 기능이 감퇴하고 발뒤꿈치에 통증이 온다.

d. 머리카락이 빠지며 탈모가 진행된다.

⑤ 음허내열증(陰虛內熱證)

a. 얼굴은 붉고 머리가 무겁고 어지러우며 두통이 생긴다.

b. 심번(心煩: 가슴이 답답하고 열이 남), 오심번열(五心煩熱: 가슴, 양 손바닥, 양 발바닥에서 답답하면서 열이 남)이 발생한다.

(2) 마른 체형→ (건강한 체중 증가)

① 비위기허증(脾胃氣虛證)

a. 근육량이 적고 식욕이 부진하여 식후에 배가 더부룩하다.

b. 대변질은 무르고 전신이 나른하고 무기력하다.

c. 얼굴색은 약간 누렇고 말하기 귀찮아한다.

② 기혈허약증(氣血虛弱證)

a. 얼굴색은 누렇고 입술색이 연하다.

b. 손, 발톱, 모발이 푸석푸석하고 광택이 없다.

c. 면역력이 약하여 감기가 잘 걸린다.

d. 불면증, 현기증이 나타난다.

③ 폐음부족증(肺陰不足證)

a. 여성에게 많이 나타난다.

b. 목이 길고 어깨가 왜소하며 유방이 편평하다.

c. 성격은 우울하고 내성적이다.

d. 오심번열(五心煩熱: 가슴, 양 손바닥, 양 발바닥에서 답답하면서 열이 남)이 발생하고 입이 마르고 목이 건조하다.

e. 생리불순이 나타난다.

④ 기체혈어증(氣滯血瘀證)

a. 여성에게 많이 나타난다.

b. 생리불순이 나타나며 잘 먹지 않고 배가 더부룩하다.

c. 자주 화를 내고 표정이 항상 우울하다.

d. 변비 혹은 대변질이 무르다.

⑤ 간신음허증(肝腎陰虛證)

a. 중, 노년에게 많이 나타난다.

b. 어지럽고 두통이 있으며 불면증이 나타난다.

c. 고혈압이 있고 허리와 무릎이 시리고 아프다.

d. 대변질이 딱딱하고 소변량이 적고 소변색이 붉다.

학습정리

1. 한방 미용 변증(辨證)이란? 사진(四診: 네 가지 진단 방법)을 통하여 수집된 자료(症: 증상)를 근거로 한방 미용학 기초 이론을 분석, 종합하여 외모 손상성 질병과 생리적 결함의 원인, 성질, 부위 및, 변화 과정을 변(辨: 판단, 분별)하고 개괄하여 증(證: 증후(證候))을 변(辨: 판단, 분별, 진단)하는 진단 사유 과정을 말한다.

2. 장부변증(臟腑辨證)은 장부의 생리기능과 병리적 표현에 근거하여 질병의 증상을 분석하고 병리변화를 연구하여 질병의 부위, 성질 등을 판단하는 변증 방법이다. 한방 미용 변증의 중요한 변증 방법으로 피부 미용 질환과 장부(臟腑), 경락(經絡)의 소속 관계를 반영한다.

3. 경락변증(經絡辨證)은 한방미용 변증의 중요한 변증 방법으로 피부 미용질환과 장부(臟腑), 경락(經絡)의 소속 관계를 반영한다. 외사(外邪: 외부에서 들어오는 사기)는 인체 표면으로부터 경락을 통하여 체내의 장부에 침범하여 질병을 일으키고, 반대로 체내에 있는 장부의 질병은 경락을 통하여 인체 표면으로 나타난다.

4. 기혈진액변증(氣血津液辨證)은 장부학설에서 기혈진액과 관계되는 이론을 응용하여 기, 혈, 진액의 병리 변화를 분석하고 이들에 의하여 형성되는 증(證: 증후(證候))을 판별하는 변증 방법이다. 기혈진액의 병리 변화는 장부와 밀접한 관계를 가지고 있으며 기혈진액 변증은 장부 변증과 서로 연결하여 진행한다.

5. 피부미용변증(皮膚美容辨證)은 장부, 경락, 기혈진액 이론을 모두 결합한 한방미용 변증에서만 볼 수 있는 특색 있는 변증 방법이다.

11

고대 동양 미녀의 미용비법

학습목표

1. 측천무후의 미용비법에 대하여 이해하고 실생활에서 응용할 수 있도록 학습한다.
2. 양귀비의 미용비법에 대하여 이해하고 실생활에서 응용할 수 있도록 학습한다.
3. 자희태후의 미용비법에 대하여 이해하고 실생활에서 응용할 수 있도록 학습한다.

학습개요

1. 측천무후의 미용비법
   1) 미용 본초(本草)
      (1) 익모초택면방(益母草澤面方)
      (2) 당귀(當歸)원액(原液)
   2) 미용 식선(食膳)
      (1) 꽃가루(화분)
   3) 수신(修身) 양생(養生)

2. 양귀비의 미용비법
   1) 미용 본초(本草)
      (1) 홍옥고(紅玉膏)
   2) 온천목욕과 박타(拍打)법
   3) 운동+안마+채소

3. 자희태후(서태후)의 미용비법
   1) 미용 본초(本草)
      (1) 인삼(人蔘)
      (2) 진주가루(珍珠粉)
      (3) 향발산(香髮散)
   2) 미용 식선(食膳)
      (1) 모유
      (2) 옥녀보유소(玉女補乳酥)
   3) 온습포(熱敷)

한
방
미
용
학

1 측천무후의 미용비법 [그림 11-1]

◆ 측천무후(武則天)

"중국 역사상 유일한 여황제"

당나라 고종 황제의 황후였지만 남편[중국 당(唐)나라 제3대 왕 고종(高宗)]의 사후 황태자들을 연이어 폐위시키고 자신이 스스로 황제가 된 여성으로 주(周)나라를 세워 15년 간 중국을 다스린 중국 역사상 전무후무한 여황제이다. 후세 사람들은 그를 잔인한 폭군 혹은 권력의 화신, 일세를 풍미한 탁월한 정치가이자 여걸 등 많은 평가를 내리고 있는데, 그 곡절 많은 삶만큼이나 아름다움을 추구한 고대 동양 미녀 중 한 사람이었다.

중국 역사상 유일한 여황제인 측천무후는 50세가 되어서도 15세 소녀의 부드러운 피부와 같았고 환갑이 된 후에는 피부는 여전히 곱고 탄력이 있으며 80세가 되어서도 여전히 늙지 않고 동안을 유지하였는데 그녀는 식이요법을 매우 중요시하였다. 고대 문헌에 적혀 있기를 60~80세의 측천무후는 여전히 동안인 얼굴을 유지하여서 주위 사람들은 그녀의 얼굴 어디서도 노화의 흔적을 찾을 수 없었고 나이를 가늠하기 조차 어려워했다[그림 11-2].

⇒ 그렇다면 측천무후가 지속적으로 청춘을 유지할 수 있었던 비결은?

① 미용 본초(本草)

② 미용 식선(食膳)

③ 수신(修身) 양생(養生)

그림 11-1

1) 미용 본초(本草)

(1) 익모초택면방(益母草澤面方)

측천무후가 자주 사용한 화장용 크림으로 얼굴을 동안으로 유지시켜 주고 광택 있게 해주며 얼굴색을 좋게 해준다. 또한 피부의 주름을 예방한다.

【일화】 [그림 11-3]

측천무후의 크나큰 즐거움 중의 하나가 황제와 함께하는 부부동반 여행이었다. 그녀는 일찍이 남편인 고종(高宗)과 연이어서 숭산(嵩山: 하남성), 소림사 등 많은 풍경들을 유람했다. 이 여행은 분명히 심신건강에 매우 유익했으나 황궁으로 돌아온 측천

그림 11-2

그림 11-3

그림 11-4

무후는 까맣게 타버린 얼굴색 때문에 걱정이 이만저만이 아니었다. 여행을 오랜 시간 다니다 보니 그 당시에는 자외선 차단제도 없어서 얼굴이 타는 것을 막을 수 없었다.

그 당시, 어의인 장문중(張汶中)이 세상에 널리 퍼지게 되어 지금까지도 전해내려 오는 비방을 측천무후에게 올리게 되는데 그것이 바로 "익모초택면방"이다. 측천무후는 이 비방을 사용한 후, 미백에 성공하였을 뿐만 아니라, 백옥같이 흰 피부로 이전에 비해 더 황제의 총애를 받게 되었다[그림 11-4].

【제조법】

① 음력 5월 5일 익모초의 전초(全草: 잎, 줄기, 꽃, 뿌리 따위를 가진 풀포기 전체를 일컫는 것임)를 채집한 후, 뿌리에 흙을 털어내고 햇빛에 말린다. 황토로 만든 도구에 넣고 구운 후에 가루로 빻은 다음 물을 넣고 계란 크기만큼 빚이시 환(丸)제를 만들어 햇빛에 말린다.

② 황토로 만든 작은 도구에 사방(四方)에 작은 구멍을 내고 도구 위와 아래에 숯을 올려놓고 아궁이 속에는 말린 환제를 넣는다.

③ 큰 불에서 15분 정도 구운 다음 작은 불로 바꿔서 4시간을 가열한다.

④ 가열 중에는 불을 끄면 환제 색깔이 황색으로 변하거나 너무 강한 불로 하여서 환제 색깔이 회색으로 변하면 효과가 떨어진다.

⑤ 가열한 환제의 색이 하얀 도자기 같아야 한다. 가열 후, 옥으로 만든 도구를 사용하여 3일 동안 가는 가루가 되도록 빻아야 한다.

⑥ 위에서 볼 수 있듯이 익모초택면방의 제작과정은 매우 복잡하다.

⑦ 현대에 와서 익모초 추출액은 발달한 약재추출기술과 결합하여 크림으로 만들어 진다. 이제 우리는 간단한 방법으로도 측천무후처럼 희고 매끄러운 피부를 가질 수 있다.

【효과】

현대 연구에 의하면 익모초택 면방은 단순히 여드름, 편평우(扁平疣: 돋아오르지 않고 편평한 사마귀), 황갈반(노년성 기미) 및 각종 색소 침착을 치료할 뿐만 아니라 주름을 펴게 해주며 미백 효과와 피부를 광택 있게 해주는 작용이 있다. 또한 장기간 이 비방으로 손을 닦으면 옥 같이 아름다운 손을 가질 수 있다.

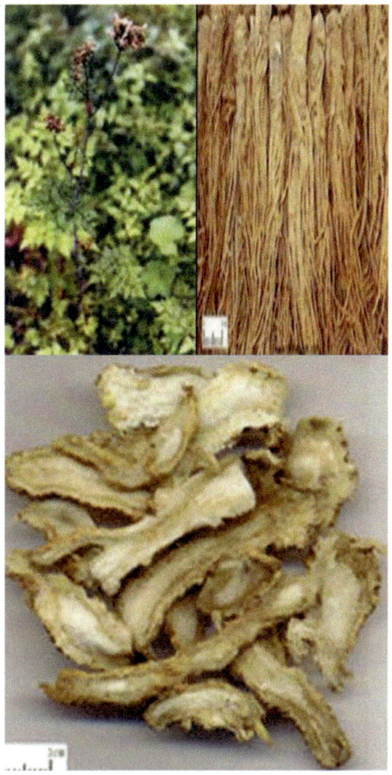

그림 11-5

(2) 당귀(當歸)원액(原液) [그림 11-5]

측천무후는 당귀원액을 화장수로 사용했다. 당시 당귀원액은 대대로 전해 내려 오는 황궁 전용 미용용품으로 궁정 어의는 당귀를 졸이고 끓여서 원액을 추출하여 측천무후에게 바치게 되었고 그리하여 당귀원액은 여황제의 영원히 늙지 않는 동안 피부의 비방 중의 하나가 되었다.

【효과】

현대 약리 연구에 의하면 당귀는 피부 모세혈관을 확장하고 혈액순환을 촉진하며 풍부한 비타민을 함유하고 있어서 피부에 영양 공급을 해주고 피부가 건조해지는 것을 방지해준다. 또한 미백 효과도 있다.

2) 미용 식선(食膳)

그림 11-6

(1) 꽃가루(花粉:화분) [그림 11-6]

고대와 현대, 많은 학자들 사이에서 꽃가루는 보편적으로 미용 식품으로 인식되어 왔고, 고대에서는 이미 많은 실례들로 증명되었다. 그 예로 측천무후 역시 어의에게 장생불로(長生不老)하는 약을 찾게 하였는데 어의는 꽃가루(화분)를 추천하였다고 전해진다. 꽃가루는 여황제의 얼굴색이 좋아지게 하고 정력 또한 왕성해질 뿐만 아니라 더 아름다워지게 하였다.

⇒ 역사상 꽃가루를 복용하여 장수하고 아름다워지는 실례는 다른 미녀들에게서도 많이 기록되어 있다.

【제조법】

꿀벌이 꿀보다 귀하게 생각하는 먹이로서 꽃가루를 모으기 위하여 여러 꽃을 찾아 다니면서 꽃가루받이를 하며 꽃가루를 모아 꿀벌의 어금니에서 분비한 파로틴과 침을 섞은 고추씨만한 크기의 입자를 꽃가루(화분)라 한다.

【효과】

꽃가루에는 꿀보다 고단위 영양소가 많이 들어 있으며 여러 가지 비타민은 꿀의 50~400배 에 이른다.

① 노인들에게는 다시 활력을 불어 넣어 수명을 늘리며, 성장 불량인 어린이는 체중이 늘고 식욕이 좋아진다.

② 비타민 E, C, B, 카로틴, 셀레늄, SOD(항산화효소) 등이 인체의 과도한 유리기(free radical- 불안정한 산소)를 제거하고 피부 노화속도를 늦추어 주며 황갈반(노년성 기미)도 제거해준다

③ 체질을 산성에서 약알칼리성으로 개선 시켜주고 체중 조절에도 효과가 있다. 체중을 늘리려면 식후에, 체중을 줄이려면 식전에 복용해야 한다.

④ 두통, 변비, 설사, 불면증, 시력 장애, 야뇨증 등에도 효과가 있다.

⑤ 임상실험에서 꽃가루(화분)는 내분비 대사를 조절할 수 있고 혈액순환을 촉진하며 체질과 면역 기능을 개선하여 여드름을 치료한다.

3) 수신(修身) 양생(養生) [그림 11-7]

측천무후는 당(唐)시기의 여황제로서 특출난 정치가였다. 태종(太宗), 고종(高宗), 중종(中宗), 예종(睿宗)대 황제를 다 겪고 향년 81세로 세상을 뜰 정도로 장수하고 건강할 수 있었던 가장 중요한 이유가 장기간 승마로 몸을 단련하고 불교의 참선을 통하여 마음을 수련하였기 때문이었다. 측천무후는 어릴 때부터 말 타는 것을 좋아하였고 말도 잘 길들였다. 그리하여 당태종이 사냥을 나가거나 유람을 할 때, 항상 측천무후가 황제 옆에서 말을 끌며 앞뒤로 호위할 정도라고 한다. 오랜 시간 측천무후는 승마를 통해 건강과 정력을 유지하였다.

그림 11-7

하지만 측천무후가 27세 되던 해, 당태종이 낙마사고로 세상을 뜨게 되면서 절로 들어가 3년 동안 비구니 생활을 하였다. 3년 동안 그녀는 매일 절에서 참선(參禪)과 좌선(坐禪)을 통하여 마음을 수련 하였다. 다시 기회를 잡고 고종의 눈에 들어 궁으로 돌아와서 황후를 쫓아내고 황후가 되면서부터 그녀는 점차 권력을 잡기 시작한다.

⇒ 당연히, 우리는 측천무후가 했던 불교의 참선과 승마가 모두에게 장수와 건강한 아름다움을 주는 비법이라 생각하지 않는다. 하지만 양생방면에서 신체단련과 마음수련 두 방면 모두 중요하다는 것을 깨닫게 해준다.

2 양귀비의 미용비법

◆ **양귀비(본명은 양옥환)** [그림 11-8]

" 중국 4대 미녀 중 한 사람"

고아 출신으로 양씨 가문에 양녀가 되어 사천성(四川省)에서 자랐다. 옥환은 악기와 춤 등에 소질이 있었다. 17세 때 당나라 현종의 제18 왕자 수왕(壽王) 이모(李瑁)의 비(妃)가 되었다. 하지만 현종이 아끼던 비(妃)가 죽자, 황제는 여인을 물색하던 중 수왕비 옥환(玉環)이 절세의 미녀라는 소문을 듣고 온천궁(溫泉宮)으로 향하는 기회를 틈타 그녀를 보았고 한눈에 반했다고 한다.

⇒ 그렇다면 양귀비가 시아버지를 반하게 할 만큼 아름다움을 유지할 수 있었던 비결은?

① 미용 본초(本草)

② 온천목욕과 박타(拍打)법

③ 운동+안마+채소

그림 11-8

1) 미용 본초(本草)

(1) 홍옥고(紅玉膏) - 외용(外用)

양귀비의 아름다움을 "뒤돌아서 웃으면 주변에 있는 다른 궁녀들의 얼굴은 무색 같아진다."고 묘사할 만큼 그녀의 아름다움은 미용 비방인 홍옥고와 깊은 관련이 있다고 한다.

【제조법, 용법】

① 행인(杏仁)의 껍질을 벗기고 활석(滑石), 칼로멜(염화제일수은) 각 등분하여 빻아서 찌고 용뇌(龍腦), 사향(麝香)을 조금 넣어 계란흰자와 섞는다.

② 아침, 저녁으로 세수한 후, 사용하고 2시간 후에는 깨끗이 씻는다.

【효과】

① 10일 지난 후, 얼굴색은 붉은 옥같이 되고 역대 미녀들의 미용 비법 중 하나로 자희태후도 매일매일 사용하였다.

② 행인은 풍부한 피부를 윤택하게 하는 효과가 있고 칼로멜(염화제일수은)은 세균을 억제하고 땀구멍을 열어 피부를 부드럽게 해준다.

③ 행인, 활석, 칼로멜은 위로는 모공을 열고 아래로는 소변으로 노폐물을 배출시킨다.

2) 온천목욕과 박타(拍打)법 [그림 11-9]

그림 11-9

당 시대부터 온천궁이 만들어지기 시작했고 그중에서 화청지(華清池)는 유명한 곳이다. 온천은 외부의 사기(邪氣)를 제거하고 전염병을 예방하는 효과가 있으며 온천에서 자주 목욕하면 온천물에 있는 유황 등 광물질이 피부병을 치료한다고 현대 의학계에서도 공인되어지고 있는 실정이다.

양귀비는 온천에서 목욕을 할 때, 뽕잎(桑叶), 쐐기풀(蕁麻) 등을 물에 넣어주어 신경 안정, 근육과 피부 재생촉진, 피부를 매끈하게 해주는 효과까지 주었다. 목욕할 때, 박타(拍打)를 사용하여 온몸을 손으로 두드려서 자극을 주는데 특히 얼굴 피부를 중점적으로 국부 혈자리에 자극을 주어 혈액순환을 촉진하여 근육과 피부를 강화시키는 미용 효과를 가져왔다.

【제조법, 효과】

방풍(防風, 형개(荊芥), 세신(細辛), 당귀(當歸, 강활(羌活), 쥐엄나무(皂角), 곽향(藿香), 백지(白芷), 천궁(川芎), 홍화(紅花), 쟈스민(茉莉花), 목서나무의 꽃(桂花)을 각각 등분하여 가루로 빻아서 온천탕 물을 받아 가루를 넣고 끓여주면 각종 몸에서 나는 냄새들이 제거되고 3일이 지나도 몸에서 향기가 감돌며 피부 역시 비교할 수 없을 만큼 매끄럽고 윤기 있어진다.

3) 운동+안마+채소

양귀비는 춤에 소질이 있어서 외국에서 사절 혹은 귀빈들이 궁에 방문할 때, 앞에 나아가서 춤을 추었다. 그녀는 춤을 통해 각 동작마다 신체 단련을 하였으며 또한 매일 궁녀가 전신 안마를 해주어 근육을 풀어주었다. 그녀는 어의에게 청하여 "방풍통성산(防風通圣散)"등 체내 독소를 제거할 수 있는 약을 제조하여 복용하였다.

음식에서도 맵고 짜지 않은 싱겁고 싱싱한 음식 위주로 채소, 과일로 식사를 진행하였다.

양귀비는 비록 몸이 풍만하다는 별명이 있지만 신체의 균형을 유지하며 근육을 단련시키는 것을 매우 중요시하였다.

양귀비는 부유한 생활을 누리다 보니 영양 공급이 너무 많이 되어 점차 뚱뚱해지게 되었고 총애를 잃을까 걱정을 하게 된 양귀비는 다이어트를 하면서도 건강한 아름다움을 유지하는 방법에 대해 생각하게 되었다.

그러던 중, 그녀의 수양아들인 안록산(安祿山)이 그녀의 환심을 사기 위해 죽순(竹筍), 당근, 고기를 볶은 다이어트 음식을 직접 만들어 주었다. 그리하여 그녀가 매일 안록산을 불러서 해 달라고 조른 이 음식을 소개해 보겠다.

【제조법, 효과】

① 죽순(竹筍)30g, 당근100g, 말린 송이버섯 3송이, 청양고추 3개, 고기 500g을 채 썰어서 간장, 설탕, 맛술을 적당량을 넣어 볶는다.

② 죽순(竹筍)은 맛이 달고 성질이 약간 차갑고 위경(胃經), 폐경(肺經)으로 들어간다.

③ 작용은 음을 보충하고 혈을 차갑게 하며 비위(脾胃)를 좋게 하여 장(腸)을 윤택하게 해준다. 또한 열을 내려주고 담을 제거하며 갈증을 해소하고 소변을 배출시킨다. 간(肝)에 영양을 공급하고 눈을 밝게 해준다.

3 자희태후(서태후)의 미용비법 [그림 11-10]

◆ 자희태후(서태후)

중국 청나라 말기의 황후 자희태후는 당시의 실질적 권력자로서 정치, 사회, 외교적으로 중국에 큰 영향을 끼친 여인이다. 굵직한 근대사에 등장하는 그녀의 모습 중 잘 알려지지 않은 사실이 황실에서 둘째가라면 서러울 피부미인이었다는 사실이다. 16세에 입궁하여 20세에 황후로 책봉되었고 26세에는 정치 권력을 장악한 그녀는 근 50년 동안 궁중의 보이지 않는 암투와 정치에 시달리면서도 아기 같은 피부의 소유자로 유명했다.

당연한 이치로는 나이가 들면 주름이 생기고 흰 머리가 생기지만 자희태후에게는 예외였다. 이 때문에 야사에는 자희태후의 젊음과 미모에 사로잡힌 연하남과의 스캔들이 여럿 등장하기도 한다. 물론 선천적으로 타고나기도 했지만 자희태후는 동안 피부와 젊음을 유지하기 위해 많은 비법들을 사용하는 등 많은 관심과 노력을 아끼지 않았다.

그림 11-10

⇒ 그렇다면 자희태후가 동안 피부와 젊음을 유지할 수 있었던 비결은?

1) 미용 본초(本草)

2) 미용 식선(食膳)

3) 온습포(熱敷)

1) 미용 본초(本草)

(1) 인삼(人蔘) - 내복(內服) [그림 11-11]

그림 11-11

인삼은 자희태후의 동안 피부를 유지하는 비법으로 사료에 의하면 자희태후는 인삼을 매일 같이 복용하였다. 『신농본초경(神農本草經)』에 기록되어 있기를 인삼은 오장(五臟)을 보충해주고, 정신을 안정화 시켜준다. 또한 외부에서 침입하는 사기(邪氣)를 제거 해주며 눈을 밝게 하고 두뇌활동을 촉진해준다.

특히 오래 복용하면 다이어트 및 장수(長壽) 효과도 있다.

(2) 진주가루(珍珠粉) - 내복(內服) [그림 11-12]

그림 11-12

자희태후는 진주에 대한 관심도 남달랐다. 진주가 피부를 매끄럽고 윤택하게 해준다고 열흘에 한 번씩 규칙적으로 진주가루를 한 숟갈씩 직접 복용했다. 그리하여 그녀는 진주가루 전담 환관을 따로 둘 정도였는데 이렇게 만들어진 진주가루는 그 당시, 최상품이었다.

【효과】

① 진주는 일종의 귀한 본초약으로 맛은 달고 짜며 성질은 차갑다.

② 정신을 안정화시키고 열(熱)을 내리며 음(陰)을 보충해준다.

③ 피부에 영양을 공급해준다.

(3) 향발산(香髮散) - 외용(外用)

자희태후의 콤플렉스는 머리카락이었다. 그녀는 주로 고지방 식품을 먹었기 때문에 두발에 기름이 많았고 머리카락이 잘 빠졌다. 그래서 황실 어의들이 고심 끝에 갖가지 처방전을 내놓았는데, 그중 이 비방은 머릿결에 광택을 주고 탈모를 방지할 수 있다.

【제조법, 용법】

영릉향(영릉향(零陵香, 또는 혜초(蕙草)) 30g, 자목련(辛荑) 15g, 장미꽃 15g, 대황(大黃), 감초(甘草), 단피(丹皮:모란뿌리의 껍질) 각각 12g, 정향의 꽃망울(公丁香), 세신(細辛) 각각 9g, 사향(麝香) 18g, 백지(白芷) 90g. 이상 모든 약초들을 곱게 빻아 소합향(合香油) 9g과 충분히 끓인 후 서늘한 곳에서 말려 머리카락에 바르고 빗질을 해준다.

2) 미용 식선(食膳)

(1) 모유

자희태후는 젊은 시절부터 모유를 마시기 시작했는데 관련 문헌에 따르면 26세부터 세상을 떠나기 전인 75세 때까지 약 50 년간 모유를 마셨다. 동안 피부와 젊음을 유지하는 가장 좋은 비방을 모유라 여긴 그녀는 매일 저녁마다 모유를 빠뜨리지 않고 마셨다고 한다. 모유를 마시기 위해 자희태후는 끊임없이 유모를 선발해 궁으로 불러들였는데 그 조건도 적당한 체격과 아름다운 용모, 위생 상태 등에서 모두 높은 기준을 충족해야만 했고 조건에 적합한 유모를 궁으로 데려오기 위해 다른 식솔들까지도 모두 궁에 불러 살게 하였다.

【효과】

오장육부를 보충하고 피부를 윤택하게 해주며 미용과 건강한 신체를 위한 좋은 식품이고 얼굴이나 몸에 바르면 피부가 깨끗해지고 하얗게 변한다.

(2) 옥녀보유소(玉女補乳酥)

현대 여성들은 풍만한 가슴을 갈망한다. 자희태후도 예외는 아니었다. 그녀의 비법은 무엇이었을까? 재료는 땅콩, 대추, 황두(노란콩)로 제조법이 약간 복잡하다[그림 11-13].

【제조법】

① 땅콩과 황두를 껍질째 불에 말린 후, 대추와 함께 가루로 빻고 약간의 물을 넣어 형체를 만든다.

② 공을 굴리듯이 둥글게 만든다(크기는 직접 정해도 무관함).

③ 오븐을 10분 정도 예열하고 150℃ 온도에서 불에 구우면 완성된다.

⇒ 이 비방은 또한 임산부들의 산후, 유즙 분비를 촉진하기도 한다.

그림 11-13

3) 온습포(熱敷)

이 온습포는 미용, 보건의 방법으로 자희태후가 직접 발명한 동안을 유지하는 비방 중 하나이다. 지금으로 말하면 스팀타월을 말한다. 특별히 제작한 은대야에 향료를 넣은 뜨거운 물을 붓고, 면으로 된 수건을 뜨거운 물에 적셔서 피부 주름 있는 부위에 올려 놓거나, 그 부위를 닦아준다. 장기간 얼굴이나 신체 기타 부위 피부에 시행한 온습포를 통해, 매끄러운 피부를 유지하고 주름을 예방하였다.

학습정리

1. 측천무후가 지속적으로 청춘을 유지할 수 있었던 비결은?
   1) 미용 본초(本草)
   2) 미용 식선(食膳)
   3) 수신(修身) 양생(養生)

2. 양귀비가 시아버지를 반하게 할 만큼 아름다움을 유지할 수 있었던 비결은?
   1) 미용 본초(本草)
   2) 온천목욕과 박타(拍打)법
   3) 운동+안마+채소

3. 자희태후가 동안 피부와 젊음을 유지할 수 있었던 비결은?
   1) 미용 본초(本草)
   2) 미용 식선(食膳)
   3) 온습포(熱敷)

한방미용학

참고문헌

1. 赵华平 主编. 中医养颜美容. 辽宁科学技术出版社. 1998年4月, 第一版
2. 张湖德 主编. 实用美容大全. 人民军医出版社. 1997年10月, 第一版
3. 邹大进 主编. 实用临床肥胖学. 中国医药科技出版社. 1997年7月, 第一版
4. 张湖德 主编. 中医美容秘诀. 中国纺织出版社. 1995年11月, 第一版
5. 黄霏莉 主编. 美容中医学.. 科学出版社. 1999年8月, 第一版. 北京
6. 吴志华 主编. 皮肤性病学. 广东科技出版社. 1993年11月, 第一版
7. 李莉莉, 孙国杰 主编. 实用美容美体针灸术. 辽宁科技出版社. 2002年2月, 第一版
8. 黄霏莉 主编. 中医美容学. 人民卫生出版社. 1997年9月, 第一版
9. 朱卫民 编著. 中医美容. 西安出版社. 1994年, 第一版
10. 张丽芳 主编. 实用美容大全. 星球地图出版社. 1995年, 第一版
11. 王海棠 主编. 中医美容. 中医中药出版社. 1998年10月, 第一版
12. 李媛媛 主编. 现代医美容. 金盾出版社. 1997年, 第一版
13. 李俊华, 王进虎 主编. 现代中医美容学. 陕西科学技术出版社. 2003年5月, 第一版
14. 陈贵庭, 柴文举 主编. 中医美容大全. 中医医药科技出版社. 1989年, 第一版
15. 李元文 主编. 美容护肤中医八法. 中国中医药出版社. 1992年, 第一版
16. 宋业强, 陈会苓 编著. 实用中医美容全方. 中医古籍出版社. 2008年4月, 第一版
17. 郭长春, 胡波主编. 实用针灸减肥. 学苑出版社. 2007年4月, 第一版
18. 丁宇, 李焱, 段冬梅 编著. 经络美容. 人民军医出版社. 2010年7月, 第一版
19. 牛建昭 主编. 步入中医美容之门. 人民军医出版社. 2010年7月, 第一版
20. 魏睦新 主编. 中医美容秘验绝技. 人民军医出版社. 2008年4月, 第一版
21. 姜再增, 吴景东, 董宝强 主编. 按摩美容美体. 化学工业出版社. 2010年8月, 第一版
22. 李德新 主编. 中医基础理论. 人民卫生出版社. 2004年12月, 第一版
23. 季绍良 主编. 中医诊断学. 人民卫生出版社. 2004年12月, 第一版
24. 김규열, 배병철 저. 한의학개론. 성보사. 2010년8월27일
25. 라이프21출판부 엮음. 중의진단학. LIFE 21. 2006년5월9일
26. 최윤희, 김규열 저. 약선식료학 개론. 의성당. 2009년7월28일

한방미용학